机械工业出版社高水平学术著作出版基金项目

润滑膜厚度超声测量技术原理及工程应用

Ultrasonic Measurement of Lubricant Film Thickness: Principles and Engineering Applications

武通海　窦潘　贾亚萍　郑鹏　雷亚国　著

机械工业出版社
CHINA MACHINE PRESS

摩擦学研究者致力于润滑机制的研究，通过计算获得润滑状态的基本规律，而润滑工程师通过润滑参数设计保证摩擦副的性能与寿命，但真实机器摩擦部件中的动态油膜厚度及其分布极难获得。聚焦上述工程应用瓶颈，本书系统地展示了机械装备关键摩擦副润滑膜厚度的超声在机测量技术，力图将摩擦学润滑理论设计向实际运行状态延伸，构筑状态监测领域新方法。

本书内容主要包括：超声测量基本原理、多层平行结构中的膜厚计算模型、曲率接触摩擦副中的补偿方法、膜厚与磨损同步测量模型、参考信号在线重构方法、在线温度补偿算法等内容，并在各部分都给出了实际工程算例，尤其在最后两章系统介绍了两类典型装备中的应用实例，丰富了内容的实践性和工程性。

本书内容融合了摩擦学、流体力学、声学、信息科学等多个学科领域知识，汇集了作者团队30余篇国际学术论文、20余项中国国家发明专利的学术成果，具有鲜明的创新知识与技术富集特点。本书以认知规律组织知识逻辑结构，知识框架完整，理论与实践融合，兼具前沿性、创新性与工程实用性，不仅能够为摩擦学、故障诊断、智能运维背景相关的广大学者与工程技术人员提供借鉴，亦可作为高等院校机械工程、仪器仪表等专业研究生教材或参考工具用书。

图书在版编目（CIP）数据

润滑膜厚度超声测量技术原理及工程应用 / 武通海
等著. -- 北京：机械工业出版社，2025. 4. -- ISBN
978-7-111-77943-8

Ⅰ. TE626.3

中国国家版本馆 CIP 数据核字第 20253DC309 号

机械工业出版社（北京市百万庄大街22号　邮政编码100037）
策划编辑：李小平　　　　　　责任编辑：李小平
责任校对：龚思文　张亚楠　　封面设计：鞠　杨
责任印制：单爱军
北京华联印刷有限公司印刷
2025年6月第1版第1次印刷
169mm×239mm·17印张·2插页·292千字
标准书号：ISBN 978-7-111-77943-8
定价：148.00 元

电话服务　　　　　　　　　　网络服务
客服电话：010-88361066　　　机　工　官　网：www.cmpbook.com
　　　　　010-88379833　　　机　工　官　博：weibo.com/cmp1952
　　　　　010-68326294　　　金　书　网：www.golden-book.com
封底无防伪标均为盗版　　机工教育服务网：www.cmpedu.com

　　润滑不但是摩擦学研究中理论极强的重要分支，而且是工业中应用减摩、耐磨技术的主要依据。经典润滑理论与实验技术的不断进步，为润滑理论和技术的发展奠定了基础，也为工业界大幅度提高装备效率和寿命做出了巨大贡献。润滑领域的一个重要方向就是液体润滑，而润滑膜厚度作为判断润滑状态的重要依据，是其最为重要的一个参数，也是润滑设计的重要指标。在采用流体动压润滑的机械部件中，液体润滑膜往往表现出复杂的动态特性，导致实际润滑状态偏离稳态设计工作状态，许多润滑现象在采用改变零件结构的介入性测量膜厚方法时会发生变化甚至消失，尤其是在极端工况下更是如此。因此，在工程装备中进行实际工况下液体润滑薄膜的测量是一个重要的研究命题。

　　西安交通大学润滑理论及轴承研究所长期致力于润滑理论研究，在润滑理论计算、设计方法和润滑膜厚测量技术等方面有着深厚的积累，部分工作汇聚成《润滑膜厚度超声测量技术原理及工程应用》一书。作者及其团队在国内较早地开展基于超声反射原理润滑膜厚度测量方法研究，针对真实机器开展运行工况下的动态油膜厚度的非介入测量，系统地提出了测量方法、计算模型、补偿算法，特别是在典型工程装备的应用研究中取得了系列成果。这些工作为油膜厚度测量的工程实践做了有益的探索，对学术研究和工程技术均有重要的借鉴意义。

雒建斌

2024 年 10 月 18 日于清华园

"润滑"兼具状态、行为、学科的内涵，但对于工业而言终归是一种工具手段，通过它达到节能、节材的目标。摩擦学研究者致力于润滑机制研究，通过计算获得润滑状态的基本规律；润滑工程师通过润滑参数设计保证摩擦副的性能与寿命。理想的润滑会带来无限的寿命，而磨损又是大多数机器的一个基本性能，说明润滑会退化或者偏离设计初衷。润滑的内涵非常复杂，但是在工业摩擦学范畴内，润滑就是润滑膜厚度与固体表面粗糙度的综合，二者动态行为的可测性难题导致实际润滑状态的认知难度。润滑膜厚度测量一直是润滑理论分析领域的关注点，从光弹法测量弹流润滑膜厚度分布的实验到现在已有近百年，真实机器摩擦部件中的动态油膜厚度及分布仍是一个测量难题。

作为国内经典润滑理论的奠基者之一，西安交通大学润滑理论及轴承研究所一直致力于轴承的润滑计算、设计方法的研究，对润滑膜厚度的在线监测研究已有数十年的积累，在国内较早地开展基于超声反射原理润滑膜厚度测量方法的研究。这种方法最大的优势在于无损测量，可以解决机器运行中动态润滑膜厚度的非介入测量难题。以英国谢菲尔德大学和中国西安交通大学为代表的研究单位推动了这项研究的进展，完善了测量方法、计算模型、补偿算法，甚至在一些典型工程装备中开展了应用技术研究，取得了系列成果。这也是本书重点介绍的内容。

本书主要围绕超声测量润滑膜厚度的基本原理、多层平行结构中的膜厚计算模型、曲率接触摩擦副中的膜厚测量方法、膜厚与磨损同步测量模型、在线参考信号重构方法、在线温度补偿算法进行介绍，并重点将两类典型装备中的应用技术进行系统的介绍。为了便于理解和复现，上述内容的章节后均配备了算例，这些算例部分来自作者的工程实践。需要说明的是，这些技术性内容大部分来自作者研究团队十余年的研究结果及部分国内外同行的研究成果，并未包含领域的全部研究进展。

本书的写作有幸得到了清华大学摩擦学国家重点实验室主任、中国科学院院士雒建斌教授的指点，并为本书作序。同时，英国帝国理工学院 Thomas Reddyhoff 教授和俞敏研究员也为本书提出了宝贵建议。此外，部分内容经过了与东方电机有限公司、长江电力股份有限公司、中国航发西安动力控制科技有限公司（113 厂）、中国航发北京航科发动机控制系统科技有限公司（503 厂）等企业多位资深专家的深入探讨。即便如此，由于作者水平有限，疏漏错误之处在所难免，敬请同行专家和广大读者谅解并不吝指正。

本书与已出版的《智能化磨粒图像分析及监测技术》都是润滑理论与轴承研究所数十载传承的研究成果，"十年冷板凳，励志为传承"，与同行共勉。

最后，谨以本书致敬已故的西安交通大学孟庆丰教授。

武通海

2025 年 1 月于西安交通大学

目录 ◣
Contents

第1章 绪 论

1.1 润滑的内涵与分类

摩擦学（Tribology）是摩擦、磨损与润滑的总称，主要研究两个相对运动表面之间相互作用、变化及其有关的理论与实践。一般地，摩擦会导致能量损耗、磨损会导致表面损坏和材料损耗，而润滑则是降低摩擦和减少磨损的最有效的措施。据估计，全世界大约有 1/2～1/3 的能源以各种形式消耗在摩擦上[1]，大约有 80% 的损坏零件是由于各种形式的磨损引起的，因此，摩擦学研究对于国民经济具有重要意义。著名的《乔斯特报告》（1966 年）指出，如果利用现有的摩擦学理论和润滑技术，科学地控制摩擦，英国每年可节省 5.15 亿英镑；美国机械工程学会的《依靠摩擦润滑节能策略》报告（1977 年）指出，美国每年从润滑方面获得的经济效益达 6000 亿美元。中国工程院咨询研究项目《摩擦学科学及工程应用现状与发展战略研究》（2009 年）调查显示，2006 年全国消耗在摩擦、磨损和润滑方面的资金估计为 9500 亿元，其中如果正确运用摩擦学知识可以节省人民币估计可达到 3270 亿元，占国内生产总值 GDP 的 1.55%。近20 年过去了，中国已经从节能、节材的核心目标升级至"碳达峰"、"碳中和"的新战略目标，摩擦学的研究和应用依然是这一目标的核心支撑。

润滑作为摩擦学的重要构成之一，既是一个科学词条，也是一个技术名词。本质上，润滑广泛存在于机械系统中存在相对运动的摩擦部件中，如图 1-1 所示：齿轮的啮合、轴承的旋转、活塞环的往复等，甚至包含人体的关节运动副。通过引入润滑剂，在摩擦接触表面之间形成一层微米级甚至纳米级的薄润滑膜，从而实现减小摩擦、减轻磨损，保护零件不遭锈蚀、散热降温等目的。由于润滑应用的广泛性，以至于"整个工业都是骑在一层润滑膜上"的说法也不为过。

润滑介质，或称为润滑剂，是实现润滑的重要载体。根据润滑剂的物理状态，广义的润滑剂可分为三类：固体润滑、液体润滑、气体润滑，具体包括：

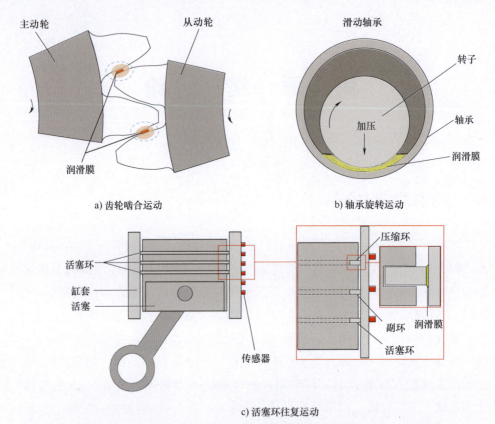

主动轮

从动轮

滑动轴承

转子

加压

轴承

润滑膜

润滑膜

a) 齿轮啮合运动

b) 轴承旋转运动

活塞环

缸套

活塞

传感器

压缩环

副环

活塞环

润滑膜

c) 活塞环往复运动

图1-1　机器中典型摩擦部件的相对运动

1）固体润滑：机械系统中无需添加液体润滑剂，通过表面处理或添加固体润滑剂（如石墨、二硫化钼、聚四氟乙烯、半固体润滑脂等）来减少摩擦和磨损。固体润滑通常在液体润滑剂加注困难或不可行的情况下特别有用，因为它们可以长时间保持润滑效果，不易流失或挥发。

2）液体润滑：在接触表面之间引入液体润滑剂（如矿物油、动植物油、合成油、各种乳剂、水等），依赖内部剪切力与表面吸附力形成液体膜，隔离固体接触从而减少摩擦和磨损。液体润滑剂的种类繁多，在容易加注和流动性方面具有优势，并且能够在较宽的温度范围内提供稳定的润滑效果。

3）气体润滑：这类润滑剂是气体状态的，通常是空气或者惰性气体，如氮气。其工作原理与液体润滑类似，但气体润滑具有更低的摩擦系数，通常适用于高速旋转部件。气体润滑的承载能力通常较低，在高负载或者低速情况下可能无法提供足够的支撑。

其中，液体润滑具有适用性范围广、易于加注和分配、良好的冷却和清洁作用、成本相对较低的特点，因此在工程领域应用最为广泛。根据润滑膜的形成原理以及是否发生固体弹性变形可以将液体润滑分为 5 大类，具体包括：

1）静压润滑：靠液压泵（或其他压力源）将润滑剂送入两摩擦表面之间，利用流体静压力来平衡外载荷，主要应用于低速、重载情况，如机床的静压导轨。

2）动压润滑：在表面吸附力和流体内剪切力的作用下，两个具有相对运动速度的物体表面在楔形间隙中产生动压效应，从而在承载区内形成动压润滑膜，将两表面完全隔开，主要用于非重载的滑动轴承中。

3）弹流动压润滑：指摩擦体表面的弹性变形和润滑液体的压力-黏度效应，对润滑膜厚度和压力分布起显著影响的流体动压润滑。滚动轴承、齿轮传动和凸轮机构等点、线接触摩擦副在一定条件下都有可能形成。

4）混合润滑：流体润滑和边界润滑共存，即法向载荷由流体润滑膜、边界润滑膜和粗糙峰干接触共同承担，摩擦力则包括流体阻尼、润滑分子间剪切，固体剪切摩擦分量，常见于低速重载机械部件，如轧机的油膜轴承。

5）边界润滑：油性剂部分的活性基在金属表面产生物理吸附和化学吸附，形成牢固的油膜，当油膜强度小于滑动接触摩擦力时，便会导致边界膜的破裂，产生金属直接接触，此时载荷主要由微凸体及边界润滑膜来承受。

液体润滑的分类还可以从润滑剂的角度分为油润滑、水润滑、液体金属润滑等，这些范畴不属于本书的关注范围，更多关于润滑方面的背景知识可参考专业书籍。

1.2 润滑状态的表征及验证方法

值得注意的是，液体润滑的分类也被称为润滑状态，这个定义也是从润滑科学走向润滑工程的第一步。润滑状态可以是设计的，也可以是演变而成的，工程师们更喜欢以演变的思路去总结润滑状态的变化规律。

1.2.1 Stribeck 曲线

为了更好地理解润滑条件下的摩擦行为，特别是润滑剂在不同工作速度和压力下的变化机制，德国工程师 Richard Stribeck 于 1902 年首次提出 Stribeck 曲线[2]，如图 1-2 所示。采用摩擦系数作为纵坐标，赫西数（Hersey Number）作为横坐标，具体定义为

$$\text{Hersey Number} = \frac{\eta V}{P} \tag{1-1}$$

式中　η——流体动力黏度（单位为 Pa·s），也称为剪切黏度；

　　　V——流体速率（单位为 m/s）；

　　　P——接触载荷（单位为 N/m）。

从图 1-2 可以看出，Stribeck 曲线可清楚地描述摩擦力随速度、黏度和载荷变化的规律，它的另一种形式是采用膜厚比作为横坐标。膜厚比的具体定义为

$$\lambda = \frac{h_{\min}}{\sqrt{R_1^2 + R_2^2}} \qquad (1\text{-}2)$$

式中　$h_{\min}$——润滑膜最小厚度；

　　R_1 和 R_2——两固体表面形貌轮廓粗糙度的均方根偏差。

与赫西数相比，膜厚比参数采用两个润滑参数表征润滑状态，更符合润滑状态定义，因而更具有直观表征意义。根据 Stribeck 曲线可将润滑状态划分为 3 种主要的类型：流体动压润滑、混合润滑和边界润滑。摩擦副理想的润滑状态通常位于流体动压润滑和混合润滑之间的过渡区域，此时润滑膜的厚度能够保持表面间的良好分离，同时最大程度地减小润滑膜内部的剪切力，因而可提供最佳的润滑效果。

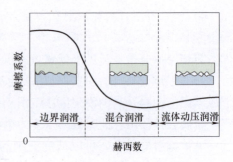

图 1-2　Stribeck 曲线及润滑状态表征

润滑膜厚度是衡量润滑状态的重要参数，它在不同润滑介质中的称谓有所不同。在油润滑系统中，通常称为油膜厚度，而在水润滑介质中，则称为水膜厚度。由于实际装备工作条件的变化，例如启停、断油、瞬态冲击等，会引起负载、速度、润滑膜温度的变化，进而导致润滑状态从流体动压润滑（或流体弹流动压润滑）转变为混合润滑或边界润滑。这种润滑状态的转变会影响摩擦性能、表面磨损和润滑剂消耗，进而对机械系统的可靠性和效率产生影响。这种偏离了设计工作点的状态统称为润滑失效，它具有的时变特性很难预测，因此即便润滑设计良好的装备也需要进行润滑状态监测，从而最大程度地减少润滑状态转变所带来的危害。

1.2.2　润滑状态的计算方法

参考 Stribeck 曲线定义，润滑状态的计算参数需包含润滑膜厚度和综合表面

粗糙度。由于全膜润滑中表面磨损极少，通常可认为表面粗糙度保持不变；而在混合润滑中，表面粗糙度无法测量，故可用拆解后的表面粗糙度近似替代。润滑状态的改变中，润滑膜厚度变化显著，因此被作为评估润滑性能的关键指标。19 世纪 80 年代，以雷诺方程为核心的经典润滑理论与以赫兹接触为核心的接触理论共同构建了润滑状态计算理论。20 世纪初，Stribeck 理论给出了统一的润滑状态表征方法。近百年来，研究者们致力于从理论构建基于 Stribeck 曲线的完全润滑状态表征。

纵观润滑状态理论模型发展历程大致经历了三个阶段：

1）独立模型阶段：PC 流量模型、均化模型、双尺度模型等解决了考虑表面粗糙度的表面之间润滑介质流动描述问题[3]。进而描述固体接触的 GW 模型、CEB 模型及弹塑性接触模型，和 FFT、DC-FFT 等算法共同提升了表面粗糙峰接触问题的计算效率[4]。然而，尽管考虑了表面粗糙度的影响，但是忽略了真实粗糙峰接触的耦合效应，因此仍属于全膜润滑的范畴[4]。

2）统一模型阶段：研究者将粗糙峰接触引入确定性模型中，统一雷诺方程的提出为流体润滑与粗糙峰接触的协同求解问题提供了解决方案[4]，控制模型算法的改进和优化进一步提高了模型计算效率并且扩大了适用范围[5]，实现了从全膜弹流润滑到混合弹流润滑直至边界润滑状态的退化过程模拟[6]。

3）状态预测阶段：基于粗糙表面数据和经典磨损模型计算混合润滑中的摩擦系数，研究者建立了综合考虑润滑流体、边界膜和固体摩擦影响的润滑状态预测模型[7]。通过将塑性损伤判据、Archard 磨损方程代入润滑状态连续性、能量以及赫兹接触方程组进行迭代求解，可实现考虑润滑油退化、接触磨损等状态演变的仿真模拟[8]。

总体而言，润滑理论建模方法在瞬态动力学分析仍然无法获得高精度结果，主要受限于磨损过程中真实参数难以获取。

1.2.3　润滑状态的测试方法

润滑失效的内因是润滑状态由全膜润滑进入混合润滑、边界润滑，最终导致润滑失效，因此润滑失效监测的关键在于润滑状态的动态辨识。在一些基础试验中，基于摩擦系数的 Stribeck 曲线是辨识润滑状态的直接辨识方法，但基于摩擦系数的 Stribeck 曲线测量难以在工程应用中实施[9]。膜厚比也可以对润滑状态进行直接辨识，但在润滑状态演变边界处不准确，同时由于依赖于润滑膜厚度的准确获取，也难以工程应用实施[10]。对此，不同学者提出了其他辨识润滑状态的方法包括电阻抗法、声发射监测法、振动监测法等，可以分为直接法和间接法两大类，各类方法详细信息汇总见表1-1。

表1-1 润滑状态辨识技术的方法、原理、应用及特点

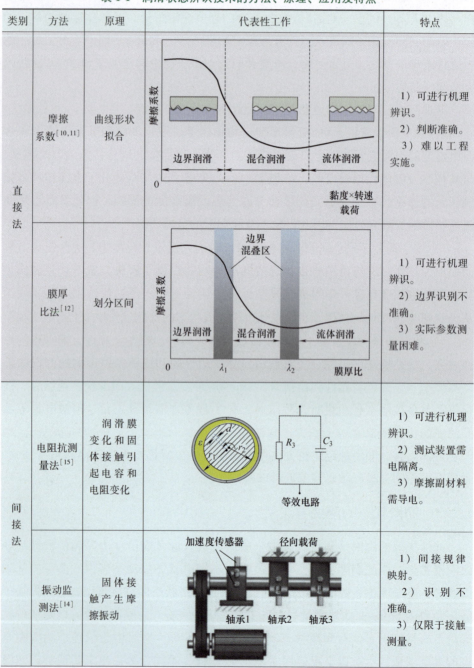

类别	方法	原理	代表性工作	特点
直接法	摩擦系数[10,11]	曲线形状拟合		1）可进行机理辨识。 2）判断准确。 3）难以工程实施。
	膜厚比法[12]	划分区间		1）可进行机理辨识。 2）边界识别不准确。 3）实际参数测量困难。
间接法	电阻抗测量法[15]	润滑膜变化和固体接触引起电容和电阻变化		1）可进行机理辨识。 2）测试装置需电隔离。 3）摩擦副材料需导电。
	振动监测法[14]	固体接触产生摩擦振动		1）间接规律映射。 2）识别不准确。 3）仅限于接触测量。

（续）

类别	方法	原理	代表性工作	特点
间接法	声发射监测法[13]	粗糙峰接触、固体摩擦、流体粗糙峰剪切等产生声音信号	AE 系统 压力	1）间接规律映射。 2）信号影响因素多。 3）信号来源机制复杂。

2021 年，德国亚琛工业大学 Cornel 等[11]采用声发射法监测粗糙峰接触、固体摩擦、流体粗糙峰剪切等产生的声音信号反映润滑状态信息，但由于声发射信号背后产生机制较多，信号复杂导致其机理可解释性差，同时信号特征受传感器位置、润滑剂、摩擦副几何特性、材料等影响因素多，不利于工业实际现场环境下的监测。2023 年，澳大利亚新南威尔士大学 Feng 等[12]提出了监测固体接触摩擦振动行为来识别润滑失效的磨损行为，但是流体润滑内摩擦振动属于微弱特征，具有较强的随机性，故在润滑状态辨识方面识别不准确。2024 年，英国帝国理工学院 Yu 等[13]采用电阻抗法通过监测摩擦副电容和电阻的变化来获得润滑膜厚度信息和固体接触面积等机理信息，进而反映润滑状态的变化，但是电阻抗法要求传感器绝缘或者摩擦副绝缘，这在工程实际中也难以实现。

总结上述研究可知，直接辨识方法具有较高的精度和较好的机理可解释性，但是由于参数测量技术受限，尤其在工程场景下的测量尚未达到其应有的精度；间接测量方法主要采用不同物理规律的模糊映射方法，工程实施性好但辨识精度较低，大多局限于故障诊断难以实现润滑失效之前的预测。从润滑状态定义角度，Stribeck 曲线辨识方法具有机理可解释性和较高的灵敏度，膜厚比辨识方法本质上与 Stribeck 曲线具有同源性，因此融合二者的辨识方法是突破工业中润滑状态辨识的可行途径，但润滑膜厚度动态参数的精确测量是关键瓶颈。

1.3　润滑膜厚度测量方法

润滑膜厚度测量技术肇端于 20 世纪中期，其主要目的是验证和优化弹性流体动力润滑（Elasto Hydrodynamic Lubrication，EHL）理论。EHL 理论是描述在高压和高速条件下，液体在弹性变形表面之间形成厚润滑膜的重要理论。20 世纪50年代至60年代，Dowson和Higginson正式提出了EHL理论，为解决工程实践中高负荷接触表面的润滑问题提供了理论基础。

EHL理论需要实验数据进行验证，润滑膜厚度作为理论计算的关键参数之一，可以通过测量验证和修正理论模型获得。润滑膜厚度测量技术的发展历程可以分为几个阶段。最初的方法包括光干涉法和电阻法，用于测量润滑膜厚度并验证理论计算的准确性；随着科技进步，20世纪后期至21世纪初，新的测量技术如激光诱导荧光法和超声波测量法逐渐兴起，激光诱导荧光法提供了更宽的测量范围，能够在实验室中广泛使用，为优化设计提供了重要的工具。而超声波测量法由于具有无损原位检测的优势，能够实现在机测量，在工程应用中极具发展前景，为机械设备的早期智能运维提供了可能。表1-2汇总了目前的代表性进展，具体说明见表。

表1-2　润滑膜厚度测量技术的原理、特点、应用及代表性研究单位

名称	原理	测量范围	代表性单位	特点
光学法	光干涉法	$0.6 \sim 5000nm$	清华大学 青岛理工大学 北京理工大学	1）能够测量纳米级的润滑膜厚度 2）摩擦副一侧为透明材料或为传感器提供透明窗口 3）适用于基础实验研究测量
	荧光法	$0.06 \sim 2.5mm$	帝国理工学院（英） 北京理工大学	
	光纤位移传感器法	$10 \sim 100\mu m$	西安交通大学	
电学法	电阻法	$0.5 \sim 2mm$	NSK日本研究中心（日）	1）传感器与摩擦副接触，介入式方法 2）所测润滑膜厚度受磨损颗粒和粗糙峰影响 3）要求传感器绝缘或者摩擦副绝缘 4）适用于基础实验以及特定工况下的实际情况
	电容法	$0.1 \sim 500\mu m$	SKF欧洲技术中心	
	电涡流法	$1 \sim 1000\mu m$	东方电气集团有限公司 沈阳鼓风机集团有限公司 陕西鼓风机集团公司	
	电阻抗法	$0.01 \sim 2mm$	帝国理工学院（英）	
超声反射法	超声法	$0.2 \sim 1mm$	谢菲尔德大学（英） 帝国理工学院（英） 西安交通大学	1）非介入无损测量 2）可应用于各种材质摩擦副 3）可用于多层复合材料工况

1.3.1　光学法

目前实验室常采用光干涉法和荧光法实现润滑膜厚度及分布的精确测量，

比较具有代表性的有：英国帝国理工学院摩擦学实验室[15]以及清华大学摩擦学
实验室[16]。

1.3.1.1　光干涉法

光干涉法利用两束相干波相遇产生干涉条纹的光学现象来获得润滑膜厚度
值，其原理如图 1-3 所示[17]。玻璃盘的下表面蒸镀一层很薄的半透半反射 Cr
膜。在润滑膜厚度测量过程中，玻璃盘下表面和超精钢球表面之间形成润滑层，
当一束单色光入射到 Cr 膜的上表面时，分成两束，其中一束从 Cr 膜的上表面反
射，另一束则透过 Cr 膜和润滑膜到达钢球表面并发生反射，两束反射光发生干
涉形成干涉环。将干涉环中的极大、极小光强值作为上下限，对干涉光强进行
归一化，根据各点的极大、极小光强得出对应的相对光强即可确定各点的润滑
膜厚度。

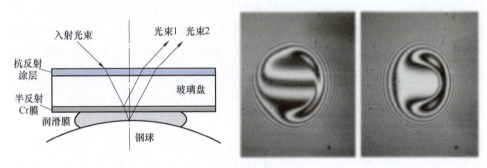

图 1-3　光干涉法测量润滑膜厚度的原理图[17]

1963 年，Goha[18]首次成功应用光干涉法测量了 0.1～1μm 的弹流润滑膜厚
度；1991 年 Johnson[19]等综合斜垫层和光谱分析法，研制出测量精度能够到达
5nm 的薄膜光谱干涉仪；1994 年，雒建斌[20]等提出相对光原理，研制出可用于
测量纳米润滑膜厚度的光干涉测量仪。

2006 年，王学峰等[21]通过搭建多光束干涉强度的弹流润滑膜厚度测量系
统，实现了润滑膜厚度从纳米级至微米级的连续测量。2014 年，梁鹤等[22]采
用光干涉法在球盘点接触模型上实现了润滑膜厚度与分布的同时测量，测量
范围扩大至 4μm。2017 年，Zhang YG 等[23]将光干涉法引入真实滚动轴承润滑
膜厚度测量，通过修正光路实现了球环曲面接触测量。对于线接触副润滑膜
测量，2018 年，刘晓玲[24]等利用光干涉测量技术测量了滚子-盘之间的润滑膜
形状及厚度，分析了不同载荷与转速下的滚子副润滑状态转变规律，测试结
果表明：随着卷吸速度增加或载荷减小，滚子-盘接触副的润滑状态由弹流润

滑转变为流体动力润滑。2020 年，梁鹤[25]等利用相对光强法探究了供油量、速度等工况参数和润滑油黏度等物理特性对接触区附近润滑油分布和回流的影响规律，结果表明，气穴以及回流特征的变化受供油量、速度和润滑油黏度的综合影响。

光干涉法的测量分辨率能够到达纳米级，同时该方法能够直观地了解接触表面各处的润滑膜形状及变化的全貌，但光干涉法需要至少一侧摩擦副材料为透光物质或设置一透明窗口，实际工程中很难满足要求。

1.3.1.2　荧光法

荧光法是近年发展迅速的润滑膜厚度测量方法之一，通过测量示踪粒子受到激光照射后发出的荧光强度获得待测润滑膜厚度[27]，如图 1-4 所示，其优点是检测范围广，兼容性好。2019 年，Petra O 与 Hans-Jürgen F 等[28]在往复试验台上通过激光诱导荧光法对内燃机燃烧过程中上止点处的活塞环润滑膜厚度进行了测量，得到了接触区域及其周围的润滑膜厚度分布情况。同年，Notay RS 与 Priest M 等[26]利用激光诱导荧光法研究了润滑油质量对活塞环组润滑膜厚度测量的影响规律。北京理工大学重点研究了提高荧光法测量范围和测量精度的标定方法，实现了球盘点接触模型在 $0.5 \sim 300 \mu m$ 范围润滑膜厚度测量；同时将荧光法应用于滚动轴承润滑膜厚度测量，但荧光法测量范围和精度仍待进一步提高[29]。

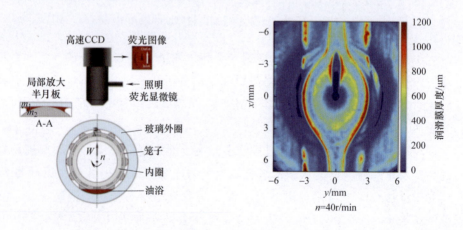

图 1-4　荧光法测量润滑膜厚度的原理图[30,31]

光干涉法可实现纳米级的测量范围，荧光法能够直观地察看摩擦副接触区域各位置的润滑膜形状全貌，两者结合可以实现摩擦副接触区内外润滑膜厚度与分布跨尺度检测。但光学法需要一侧或两侧摩擦副材料具备透光性，这在工业实际中不具备使用条件，多用于实验室基础研究。

1.3.1.3 光纤位移传感器法

光纤位移传感器法也是一种基于光学原理的有效润滑膜厚度检测方法，目前用于润滑膜厚度检测的光纤传感器多为强度调制反射式光纤传感器，其工作原理如图 1-5 所示[32]。反射式光纤传感器由发射和接收光纤组成，光源发出的光束通过发射光纤照射到反射面，反射面反射的光部分或全部进入接收光纤，接收光纤被反射光斑覆盖的面积随探头和反射面的间距变化而改变，通过测量接收光纤接收的光功率大小即可得知待测距离的大小[33-34]。2007 年，施慧杰[35]等探讨了应用反射式强度调制型光纤传感器测量柴油机缸套-活塞环润滑膜厚度的可行性并给出了检测装置的设计概要。张平等[36]对应用光纤位移传感器进行径向轴承最小润滑膜厚度检测的方法进行了系统研究，建立了滑动轴承润滑膜厚度光纤动态检测方法[33]。

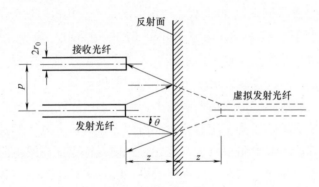

图 1-5 反射式光纤位移传感器工作原理[32]

光纤位移传感器法具有传感器体积小、灵敏度大、抗电磁干扰、成本低等优点，但测量精度容易受到光源漂移、光纤的微弯损耗以及被测对象污染等因素的影响。此外，作为一种光学方法，光纤位移传感器法也同样无法摆脱透光性要求的制约。

1.3.2 电学法

润滑膜厚度检测的电测法具有相对简单的检测原理，是较早提出的润滑膜厚度检测方法。电阻法、电容法、放电电压法以及电涡流法都属于这类方法，其中又以电阻法与电容法的研究与应用居多。

1.3.2.1 电阻法

电阻法最早由 Brix[37] 于 1947 年提出，利用金属导电性能与润滑膜导电性能相差悬殊的特性，通过润滑膜厚度与润滑膜电阻之间的关系来获得润滑膜的厚度。通常矿物油电阻率的范围为 $10^{11} \sim 10^{16} \Omega \cdot cm$，而金属的电阻率仅有 $10^{-4} \Omega \cdot cm$ 左右，当摩擦副两侧的金属表面完全由润滑膜隔开时接触电阻通常高达几百千欧甚至几兆欧，而当润滑膜被粗糙峰刺穿后，接触电阻急剧下降。

电阻法测量润滑膜厚度的原理如图 1-6 所示。其中 U_1 为电源电压，U_2 为加在待测润滑膜两端的电压，R_1、R_2 为分压电阻，R_x 为接触电阻。应用电阻法进行润滑膜厚度的检测时，在摩擦副的两侧分别引出一个电极，在电极与并联的电阻之间加上直流电压，根据输出电压的大小分析

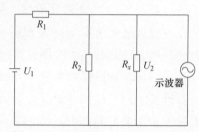

图 1-6　电阻法测量润滑膜厚度原理图

判断润滑膜厚度值。20 世纪 90 年代，诸多学者[38-43] 应用电阻法分别对水轮发电机组导轴承、圆形齿痕（Circular Are Tooth Traee，CATT）齿轮、双圆弧齿轮、蜗轮蜗杆的润滑膜厚进行了监测；更有学者[44-45] 基于接触电阻探究了摩擦副的金属接触百分率，对混合润滑状态进行了定量描述。

尽管金属与润滑膜的电阻值差别较大，但是不同厚液膜的电阻值则很难区分，因此不宜用电阻的大小来定量衡量润滑膜的厚度。此外，润滑膜压力、温度以及含水量都能引起电阻值较大的变化，这使得标定润滑膜电阻随润滑膜厚度的关系曲线非常困难。因此，从本质上讲，电阻法只能测定金属接触的有无而不能测定润滑膜的厚薄，即只能给出定性的趋势，难以给出精确定量的数值。

1.3.2.2 电容法

电容法根据摩擦副两侧表面间的电容值来判断润滑膜厚度，其基本原理如图 1-7 所示[45]。图中振荡器产生的特定频率的交流信号加在变压器的一二次侧的两部分构成了电桥的两臂 L_1 和 L_2（$L_1 = L_2$），通过调节平衡电容 C_0 的大小，使电桥达到平衡，从而使平衡电容 C_0 的大小与待测润滑膜的电容 C_x 相等。已知润滑剂的介电常数，根据润滑膜的电容值随润滑膜厚度的变化关系能够比较准确地计算出润滑膜厚度。电容法测量润滑膜厚度始于 Crook[46]，此后直到 Dyson[47] 等在此基础上做了重大改进，电容法才作为一种成功的润滑膜厚度测量方法被广泛应用。陈朔冬[48] 等对电容法检测斜齿圆柱齿轮润滑状态中的传感器设计及数据处理进行了详细阐述；王海山[49] 等用非接触电容对活塞最小润滑膜

厚度进行了定量测试，改善了接触式电容在润滑膜厚度小于 0.5μm 时出现击穿问题；潘慧[50]等用电容法对点接触旋转式试验台的润滑膜厚度的变化趋势进行了测量，得出了不同转速与载荷下电容值的变化规律；程林[51]等研究了在定载荷条件下黏度与粗糙度对润滑膜电容值的影响规律。

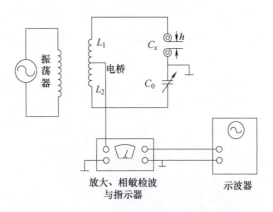

图 1-7　电容法测量润滑膜厚度原理图[45]

　　由于润滑剂的介电常数对温度和压力不太敏感，同时润滑膜厚度-电容关系曲线可用计算方法标定，因此电容法是一种比较常用的传统润滑膜厚度测试方法。但电容法在混合润滑状态下容易失效，且方法测量精度容易受到导线及周围环境的分布电容的影响，而且当润滑剂中混有极性添加剂时，测量结果不够准确。

1.3.2.3　电阻抗法

　　电阻抗法可以获得更多的润滑膜信息，通过将交流电压施加到接触区域，可以基于复数阻抗同时测量润滑膜的厚度和击穿率，其原理如图 1-8 所示，但其测量系统相对复杂。Maruyama T[52]等将光学干涉测量法与电阻抗法应用于球盘式装置（即点接触）的润滑膜厚度测量中，结果表明，电阻抗法的润滑膜厚度测量精度与光学干涉测量法相当，并通过改进方法实现了具有多个接触区域的实际球轴承润滑膜厚度测量[53]。该方法进一步被应用于实际推力滚针轴承中，同时测量润滑膜厚度和故障率，监测实际滚子轴承的润滑状况[54]。

1.3.2.4　电涡流法

　　电涡流法通过在导体表面施加交变磁场，利用法拉第电磁感应定律和涡流效应，检测涡流产生的反向磁场，从而推断出导体表面上介质的电导率，间接测量润滑膜厚度，其原理如图 1-9 所示。以电涡流法为代表的相对位移法通过测量轴/孔之间相对微小位移量来估计平均润滑膜厚度[55-58]。Xiuli Zhang 等[59]通过测量润滑膜厚度研究了转子不对中对空调压缩机中滑动轴颈轴承的卡死故障极限的影响。Pengju Li 等[60]研究了起停阶段可倾瓦推力轴承的瞬时热效应和润滑膜厚度，获得了润滑膜厚度在启停阶段和恒定转速阶段的变化规律。此外，电涡流法还被广泛应用到径向滑动轴承轴心轨迹的测量当中，通过轴心相对轴承座的位移间接反映润滑膜变化规律[61]。然而，电涡流法需要破坏轴承的外壳或者轴瓦来安装传感器，而且极易受到表面粗糙度及轴/孔偏斜的影响；此外它只能测量平均润滑膜厚度。

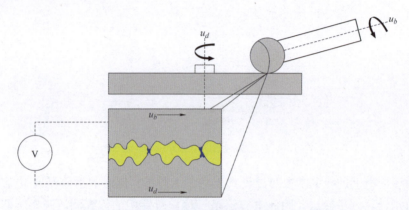

图 1-8 电阻抗法测量润滑膜厚度和击穿率原理图

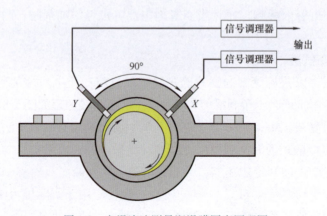

图 1-9 电涡流法测量润滑膜厚度原理图

归而纳之，电阻法和电容法需要在摩擦副的两侧建立电回路，并且需要在电隔离的环境下进行，在工程中难以实现；电涡流法需要破坏轴承的外壳或者轴瓦，对润滑膜的形成及状态产生干扰，属于介入式方法。即便如此，电学法已经成为最接近工程实用的膜厚测量方法。

1.3.3　超声反射法

超声反射法依赖超声波在润滑膜与另一介质界面上的反射和透射特性，通过测量超声波接收到的反射波信号，可计算出润滑膜的厚度，测量原理如图 1-10 所示。与传统的润滑膜厚度检测方法相比，润滑膜厚度超声测量方法的优势主要体现在以下 3 方面：

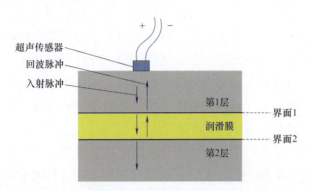

图 1-10　超声反射法测量润滑膜厚度原理图

1）作为一种非介入式检测方法，超声波传感器不与润滑层表面接触，不会对润滑膜的形成及状态产生任何影响。

2）没有对被测对象透光性的要求，可以应用于实际金属材质轴承的润滑膜厚度检测。

3）采用脉冲回波模式，利用超声波在润滑层上的反射信号获得润滑膜厚度值，无需在润滑膜两侧建立电回路，能够降低工业现场润滑膜厚度测量的难度。

在过去 20 年中，润滑膜厚度超声测量技术在计算模型和实验研究方面取得了显著进展，并且已在实验室和实际应用中得到了应用。然而现有方法在实际应用中仍面临技术挑战，相关内容将在后续内容展开讨论。

1.4　润滑膜厚度超声测量的研究进展

在过去的 20 年里，润滑膜厚度超声测量技术在润滑膜厚度计算模型的开发以及基础实验方面取得了重大进展。测量模型的发展经历了从时域模型到频域模型的演变，各模型在测量范围上各有侧重。时域模型通过确定回波之间的时间间隔来计算润滑膜厚度[62]，可实现大范围润滑膜厚度测量，但该模型的润滑膜厚度测量分辨率受采样频率限制[63]；相反，频域模型使用反射和入射信号的频域幅值比来确定润滑膜厚度[64]，主要有共振模型[65]和弹簧模型[66]，虽然测量的润滑膜厚度分辨率不受限制，但是测量模型存在测量盲区等问题；相位模型和复合模型的提出突破了弹簧模型和共振模型之间的测量盲区，但测量误差较大。

在测量模型开发的基础上，研究者们也针对特殊的薄涂层摩擦副和点接触或线接触摩擦副进行了模型的改进，提高了测量模型在不同摩擦副结构的适用性。针对薄涂层摩擦副，提出了回波比例算法和回波分离算法，初步解决了涂层存在导致的润滑膜反射信号和基体涂层界面的回波重叠问题[67-68]。针对点接触或线接触摩擦副，研究者通过提高传感器的物理空间分辨率来进行测量或者使用信号处理方法提取最小润滑膜厚度信息[69-70]。

由于摩擦副所处工况的复杂性，导致超声测量模型在实际使用时，往往会遇到两个应用工况的限制：首先是对在役机器的部件进行测量时，需要拆卸目标部件标定其入射信号；其次是对工作状态下的机器部件进行测量时，需要考虑工作温度和润滑膜压力的影响。针对入射信号需要拆卸标定问题，学者们针对不同测量范围，分别提出了入射信号自适应重构方法或者无标定条件下的润滑膜厚测量方法[71-72]。针对工作温度和润滑膜压力对超声测量模型的影响，学者们开发了相应的温度和压力补偿算法，从而提高了超声测量模型在实际复杂工况下的测量精度[62,73]。

超声法目前已初步应用于各种液体润滑的机械部件，根据其负载能力，可以将其分为两种类型：低应力和高应力接触部件。前者以滑动轴承代表，其特征是厚润滑膜；后者以滚动轴承代表，其特征是薄润滑膜。考虑到测量润滑膜厚度的基本原理，超声波测量技术已被应用于测量这些机械部件中的润滑膜厚度。笔者曾总结了迄今润滑膜厚度超声测量技术的应用研究进展，如图 1-11 所示。

1.4.1　滑动轴承

流体动压滑动轴承是机械设备中的关键部件，广泛应用于水电和火电机组、火箭发动机、高速精密机床等，其润滑膜厚度的测量备受关注。通过超声波信号能够识别润滑膜的厚度反映滑动轴承润滑性能，并用以研究其承载能力、气穴现象和轴瓦变形等。

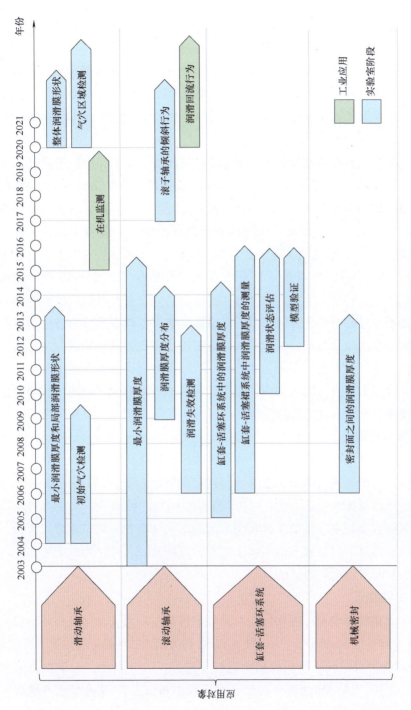

图 1-11　润滑膜厚度超声测量技术应用研究进展

17

1. 润滑膜的分布

润滑膜的分布是滑动轴承正常运行的关键指标，体现了油膜承载能力。Harper 等将传感器（商用无损检测接触式传感器）耦合到流体动压径向轴承轴瓦外表面，在一系列工况下，应用弹簧模型测量了动压滑动轴承最大负载处的润滑膜厚度，证明了超声法在滑动轴承润滑膜厚度测量中的应用潜力[74]。除了一些由于轴承温度以及未对中引起的绝对误差外，测量结果与 Raimondi-Boyd 的数值解有很好的一致性[75]。

为了测量运行中的滑动轴承润滑膜的形状，Dwyer-Joyce 等[76]测量了润滑膜厚度在轴承周围的部分分布。通过间隙的几何形状推导出最小润滑膜厚度，并通过最小润滑膜厚度和油入口的位置确定了姿态角，测量结果与流体动力学理论也很好地吻合。然而，在高负载条件下，轴瓦可能发生弹性变形，从而影响测量结果[76]。考虑到这一点，Kasolang[77-78]等改进实验装置，将传感器置于轴内，最终通过导电集电环在不受噪声影响的情况下传输了高频超声信号。

上述研究过程中存在的问题是，传感器频率的选择以及单一方法的应用限制了润滑膜厚度测量范围，对于周向润滑膜厚度变化较大的情况，可能需要使用多个传感器。针对这一问题，Beamish 等[73]同时应用弹簧模型的幅值、相位信息和共振模型，通过嵌入轴内的六个超声传感器，探究了载荷、转速对最小润滑膜厚度以及轴承姿态角的影响。

2. 气穴检测

对于高精度和高负载的轴承，轴承发散区的压降会引起气蚀，并可能侵蚀轴瓦表面。但产生气穴的原因复杂，气穴很难被检测到。2004 年，Dwyer-Joyce 等利用超声测量技术揭示了气穴对润滑膜厚度测量的影响[76]。然而气穴前沿的确切位置随着偏心率、供油压力和润滑剂的不同而变化，难以确定。为此，其进一步通过测量不同负载下的周向全润滑膜厚度分布，最终揭示了气穴区域内气穴起始和润滑膜重构的信息[77]。

3. 在机监测

超声测量技术已对一些实际运行条件下机器中的滑动轴承进行了润滑膜实时监测，例如，Suzuki 等[79]对汽车动力传动系统中的轴承进行了监测，Oyamada 等[80]对空调压缩机的轴承进行了监测。研究发现，与单独的组件测试不同，温度、压力和油混合物都会对运行中机器的润滑膜厚度测量产生一定影响。

尽管在基于超声波的润滑膜监测方面取得了上述进展和潜在前景，但仍面临以下挑战：

1）现有超声测量模型均是在光滑表面形成的平行润滑膜假设前提下提出的，而对于像滑动轴承的曲率表面接触会引起超声波的散射。对于小曲率曲面，由于润滑膜反射信号和参考信号受散射的影响程度相同，当润滑膜信号除以参考信号后，这种影响将被抵消；但对于较小轴承来说，较大的曲率会使得信号散射严重，进而影响润滑膜厚度测量的准确性。

2）在气穴测量方面，气泡在油液中很常见，空气和油的混合物会改变油的声速，较大的气泡或空穴会导致信号的全反射或散射，使得润滑膜厚度超声测量技术失效。

3）在润滑膜厚度测量方面，Beamish 等的研究表明在上止点（TDC）润滑膜厚度出现小幅但急剧的下降，这是由于轴瓦变形引起的[73]。这种变形无法通过基于部件完全刚性的 Raimondi Boyd 模型预测。此外，在重载轴承中，轴瓦表面的局部变形广泛存在。尽管关于这一方面的研究很少，但这对超声测量提出了挑战。

4）对于轴承运转过程中导致的温升影响，当前主要是通过测量进、出油口的温度来估计平均温升，然而对于滑动轴承，周向润滑膜的不均匀分布将导致测量误差的产生，因此滑动轴承润滑膜厚度测量过程中温度的影响仍需进一步研究。

5）对于薄涂层滑动轴承，由于基底-涂层界面的超声回波与润滑膜反射回波发生干涉，导致目前还无法实现大范围的润滑膜厚度测量。

1.4.2　滚动轴承

滚动轴承（包括球轴承和滚子轴承）中接触区的润滑膜厚度都在亚微米或纳米尺度，而且接触区的瞬态特征，如局部弹性变形、固体微凸体接触和瞬态温度、发生频次与速度相关，从而导致滚动轴承的润滑测试难度极大。研究人员将超声测试技术引入滚动轴承润滑膜厚度测量，在测量接触区润滑膜厚度的基础上，进一步研究润滑膜厚度的分布规律。研究难点主要在于传感器相对于接触区的信号分辨能力，以及公转速度对测量重复频率的要求。

1.4.2.1　润滑膜厚度测量

接触区膜厚的测量是关键难题，为了提高空间分辨率和脉冲重复频率

（Pulse Repeat Frequency，PRF），研究者们进行了许多改进，包括应用聚焦传感器和开发新型传感器。

2003 年，Dwyer-Joyce 等首次引入水聚焦传感器，用于测量球轴承摩擦副的润滑膜厚度[81]。然而，该方法也面临显著限制，包括针对润滑膜层两侧相对表面可能存在的粗糙峰接触影响实际膜厚提取、超声波的声衰减效应使测量轴承尺寸受超声波频率限制、传感器物理空间分辨率取决于传感器频率、可测量的转速极限受脉冲发射频率限制、传感器受温度影响等。

Zhang J 等使用角谱方法对高频聚焦超声换能器的输出以及所产生的声场与薄润滑膜的相互作用进行建模[82]。该方法使用空间傅里叶变换将任意超声场分解为其分量平面波，然后分别分析这些以不同角度传播的平面波，并最终通过反角频谱将其重新组合成超声场。研究发现，对于建模的特定换能器，存在有限的极限反射系数，在此之下无法进行测量。此外还研究了一种校准方法，基于加权和反射系数与法向入射反射系数的差异，校准后测量的最薄润滑膜为 0.2μm。

Li M 等开发了新型超声波脉冲接收器，其最大脉冲重复频率为 100kHz，将可测轴承转速提高至 2000r/min，大大扩展了可测量的工况范围[83]。通过仿真分析了滚子振动是润滑膜厚波动的原因，并讨论了脉冲重复频率的应用限制，即脉冲发射间隔要保证回波分离，因此脉冲发射频率有最大极限值。

1.4.2.2 润滑膜厚度分布

润滑膜厚度分布主要考虑滚动体在声场经过过程中，识别出入口、出口区域，从而建立接触区经过的判断方法。关键难点在于滚动体经过时，曲率表面反射信号复杂性较大，难以准确提取。

Zhang J 等针对传感器聚焦区域的声压不均以及体积模量不均进行加权修正反射系数从而测量了准确的润滑膜厚度分布。利用射线追踪理论和角度相关光谱畸变理论分析了动态测量下，传感器入射声波与接收反射回波之间倾斜角带来的误差影响[84]。分析结果显示，测量误差随着中心频率的增加、焦距的延长和传感器孔径的减小而减小。因此理想的传感器应具备较高的中心频率、较小的孔径和较长的焦距。

2009 年，Drinkwater 等[85]自制了中心频率达到 200MHz 的氮化铝压电薄膜传感器，利用射线模型量化滚道几何变形对获得的反射信号的影响，并提出用几何反射系数来校正测得的反射系数，从而获得更合理的润滑膜厚度分布测量结果，与水聚焦测量相比，此方法取得了显著改进。该研究的亮点在于薄膜传感器相较于其他传感器具有明显优势，如其体积小、安装方便和高空间分辨率等。

2012 年，Wan Ibrahim 和 Dwyer-Joyce 等使用 25MHz 的水聚焦传感器分析了球轴承的润滑膜厚度分布[86]。研究表明，通过使用高脉冲重复频率激励聚焦传感器，当球通过传感器测量区域时可以获得更多的测点，从而获得更准确的润滑膜轮廓。这意味着在测量高速滚动轴承时，受脉冲重复频率的限制，超声测量技术将面临挑战。

为了检测滚子轴承的倾斜行为，Li M 等通过在圆柱滚子轴承轴向上布置两个并列的传感器测量了滚子轴向润滑膜厚度分布[87]。

1.4.2.3　润滑失效监测

润滑失效监测的本质是对最小油膜厚度的辨识，与接触区辨识问题基本一致。但是区别在于，润滑失效后接触区被视为固体接触，这时声波的反射与透射特性发生改变，从而影响回波特性，这也是润滑失效辨识的基本原理。

Zhang J 等研究了基于超声波润滑膜监测的滚动轴承失效检测。通过光反射定位方法，能够精确匹配球-环接触区域与润滑膜检测点[88]。在加速实验中，通过反射系数的响应规律，并结合温度和振动信息，检测到了轴承的失效。该研究开创了滚动轴承在线失效监测的新应用，为超声波技术提供了新的应用方向。

2020 年，G. Nicholas 等[89]在风力涡轮机齿轮箱的高速轴轴承外滚道的最大负载点和 40° 位置处布置了两个压电超声传感器，如图 1-12 所示。通过记录反射系数，显示了滚子出口区域完全浸没或部分缺油的情况，并捕捉到了轴承润滑的随机行为。结果表明，在低速和高速下观察到了不同的润滑回流行为：在低速下，润滑剂有足够的时间返回到之前滚子滚过的区域；而在高速下，润滑剂被进入的滚子压入该区域。在测量中，一些滚子的入口未完全浸没，而附近的滚子则完全浸没。这表明了轴承润滑的随机性。

总而言之，在滚动轴承润滑膜厚度测量方面，仍需要开发适合工业测量的低成本传感器，并提高脉冲重复频率，以满足高速滚动轴承润滑膜厚度测量中对润滑膜分布的精确测量需求。另外研究表明，超声反射系数对润滑膜的厚度和体积模量非常敏感，因此反射系数可以直接表征润滑膜的特性和润滑失效行为，这为诊断润滑失效机制提供了可能。

1.4.3　缸套-活塞环系统

气缸-活塞环系统广泛应用于往复式机器，如发动机和柱塞泵。摩擦损失与润滑状态密切相关，是往复式机器运行状况和性能的重要指标。由于高压作用，摩擦系统需要超薄润滑膜来实现密封。目前，研究人员已经通过液压马达活塞环试验台、活塞环-缸套往复试验台、以及单缸发动机活塞试验台等对活塞组件中润滑膜厚度进行了测量，如图 1-13 所示。

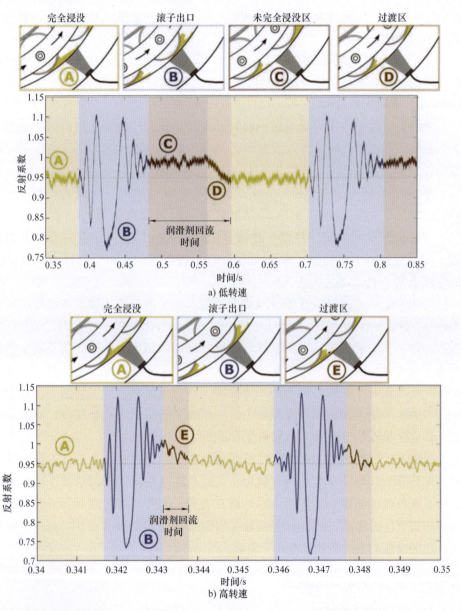

图 1-12　高转速与低转速轴承润滑行为监测[89]

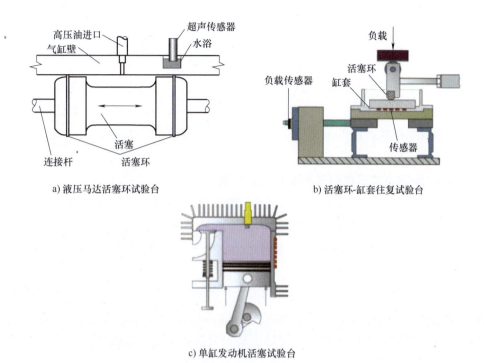

a) 液压马达活塞环试验台

b) 活塞环-缸套往复试验台

c) 单缸发动机活塞试验台

图 1-13　活塞润滑膜厚度测量装置示意图[90-92]

1. 缸套-活塞环系统中润滑膜厚度的测量

活塞环与缸套之间的摩擦可以显著影响内燃机整体能量损耗，因此摩擦过程中的动压油膜显得至关重要。考虑到活塞环在缸套不同位置的润滑状态不同，大多数研究主要考虑润滑状态劣化的死点位置作为测试目标。但是由于活塞环型线影响，实际接触区依然存在声场分辨率的问题，这也是该系统测试的难点。

Harper 等首次通过液压马达活塞环试验台，应用弹簧模型以及水聚焦传感器测量了径向活塞环-气缸之间的润滑膜厚度，测量范围为 $0.7 \sim 1 \mu m$，然而水聚焦传感器的问题在于其定位及耦合较为复杂[90]。

为了追踪往复运动过程中润滑膜的变化，Avan 等通过超声压电元件，对发动机活塞上止点（TDC）、下止点（BDC）及冲程中间位置的润滑膜厚度进行了测量[85,91,93]。通过这些测量，他们发现了上行程和下行程过程中不同的润滑状态和空化程度，上行程中润滑膜厚度测量结果观察到较大的波动。

Mills 等又通过传感器阵列，在空转及加载条件下对点火后发动机活塞环的接触进行了成像，包括压缩环、刮油环的双轨。但是，受空间分辨率的影响，仅考虑了压缩环的定量结果。结果表明，在加载条件下，压缩环最小润滑膜厚度随着活塞速度的增加而增加，并且在吸气、压缩、做功、排气四个冲程中具有较好的一致性；而在空转条件下，由于单缸发动机固有的旋转不稳定性以及空转导致的活塞摆动的影响，四个冲程中润滑膜厚存在较大的差别。

值得注意的是，由于润滑膜厚度超声测量技术得到的是传感器宽度范围内的平均润滑膜厚度，在润滑膜厚度数据中观察到环的测量轮廓并不直接对应于环的真实几何形状，但可以通过反卷积运算获得传感器宽度上的"真实"最小润滑膜厚度[94]。

2. 缸套-活塞裙系统中润滑膜厚度的测量

与活塞环的测试不同，活塞裙部与缸套之间的油膜测试相对简单一些，这主要是由于此处油膜厚度相对较厚，而测试的目的主要是捕捉二者的碰摩状态。这种测试的难点在于内燃机工作状态下的高温影响以及瞬态碰摩的高速捕获能力。

2006 年，Dwyer-Joyce 等在一定的机动和燃烧条件下，测量了单缸四冲程发动机活塞裙通过传感器位置时的润滑膜厚度，测量范围为 $2 \sim 21 \mu m$[95]。然而，由于活塞位置相对于传感器没有精确定义，无法将膜厚测量值与活塞裙部几何结构进行精确匹配。

当活塞穿过传感器位置时，使用单个传感器进行的测量提供了润滑膜厚度随时间的变化，但所得的润滑膜轮廓不代表给定瞬时的润滑膜形状，并且活塞的二次运动可能会导致错误的润滑膜形状的预测，通过使用高分辨率传感器阵列可以解决这一问题。为此，2013 年，Mills 通过传感器阵列，在空转及加载条件下对点火发动机活塞裙部的接触进行了成像[92]。测量过程中，根据四个冲程的信号差异确定活塞运动周期，并通过相关算法克服发动机缺乏绝对曲柄位置和局部变速的缺点，提取了活塞不同传感器位置处的平均最小润滑膜厚度。结果表明，活塞裙部在膨胀冲程出现了"活塞撞击"现象，突出了超声波方法间接测量活塞二次动力学的潜力。

推力面和反推力面的润滑膜厚度的同时测量提供了一种推断气缸内活塞方向的方法。2014 年，Mills 等测量了单缸试验发动机活塞在不同的热和负载条件下推力面和反推力面沿裙座中心线的润滑膜厚度，所得到的薄膜轮廓被用来建立活塞二次运动的图像[96]。测量结果表明，在压缩冲程中，机动工况下活塞裙与气缸壁之间存在间隙，燃烧工况下由于活塞沿孔向上平移时的小旋转导致在反推力表面上观察到一个"双最小值"。在膨胀冲程中，由于间隙与燃烧压力的耦合，出现"活塞撞击"的现象。

3. 润滑状态评估

活塞环-气缸套摩擦副的边界和混合润滑状态受表面形貌的影响很大[97]。通过润滑膜厚度的测量，能够进一步研究了表面粗糙度和表面形貌对环-气缸套界面润滑的影响，以优化材料选择。

2010 年，Avan 等利用活塞环-缸套往复试验台，研究了不同润滑剂下活塞环-缸套接触的摩擦学特性[85]。结果观察到低黏度油的边界、混合润滑状态以及高黏度油的流体润滑状态，通过分析摩擦系数与润滑膜厚度之间的关系，探讨了润滑状态的变化以及黏度和添加剂成分的影响。

2012 年，Avan 等建立了适用于全膜润滑状态下的活塞环-衬套接触的数值模型，用以预测压力分布、润滑膜厚度和摩擦力，通过超声法对所建立的数学模型进行了验证[91]。2014 年，Littlefair 等综合活塞动力学、热弹性变形和瞬态弹性流体动力学，对热弹性柔性活塞裙的瞬态摩擦动力学进行了分析，并通过活塞裙推力侧上的超声传感器阵列测量润滑膜厚度，对其进行验证，用以辅助研究发动机循环中的瞬态摩擦问题[98]。同年，他们又提出了一种预测活塞裙热机械变形的半自动方法，并通过雷诺方程的联合求解，对承受热弹性变形的柔性活塞裙的润滑膜厚度进行了数值求解，通过超声润滑膜厚测量技术验证所提出方法的准确性[99]。

总之，超声测量技术实现了活塞组件中润滑膜厚度的测量，为活塞结构优化提供了依据，并在研究活塞润滑状态和二次运动等方面显示出潜力。然而，这一技术在应用中也存在一些局限性：首先，由于空间分辨率的影响，无法获得活塞环的精确轮廓；其次，需要进一步研究油污染（如气泡）的影响；最后，应包括考虑接触点温度和压力的精确补偿，以提高测量的准确性。

1.4.4　未来发展方向

尽管在过去的 20 年中取得了许多基础性进展，基于超声波的润滑膜厚度测量在工业应用中的应用仍然有限。本小节讨论了关键的技术问题以及可能的解决方案。

1. 分辨率和灵敏度

在工业中，测量点接触和线接触摩擦副的润滑膜厚度时，传感器需要具备高空间分辨率，且对轴承结构的破坏要尽可能小。一方面，氮化铝压电薄膜超声传感器已被证明是一个可能的解决方案，其宽度已达到 0.3mm[100]。然而，随着传感器宽度的减小，氮化铝压电薄膜的加工复杂性增加，制造难度也变大。

同时，超声信号的能量降低，可以穿透的钢板厚度也减小。因此，有必要通过实验进一步分析氮化铝压电薄膜能够加工的最小宽度限制。

在三层结构中，尽管相位模型、复合模型和统一时域模型可以测量盲区内的润滑膜厚度，但测量误差较大（最高可达±7μm）[101]。主要困难在于反射脉冲的波形对盲区内润滑膜厚度变化不敏感，因此容易受电子噪声和脉冲发射接收器的不稳定性影响，导致大的测量误差。未来，可以通过信号处理方法（如多次测量取平均值）或者改进脉冲发射接收器的稳定性来提高盲区内的润滑膜厚测量精度。

2. 大范围测量统一超声模型

对于三层结构，频域模型（共振模型、复合模型等）可以有效覆盖润滑膜厚度变化的大范围测量。然而，需要在不同模型之间进行切换以覆盖整个范围。统一时域模型是润滑膜厚度模型的统一解决方案，但算法仍需要改进以减少计算时间。对于一些特殊的多层摩擦副如薄涂层滑动轴承，应考虑基体-涂层界面的反射回波信号与润滑膜反射回波的耦合影响，以提高超声模型的计算精度[102]。

3. 非全膜润滑测量

目前，超声技术主要集中在全膜润滑膜的厚度测量上，对混合润滑的研究较少。在混合润滑的接触中，刚度目前由两个部分提供：①粗糙峰-峰值穿透薄润滑膜区域内的固体-固体接触；②在表面通过润滑膜分隔的其他区域内的流体膜。因此可靠准确地识别这两者的比例对于混合润滑检测至关重要。在混合润滑条件下测量平均润滑膜厚度的解决方案是引入使用理论近似的比例因子[103]。然而，这种近似引起的偏差很难估计，需要进一步研究和发展现有的方法。

4. 在线监测的全面补偿

在工业机器的实际运行中，温度和压力的变化将导致超声脉冲波形、传输介质的密度和声速的变化，从而影响润滑膜厚度测量的准确性。目前的研究大多针对单一工况，未考虑实际工况的复杂性。实际工况中，传输介质中的温度和压力分布不均匀且随时间变化。同时，这些参数都会影响超声脉冲波形、传输介质的密度和声速[104-105]。因此，全面补偿温度和压力变化的影响需要一个多因素的补偿模型：首先，需要进一步研究温度和压力的影响机制，以确定二者之间的耦合关系；其次，需要利用温度和压力传感器实时测量温度和压力；再次，需要获得与位置相关的压力和温度分布，这可能通过温度场和压力场的仿真技术实现；最后，可以利用声学仿真技术分析表面粗糙度、润滑剂降解、杂质干扰、流体空化等对回波信号和润滑膜厚度测量结果的影响，从而建立相应的补偿策略。

参 考 文 献

［1］ 温诗铸，黄平. 摩擦学原理［M］. 4 版. 北京：清华大学出版社，2012.

［2］ DOWSON D. History of Tribology［M］. London：Longmans，1979.

［3］ BI Z M，MUELLER D W，ZHANG C J. State of the art of friction modelling at interfaces subjected to elasto-hydrodynamic lubrication (EHL)［J］. Friction，2021，9（02）：207-227.

［4］ 王悦昶，刘莹，黄伟峰，等. 混合润滑理论模型进化与工程应用［J］. 摩擦学学报，2016，36（04）：520-530.

［5］ ZHANG XG，LI Z X，WANG J M. Friction prediction of rolling-sliding contact in mixed EHL［J］. Measurement，2017，100：262-269.

［6］ ZHU D，WANG J X，WANG Q J. On the Stribeck curves for lubricated counter formal contacts of rough surfaces［J］. Journal of Tribology，2015，137（2）：021501.

［7］ LYU R W C，MENG X H，ZHANG R，et al. A deterministic contact evolution and scuffing failure analysis considering lubrication deterioration due to temperature rise under heavy loads［J］. Engineering Failure Analysis，2021，123（1）：105276.

［8］ GUO J，SI Y，LIU Q，et al. The lubrication regimes and transition laws of gallium liquid-metal［J］. Tribology International，2023，188：108838.

［9］ SOLOMON S E，DOUBLEDAY P，LANDRY J，et al. Lubrication mechanisms of dispersed carbon microspheres in boundary through hydrodynamic lubrication regimes［J］. Journal of Colloid and Interface Science，2023，650：1801-1810.

［10］ ZHANG Y，BIBOULET N，VENNER C H，et al. Prediction of the Stribeck curve under full-film elastohydrodynamic lubrication［J］. Tribology International，2020，149：105569.

［11］ CORNEL D，GUTIÉRREZ GUZMÁN F，JACOBS G，et al. Condition monitoring of roller bearings using acoustic emission［J］. Wind Energy Science，2021，6（2）：367-376.

［12］ FENG K，JI J，NI Q，et al. A review of vibration-based gear wear monitoring and prediction techniques［J］. Mechanical Systems and Signal Processing，2023，182：109605.

［13］ YU M，ZHANG J，JOEDICKE A，et al. Using electrical impedance spectroscopy to identify equivalent circuit models of lubricated contacts with complex geometry：in-situ application to mini traction machine［J］. Tribology International，2024，192：109286.

［14］ GLOVNEA R P，FORREST A K，OLVER A V，et al. Measurement of sub-nanometer lubricant films using ultra-thin film interferometry［J］. Tribology Letters，2003，15（3）：217-230.

［15］ SPIKES G H. CFD modeling of a thermal and shear-thinning elasto-hydrodynamic line contact［J］. Journal of Tribology，2008，130（4）.

［16］温诗铸，雒建斌. 纳米薄膜润滑研究［J］. 清华大学学报（自然学科版），2001，41
（4）：63-68.

［17］宋炳坤. 点接触混合润滑润滑膜厚度的实验研究与数值模拟［D］. 北京：清华大
学，2004.

［18］GOHAR R，CAMERON A. Optical measurement of oil film thickness under elasto-hydrodynamic
lubrication［J］. Nature，1963，200（490）：458-459.

［19］JOHNSTON G J，WAYTE R，SPIKES H A. The measurement and study of very thin lubricant
films in concentrated contacts［J］. Tribology Transactions，1991，34（2）：187-194.

［20］雒建斌. 薄膜润滑实验技术和特性研究［D］. 北京：清华大学，1994.

［21］王学锋，郭峰，杨沛然. 纳/微米弹流润滑膜厚度测量系统［J］. 摩擦学学报，2006，26
（2）：150-154.

［22］LIANG H，GUO D，LUO J B. Experimental investigation of lubrication film starvation of poly-
alphaolefin oil at high speeds［J］. Tribology Letters，2014，56（3）：491-500.

［23］ZHANG Y G，WANG W Z，ZHANG S，et al. Experimental study of EHL film thickness
behavior at high speed in ball-on-ring contacts［J］. Tribology International，2017，113：
216-223.

［24］刘晓玲，杜肖. 滚子副润滑状态转变的光干涉试验研究［J］. 机械设计与制造，2018
（6）：110-113.

［25］梁鹤，张宇，王文中. 轴承内部润滑油分布及回流的试验观察与研究［J］. 摩擦学学
报，2020，40（04）：450-456.

［26］NOTAY R S，PRIEST M，FOX M F，et al. Influence of lubricant degradation on measured
piston ring film thickness in a fired gasoline reciprocating engine［J］. Tribology International，
2013，2：1251-1254.

［27］BULUT D，BADER N，POLL G. Cavitation and film formation in hydrodynamically lubricated
parallel sliders［J］. Tribology International，2021，162：107113.

［28］PETRA O，HANS-JÜRGEN F，DIRK B. Oil distribution and oil film thickness within the
piston ring-liner contact measured by laser-induced fluorescence in a reciprocating model test
under starved lubrication conditions［J］. Tribology International，2018，129：191-201.

［29］梁鹤，王文中，张宇，等. 一种滚动轴承润滑介质分布观测试验台：CN110715804A
［P］. 2020-01-21.

［30］梁鹤，陈虹百，王文中，等. 非线性最小二乘修正的荧光染色薄膜厚度测量标定方法：
CN113048897A［P］. 2021-06-29.

［31］范志涵，赵自强，梁鹤. 基于荧光法的滚动轴承内部润滑油层分布研究［J］. 摩擦学学
报，2022，42（2）：234-241.

［32］张小栋，谢思莹，牛航，等. 光纤动态检测技术的研究与进展［J］. 振动、测试与诊

断，2015，35（3）：409-416.

［33］张平，张小栋. 滑动轴承润滑油膜厚度光纤动态检测技术研究［D］. 西安：西安交通大学，2013.

［34］UDD E. Optic sensors-an introduction for engineers and scientists［M］. New York：Wiley-Interscience，2011.

［35］施慧杰，吴青，袁成清. 应用 RIM-FOS 测量柴油机缸套-活塞环油膜厚度的可行性分析［J］. 润滑与密封，2007，32（05）：157-159.

［36］张平，张小栋，刘春翔. 光纤传感器多点测量润滑油膜厚度方法［J］. 振动、测试与诊断，2011，31（05）：618-622.

［37］BRIX V H. An electrical study of boundary lubrication：further rolls-royce investigations tending to confirm deductions from previous tests［J］. Aircraft Engineering and Aerospace Technology，1947，19（9）：294-297.

［38］赵万清，于守连. 用油膜电阻法监测水轮发电机组轴承的运行工况［J］. 水电站机电技术，1993，6（3）：28-31.

［39］李瑛，刘庆峋，赵学墉. CATT 齿轮润滑油膜厚度研究［J］. 润滑与密封，1996，21（05）：39-40.

［40］李瑛，刘庆峋，赵学墉. 点接触 CATT 齿轮润滑油膜厚度的实验研究［J］. 航空计测技术，1994，14（01）：7-9.

［41］张有忱，温诗铸. 用电阻法判断双圆弧齿轮润滑状态的实验研究［J］. 润滑与密封，1994，19（04）：11-13.

［42］张有忱，孟惠荣，范迅. 用家畜电阻法判断蜗杆传动润滑状态的研究［J］. 煤炭科学技术，1999，27（09）：26-29.

［43］TALLIAN T E，MCCOOL J I，SIBLEY L B. Partial hydrodynamic lubrication in rolling contact［C］. Leeds，England，1965.

［44］齐毓霖，张鹏顺，朱宝库. 部分弹流润滑状态的初步测试［J］. 机械工程学报，1983，2（01）：13-19.

［45］齐毓霖，张鹏顺，朱宝库. 用电容法对弹流油膜厚度测量的研究［J］. 润滑与密封，1982，7（02）：18-24.

［46］CROOK A W. The lubrication of rollers［J］. Philosophical Transactions of the Royal Society A：Mathematical，Physical and Engineering Sciences，1958，250（981）：387-409.

［47］DYSON A，NAYLOR H，WILSON A R. The measurement of oil-film thickness in elastohydro-dynamic contacts［J］. Proceedings of the Institution of Mechanical Engineers Conference Proceedings，1965，180：119-134.

［48］陈朔冬，李威，唐群国. 用电容法测量瞬时接触线上油膜厚度的传感器设计和数据处理［J］. 机械设计，1997，15（04）：34-37.

［49］王海山，郑义中，时俊生. 用电容法对活塞环最小油膜厚度的测量［J］. 内燃机学报，1989，7（2）：165-170.

［50］潘慧，程东. 基于电容法的点接触润滑状态研究［D］. 大连：大连海事大学，2011.

［51］程林，程东. 基于电容法的油膜厚度测量技术研究［D］. 大连：大连海事大学，2012.

［52］MARUYAMA T，NAKANO K. In situ quantification of oil film formation and breakdown in EHD contacts［J］. Tribology Transactions，2018，61（6）：1057-1066.

［53］MARUYAMA T，MAEDA M，NAKANO K. Lubrication condition monitoring of practical ball bearings by electrical impedance method［J］. Tribology Online，2019，14（5）：327-338.

［54］MARUYAMA T，RADZI F，SATO T，et al. Lubrication condition monitoring in EHD line contacts of thrust needle roller bearing using the electrical impedance method［J］. Lubricants，2023，11（5）：223.

［55］牟迪，陆天炜. 基于电涡流传感器的滑动轴承油膜厚度测量方法［J］. 机械工程师，2020，52（12）：34-37.

［56］王瑞，贾谦，袁小阳. 石墨水润滑动压推力轴承的起飞转速及磨损的量化研究［J］. 中国机械工程，2021，32（03）：269-274.

［57］何镭. 基于有限元分析的水电机组塑料瓦推力轴承油膜特性研究［D］. 长春：长春工程学院，2021.

［58］GLAVATSKIH S B，UUSITALO Ö，SPOHN D J. Simultaneous monitoring of oil film thickness and temperature in fluid film bearings［J］. Tribology International，2001，34（12）：853-857.

［59］ZHANG X，YIN Z，DONG Q. An experimental study of axial misalignment effect on seizure load of journal bearings［J］. Tribology International，2019，131：476-487.

［60］LI P，ZHU Y，ZHANG Y，et al. Experimental study of the transient thermal effect and the oil film thickness of the equalizing thrust bearing in the process of start-stop with load［J］. Proceedings of the Institution of Mechanical Engineers，Part J：Journal of Engineering Tribology，2013，227（1）：26-33.

［61］LI Y，LIANG F，ZHOU Y，et al. Numerical and experimental investigation on thermohydrodynamic performance of turbocharger rotor-bearing system［J］. Applied Thermal Engineering，2017，121：27-38.

［62］DWYER-JOYCE R S，DRINKWATER B W，DONOHOE C J. The measurement of lubricant-film thickness using ultrasound［J］. Proceedings of the Royal Society of London. Series A：Mathematical，Physical and Engineering Sciences，2003，459（2032）：957-976.

［63］PRAHER B，STEINBICHLER G. Ultrasound-based measurement of liquid-layer thickness：A novel time-domain approach［J］. Mechanical Systems and Signal Processing，2017，82（1）：166-177.

［64］ ZHANG J，DRINKWATER B W，DWYER-JOYCE R S. Calibration of the ultrasonic lubricant-film thickness measurement technique ［J］. Measurement Science and Technology，2005，16（9）：1784.

［65］ PIALUCHA T，GUYOTT C C H，CAWLEY P. Amplitude spectrum method for the measurement of phase velocity ［J］. Ultrasonics，1989，27（5）：270-279.

［66］ TATTERSALL H G. The ultrasonic pulse-echo technique as applied to adhesion testing ［J］. Journal of Physics D：Applied Physics，1973，6（7）：819.

［67］ 耿涛，孟庆丰，贾谦，等. 薄衬层结构滑动轴承润滑膜厚度的超声检测方法 ［J］. 西安交通大学学报，2014，48（8）：80-85.

［68］ ZHANG K，MENG Q，GENG T，et al. Ultrasonic measurement of lubricant film thickness in sliding Bearings with overlapped echoes ［J］. Tribology International，2015，88（2）：89-94.

［69］ ZHANG J，DRINKWATER B W，DWYER-JOYCE R S. Acoustic measurement of lubricant-film thickness distribution in ball bearings ［J］. Journal of the Acoustical Society of America，2006，119（119）：863.

［70］ LI M，JING M，CHEN Z，et al. An improved ultrasonic method for lubricant-film thickness measurement in cylindrical roller bearings under light radial load ［J］. Tribology International，2014，78（4）：35-40.

［71］ HUNTER A，DWYER-JOYCE R S，Harper P. Calibration and validation of ultrasonic reflection methods for thin-film measurement in tribology ［J］. Measurement Science and Technology，2012，23（10）：105605.

［72］ KÆ SELER R L J P. Adaptive ultrasound reflectometry for lubrication film thickness measurements ［J］. Measurement Science and Technology，2019，31（2）：025108.

［73］ BEAMISH S，LI X，BRUNSKILL H，et al. Circumferential film thickness measurement in journal bearings via the ultrasonic technique ［J］. Tribology International，2020，148：106295.

［74］ HARPER P，HOLLINGSWORTH B，DWYER-JOYCE R S，et al. Bearing oil film measurement using ultrasonic reflection ［J］. Tribology Series，2003，41（1）：469-476.

［75］ DWYER-JOYCE R S，REDDYHOFF T，DRINKWATER B，et al. Ultrasonic phase and amplitude and the measurement of oil film thickness ［C］. World Tribology Congress Ⅲ，2005，DOI：10.1115/WTC2005-63789.

［76］ DWYER-JOYCE R S，HARPER P，DRINKWATER B W. A method for the measurement of hydrodynamic oil films using ultrasonic reflection ［J］. Tribology Letters，2004，17（2）：337-348.

［77］ KASOLANG S，DWYER-JOYCE R S. Observations of film thickness profile and cavitation around a journal bearing circumference ［J］. Tribology Transactions，2008，51（2）：231-245.

［78］KASOLANG S, AHMED D I, DWYER-JOYCE R S, et al. Performance analysis of journal bearings using ultrasonic reflection ［J］. Tribology International, 2013, 64: 78-84.

［79］SUZUKI H, MOTORS H, DWYER-JOYCE R S. Ultrasonic determination of lubricant film thickness in an automotive transmission journal bearing ［J］. The 42nd Leeds-Lyon Symposium on Tribology, 2015, 100 (16): 30139.

［80］OYAMADA T. Application of ultrasonic sensing to monitoring lubrication conditions in a refrigeration compressor ［J］. Tribology & Lubrication Technology, 2018, 74 (12): 70-78.

［81］DWYER-JOYCE R S, DRINKWATER B W, DONOHOE C J. The measurement of lubricant-film thickness using ultrasound ［J］. Proceedings: Mathematical, Physical and Engineering Sciences, 2003, 459 (2032): 957-976.

［82］ZHANG J, DRINKWATER B W, DWYER-JOYCE R S. Ultrasonic oil-film thickness measurement: an angular spectrum approach to assess performance limits ［J］. The Journal of the Acoustical Society of America, 2007, 121 (5): 2612-2620.

［83］LI M, LIU H, XU C, et al. Ultrasonic Measurement of cylindrical roller bearing lubrication using high pulse repletion rates ［J］. Journal of Tribology, 2015, 137 (4): 1-8.

［84］ZHANG J, DRINKWATER B W, DWYER-JOYCE R S. Acoustic measurement of lubricant-film thickness distribution in ball bearings ［J］. The Journal of the Acoustical Society of America, 2006, 119 (2): 863-871.

［85］AVAN E Y, MILLS R S, DWYER-JOYCE R S. Simultaneous film thickness and friction measurement for a piston ring-cylinder contact ［C］. STLE/ASME International Joint Tribology Conference, 2010, DOI: 10.1115/IJTC 2010-41081.

［86］WAN IBRAHIM M K, GASNI D, DWYER-JOYCE R S. Profiling a ball bearing oil film with ultrasonic reflection ［J］. A S L E Transactions, 2012, 55 (4): 409-421.

［87］LI M, LIU H, XU C, et al. Ultrasonic measurement of cylindrical roller-bearing lubricant film distribution with two juxtaposed transducers ［J］. Tribology Transactions, 2017, 60 (1): 79-86.

［88］ZHANG J, DRINKWATER B W, DWYER-JOYCE R S. Monitoring of lubricant film failure in a ball bearing using ultrasound ［J］. Journal of Tribology, 2006, 128 (3): 612-618.

［89］NICHOLAS G, HOWARD T, LONG H, et al. Measurement of roller load, load variation, and lubrication in a wind turbine gearbox high speed shaft bearing in the field ［J］. Tribology International, 2020, 148: 106322.

［90］HARPER P, DWYER-JOYCE R S, SJOEDIN U, et al. Evaluation of an ultrasonic method for measurement of oil film thickness in a hydraulic motor piston ring ［J］. Tribology & Interface Engineering, 2005, 48 (05): 305-312.

［91］AVAN E Y, SPENCER A, DWYER-JOYCE R S, et al. Experimental and numerical investigations of oil film formation and friction in a piston ring-liner contact ［J］. Proceedings of the Institution of Mechanical Engineers, Part J: Journal of Engineering Tribology, 2013, 227 (2): 126-140.

［92］MILLS R S, AVAN E Y, DWYER-JOYCE R S. Piezoelectric sensors to monitor lubricant film thickness at piston-cylinder contacts in a fired engine ［J］. Proceedings of the Institution of Mechanical Engineers, Part J: Journal of Engineering Tribology, 2012, 227 (2): 100-111.

［93］AVAN E Y, MILLS R S, DWYER-JOYCE R S. Ultrasonic imaging of the piston ring oil film during operation in a motored engine-towards oil film thickness measurement ［J］. SAE International Journal of Fuels and Lubricants, 2010, 3 (2): 786-793.

［94］MILLS R S, VAIL J R, DWYER-JOYCE R S. Ultrasound for the non-invasive measurement of internal combustion engine piston ring oil films ［J］. Proceedings of the Institution of Mechanical Engineers, Part J: Journal of Engineering Tribology, 2015, 229 (2): 207-215.

［95］DWYER-JOYCE R S, GREEN D A, HARPER P, et al. The measurement of liner-piston skirt oil film thickness by an ultrasonic means ［J］. SAE Transactions, 2006, 115: 348-353.

［96］MILLS R S, DWYER-JOYCE R S. Ultrasound for the non-invasive measurement of IC engine piston skirt lubricant films ［J］. Proceedings of the Institution of Mechanical Engineers, Part J: Journal of Engineering Tribology, 2014, 228 (11): 1330-1340.

［97］SPENCER A, AVAN E Y, ALMQVIST A, et al. An experimental and numerical investigation of frictional losses and film thickness for four cylinder liner variants for a heavy duty diesel engine ［J］. Proceedings of the Institution of Mechanical Engineers, Part J: Journal of Engineering Tribology, 2013, 227 (12): 1319-1333.

［98］LITTLEFAIR B, CRUZ M D L, THEODOSSIADES S, et al. Transient tribo-dynamics of thermo-elastic compliant high-performance piston skirts ［J］. Tribology Letters, 2014, 53 (1): 51-70.

［99］LITTLEFAIR B, CRUZ M D L, MILLS R S, et al. Lubrication of a flexible piston skirt conjunction subjected to thermo-elastic deformation: A combined numerical and experimental investigation ［J］. Proceedings of the Institution of Mechanical Engineers, Part J: Journal of Engineering Tribology, 2014, 228 (1): 69-81.

［100］DRINKWATER B W, ZHANG J, KIRK K J, et al. Ultrasonic measurement of rolling bearing lubrication using piezoelectric thin films ［J］. Journal of Tribology, 2009, 131 (1): 1-8.

［101］DOU P, WU T H, PENG Z X. A time-domain ultrasonic approach for oil film thickness measurement with improved resolution and range ［J］. Measurement Science and Technology, 2020, 31 (7): 075006.

［102］GENG T, MENG Q F, ZHANG K, et al. Ultrasonic measurement of lubricant film thickness in sliding bearings with thin liners ［J］. Measurement Science & Technology, 2015, 26

(2)：025002（1-12）．

[103] DWYER-JOYCE R S, REDDYHOFF T, ZHU J. Ultrasonic measurement for film thickness and solid contact in elastohydrodynamic lubrication [J]. Journal of Tribology, 2011, 133 (3)：031501.

[104] ZHANG J, DRINKWATER B W, DWYER-JOYCE R S. Acoustic measurement of lubricant-film thickness distribution in ball bearings [J]. The Journal of the Acoustical Society of America, 2006, 119 (2)：863-871.

[105] JIA Y P, DOU P, ZHENG P, et al. High-accuracy ultrasonic method for in-situ monitoring of oil film thickness in a thrust bearing [J]. Mechanical Systems & Signal Processing, 2022, 180：109453.

第 2 章 润滑膜厚度超声测量原理及系统

润滑液体薄膜，简称润滑膜，通常处于摩擦副的封闭区域，其直接测量的难度颇高。加之其对工况的依存性，导致只能在实际工况下测量，这一特性使得工业中润滑膜类似于"薛定谔的猫"：观测到它即不是原有状态，故只能采用不干涉它的方法去测量实际状态。在众多测量技术中，超声测量方法凭借其无损检测与可嵌入性脱颖而出，相较于传统的电测法、光测法等膜厚检测技术，展现出显著的工程应用优势。利用超声波穿透性强、指向性好等特点，可将超声波入射至目标物体，并收集不同介质界面的反射回波，通过信号分析并提取润滑膜层两个界面上的反射信号，即可计算其厚度。超声波在物体中的传播行为可等效为一种机械波，可以用基本物理量和物理方程进行定义，进而为分析其传播特性及油膜厚度计算模型提供基础。

本章将全面阐述超声波的基本概念，润滑膜厚度的测量原理及超声测量系统，主要内容包括：声学基本参数、传播特性、衰减规律等基本概念，以及超声测量系统所涉及的压电原理、信号处理、数模/模数转换、集成方法等基本方法与原理，最后介绍润滑膜厚度超声测量的标定方法。

2.1 超声波的基本概念

声波和介质振动是分不开的，它本质上是一种声源振动产生的机械波[1]。受声源能量的激发，声源附近的固体、液体或气体介质均可产生振动。由于介质的连续性，这种声源振动会逐次引发相邻介质的振动，进而以波的形式传播，形成声波。声波在介质中传播的空间，被定义为声场。声波可以传播能量和信息，例如高强度的声波能够利用其能量特性震碎玻璃；盲人听声辨位则利用了声音信息判断声源的方向和距离的信息。由此可知，想要分析出某一声波中包含的信息，就必须定义声波的物理量。从已知声波的某些物理量了解未知量的情况，这就是声学检测的本质。

声波完成一次完整振动的时间称为周期，用 T 表示，常用单位为秒（s）；在单位时间内，声波完成完整振动的次数就为频率，用 f 表示，单位为赫兹（Hz），且有 $f=1/T$。按照频率的不同对声波进行分类：频率低于 20Hz 的声波称为次声波，频率在 20Hz~20kHz 的声波称为可听波，频率一般在 20k~1GHz 的声波称为超声波，频率大于 1GHz 的声波称为微波超声。在医疗和工业领域，之所以广泛采用频率超过 20kHz 的超声波作为声学检测的主要手段，原因在于高频波声波波长短、指向性好、反射性强，更有助于声学检测。

根据不同介质质点的振动形式，超声波主要类型可分为纵波、横波、板波和表面波等。纵波是质点振动方向和波的传播方向平行的机械波，可以在固体、液体和气体中传播。受到交变的拉、压应力作用，弹性介质会交替的伸缩变形，微观上表现为质点沿传播方向的振动，宏观上即形成沿传播方向稠密交替的纵波。由于纵波在固、液、气介质中均能传播，而润滑膜厚超声测量方法中常常涉及固、液甚至是固、液、气的多层结构，因此润滑膜厚测量中主要使用纵波。横波是质点振动方向和波的传播方向垂直的机械波，传播时介质将产生剪切应变，由于气体和液体不能传播剪切力，所以横波只能在固体中传播。横波多用于缺陷检测；而板波和表面波多用于薄板和表面缺陷的检测，内容超出了本书的主题范畴。

2.1.1 超声波传播的声学参量

描述超声波传播特性中主要的物理量包括声速、声阻抗等。下面给出具体定义[2]：

1. 声速

声速表示声波在介质中传播的速度，与介质的密度、杨氏模量等材料属性相关。声速还与声波的类型有关，不同超声波波形产生的介质弹性变形的形式不同，声速也不一样。由于润滑膜厚度测量中主要使用纵波，故主要讨论纵波声速。此外，介质的形状、轮廓以及尺寸都对波速有一定影响，为了简化其影响，可将介质尺寸视作无限大。纵波在各向同性均匀的无限大固体中的传播速度为

$$c=\sqrt{\frac{E}{\rho}}\sqrt{\frac{(1-\mu)}{(1+\mu)(1-2\mu)}} \tag{2-1}$$

式中 E——弹性模量（单位为 N·m^{-2}）；

  μ——泊松比；

ρ——介质密度（单位为 kg/m^3）。

从式（2-1）中可以看出，声波在各向同性固体中的传播速度与弹性模量成正比，与介质密度成反比。简而言之，纵波在刚度越大、密度越小的材料中传播速度越快，而在刚度越小、密度越大的材料中传播速度越慢。由于润滑膜厚度测量方法也会涉及纵波在流体中的传播，所以给出纵波在无限大流体介质中的传播速度：

$$c = \sqrt{\frac{E_l}{\rho}} \tag{2-2}$$

式中　E_l——液体或气体的容变弹性模量（单位为 N·m^{-2}）；

　　　ρ——介质密度（单位为 kg·m^{-3}）。

在实际的实验以及工业测量中，难以直接测量声速，可利用材料的弹性模量、密度、泊松比等参数，通过式（2-1）和式（2-2）推算声速。同时，由于材料内部的孔隙率、应力等会影响声速，也可以建立声速与孔隙率、应力等参量的关系，通过测量声速评估材料参数。

2. 声阻抗

声阻抗 Z 表示介质对声传播的阻碍能力，也可理解为声场中某位置处介质对声传导的限速能力。声阻抗的大小与声压、媒质质点的振动速度无关，而与声波的传播介质的属性有关。传播介质的声阻抗越大，促进介质振动需要的声压就越大。对于超声检测中常用的平面纵波而言，声阻抗计算公式为

$$Z = \rho c \tag{2-3}$$

式中　ρ——介质密度（单位为 kg·m^{-3}）；

　　　c——介质中的声速（单位为 m·s^{-1}）。

可见，平面波的声阻抗是一个实常数，由材料本身的性质决定，单位为 kg·m^{-2}·s^{-1}。工程应用通常可查阅手册获得超声波在不同材料（各向同性材料）中的声速，材料的密度亦可通过查阅手册或测量质量和体积计算得到，然后通过式（2-3）计算得到材料的声阻抗。常用工程材料的声阻抗特性参数见表 2-1。

表 2-1　常用工程材料的声阻抗特性参数

润滑剂材料	声速/(m·s^{-1})	密度/(kg·m^{-3})	声阻抗/(10^{6}kg·m^{-2}·s^{-1})
0℃干燥空气	331	1.29	0.43E-3
20℃酒精、异本基、2-丙醇	1170	786	0.92
柴油	1250	832	1.04

（续）

润滑剂材料	声速/(m·s⁻¹)	密度/(kg·m⁻³)	声阻抗/(10^6kg·m⁻²·s⁻¹)
汽油	1250	803	1.00
25℃淡水	1497	998	1.49
25℃海水	1531	1025	1.57
润滑油	1457	886	1.29
钢	5818	7810	45.44
铝	6220	2650	16.48

2.1.2 超声波的传播特性

2.1.2.1 垂直入射波的界面反射与透射

超声波在异质界面间传播时会发生声波反射和透射等现象，润滑膜厚度的测量正是利用了声波传播特性。假设有相接触的两种无限延伸的介质 1 和介质 2，其声阻抗分别为 Z_1 和 Z_2，分界面坐标 $x=0$，界面视为完全垂直于 x 轴的理想界面，如图 2-1 所示。

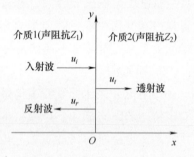

图 2-1 声波在理想界面上的反射和透射行为示意图

假定介质 1 中的入射波为垂直入射界面的平面波，那么与波源距离为 x 处的质点在 t 时刻位移的复数形式可表示为

$$u_i = Ae^{i2\pi f(t-x/c_j)} \tag{2-4}$$

式中 A——振幅（单位为 m）；

c_j——介质 j 中的声速（单位为 m·s⁻¹），j 取 1 或 2。

当声波从介质 1 中传到与介质 2 的分界面时，会因为两种介质声阻抗不同而发生反射和透射行为。假设入射波振幅为 1，以反射发生时刻为 0 时刻，那么叠加反射波后介质 1 中振动传播的总位移为

$$u_1 = u_i + u_r = e^{-i2\pi fx/c_1} + Ve^{i2\pi fx/c_1} \tag{2-5}$$

式中 V——界面的声压反射系数。

从界面透射到介质 2 中的振动传播位移为

$$u_2 = u_t = We^{-i2\pi fx/c_2} \tag{2-6}$$

式中 W——分界面的声压透射系数。

根据弹性力学的相关理论可知，对位移求坐标的导数可以得到应变，并根据胡克定律可以得到声波传播方向上的应力：

$$
\begin{cases}
\sigma_1 = -\mathrm{i}2\pi f\dfrac{E_1}{c_1}(\mathrm{e}^{-\mathrm{i}2\pi fx/c_1} - V\mathrm{e}^{\mathrm{i}2\pi fx/c_1}) \\[3mm]
\sigma_2 = -\mathrm{i}2\pi f\dfrac{E_2}{c_2}W\mathrm{e}^{-\mathrm{i}2\pi fx/c_2}
\end{cases}
\tag{2-7}
$$

式中　E_j——介质 j 的杨氏模量（单位为 $\mathrm{N\cdot m^{-2}}$），j 取 1 或 2，且 $E_j = Z_j c_{j.}$。

根据边界条件，超声波在界面（$x=0$）处，质点的位移和应力连续。那么有

$$
\begin{cases}
(u_1)_{x=0} = (u_2)_{x=0} \\[2mm]
(\sigma_1)_{x=0} = (\sigma_2)_{x=0}
\end{cases}
\tag{2-8}
$$

由上述方程联立求解，可得波在分界面的位移反射系数和透射系数表达式为

$$
\begin{cases}
V = \dfrac{Z_1 - Z_2}{Z_2 + Z_1} \\[4mm]
W = \dfrac{2Z_1}{Z_2 + Z_1}
\end{cases}
\tag{2-9}
$$

由式（2-9）可知，分界面的位移反射和透射系数只与两介质的声阻抗关系有关。界面两侧阻抗差异程度决定了反射波的大小和相位改变情况，具体情况讨论如下：

1）当 $Z_1 = Z_2$ 时，有 $V=0$、$W=1$，声波全部透射到介质 2 中。因此，只要界面两侧介质的声阻抗一致，则可等效为同一种介质。

2）当 $Z_1 < Z_2$ 时，有 $V<0$、$W<1$，在这种界面上，声波反射大于透射。

3）当 $Z_1 > Z_2$ 时，有 $V>0$、$W>1$，在这种界面上，声波反射小于透射。

由此可知，声阻抗不同的材料所对应的声波反射、透射情况是不同的。在实际的润滑膜厚度测量中，必须要先了解清楚所测量的固体和润滑介质的声阻抗。

2.1.2.2　反射系数的定义

上述推导为超声波在两层平行均匀介质界面处的反射系数和透射系数，有助于读者理解超声波反射、透射的基本原理。在实际的润滑膜厚度超声测量中，由于存在固体-润滑膜-固体的三层结构，还需要推导三层结构的反射系数。尽管将入射波视为连续波或脉冲波将会得到同样的结果，但是采用连续波推导三层结构反射系数有助于理解超声波的传播过程，而采用脉冲波推导则更接近于实

际应用。因此，本小节将分别介绍这两种方法的推导过程。

1. 基于连续波的三层结构反射系数

理想的固体-润滑膜-固体三层结构如图 2-2 所示。介质 1 中有一连续波 I 沿 x 轴方向入射界面（$x=0$），由 2.1.1 节推导可知，入射波将部分反射回来形成反射波 V_1，部分透射形成透射波 W_2；透射波 W_2 将会进一步反射和透射形成反射波和透射波。

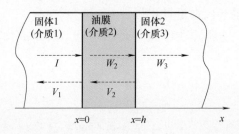

图 2-2　声波在连续三层介质结构中的传播示意图[3]

单位入射波 I 的位移可以用复变量表示，见式（2-4）。根据声学原理，定义界面反射回波和入射波的比值为反射系数，透射波与入射波的比值为透射系数。规定界面（$x=0$）透射系数为 W_2，反射系数为 V_1；界面（$x=h$）透射系数为 W_3，反射系数为 V_2，则各介质中超声波的总位移可以表达为入射波、透射波与反射波的叠加。介质 1、2 和 3 中的声波位移为：

$$u_1(x) = e^{-i2\pi fx/c_1} + V_1 e^{i2\pi fx/c_1} \tag{2-10}$$

$$u_2(x) = W_2 e^{-i2\pi fx/c_2} + V_2 e^{i2\pi fx/c_2} \tag{2-11}$$

$$u_3(x) = W_3 e^{-i2\pi fx/c_3} \tag{2-12}$$

采用式（2-7）相似推导原理，可以得到介质 1、2 和 3 中对应的应力为

$$\sigma_1(x) = -i2\pi f \frac{E_1}{c_1} (e^{-i2\pi fx/c_1} - V_1 e^{i2\pi fx/c_1}) \tag{2-13}$$

$$\sigma_2(x) = -i2\pi f \frac{E_2}{c_2} (W_2 e^{-i2\pi fx/c_2} - V_2 e^{i2\pi fx/c_2}) \tag{2-14}$$

$$\sigma_3(x) = -i2\pi f \frac{E_3}{c_3} W_3 e^{-i2\pi fx/c_3} \tag{2-15}$$

式中　E_j——介质 j 的杨氏模量（单位为 $\mathrm{N \cdot m^{-2}}$），且 $E_j = Z_j c_j$。

由式（2-2）和式（2-3）可推出，介质的杨氏模量等于介质的声阻抗乘以声速，因此式（2-13）~式（2-15）可以写为

$$\sigma_1(x) = -i2\pi f Z_1 (e^{-i2\pi fx/c_1} - V_1 e^{i2\pi fx/c_1}) \tag{2-16}$$

$$\sigma_2(x) = -\mathrm{i}2\pi f Z_2 (W_2 \mathrm{e}^{-\mathrm{i}2\pi fx/c_2} - V_2 \mathrm{e}^{\mathrm{i}2\pi fx/c_2}) \tag{2-17}$$

$$\sigma_3(x) = -\mathrm{i}2\pi f Z_3 W_3 \mathrm{e}^{-\mathrm{i}2\pi fx/c_3} \tag{2-18}$$

根据位移和应力连续条件，界面（$x=0$）和（$x=h$）处位移和应力相等，即

$$u_1(0) = u_2(0), u_2(h) = u_3(h) \tag{2-19}$$

$$\sigma_1(0) = \sigma_2(0), \sigma_2(h) = \sigma_3(h) \tag{2-20}$$

定义反射回波 V_1 和入射波的比值为反射系数 R，联立不同介质中位移和应力方程以及边界条件可求得反射系数 R 为

$$R = \frac{\mathrm{e}^{-\mathrm{i}2\pi fh/c_2}(Z_1+Z_2)(Z_2-Z_3) - \mathrm{e}^{\mathrm{i}2\pi fh/c_2}(Z_2-Z_1)(Z_2+Z_3)}{\mathrm{e}^{-\mathrm{i}2\pi fh/c_2}(Z_2-Z_1)(Z_3-Z_2) + \mathrm{e}^{\mathrm{i}2\pi fh/c_2}(Z_1+Z_2)(Z_2+Z_3)} \tag{2-21}$$

对 $\mathrm{e}^{-\mathrm{i}2\pi fh/c_2}$ 和 $\mathrm{e}^{-\mathrm{i}\omega 2\pi fh/c_2}$ 两项分别进行泰勒展开得

$$\mathrm{e}^{\mathrm{i}2\pi fh/c_2} = 1 + \mathrm{i}2\pi fh/c_2 + \frac{(\mathrm{i}2\pi fh/c_2)^2}{2!} + \frac{(\mathrm{i}2\pi fh/c_2)^3}{3!} + \cdots \tag{2-22}$$

$$\mathrm{e}^{-\mathrm{i}2\pi fh/c_2} = 1 - \mathrm{i}2\pi fh/c_2 + \frac{(-\mathrm{i}2\pi fh/c_2)^2}{2!} + \frac{(-\mathrm{i}2\pi fh/c_2)^3}{3!} + \cdots \tag{2-23}$$

将式（2-22）和式（2-23）代入式（2-21）并省略高阶项得

$$R = \frac{(Z_1-Z_3) + \mathrm{i}2\pi fh/Z_2 c_2(Z_1 Z_3)}{(Z_1+Z_3) + \mathrm{i}2\pi fh/Z_2 c_2(Z_1 Z_3)} \tag{2-24}$$

将声阻抗公式 $Z=\rho c$ 和润滑膜刚度公式 $K=\rho c^2/h$ 代入上式中的 Z_2，可得连续波条件下的三层结构反射系数为

$$R = \frac{(Z_1-Z_3) + \mathrm{i}2\pi f/K(Z_1 Z_3)}{(Z_1+Z_3) + \mathrm{i}2\pi f/K(Z_1 Z_3)} \tag{2-25}$$

考虑到反射系数 R 为复数，可提取其实部与虚部分别为

$$R = \frac{(Z_1^2-Z_3^2) + Z_1^2 Z_3^2(2\pi f/K)}{Z_1^2 Z_3^2(2\pi f/K)^2 + (Z_1+Z_3)^2} + \mathrm{i}\frac{2Z_1 Z_3^2(2\pi f/K)}{Z_1^2 Z_3^2(2\pi f/K)^2 + (Z_1+Z_3)^2} \tag{2-26}$$

2. 基于脉冲波的三层结构反射系数

润滑膜反射系数也可采用波的叠加原理进行推导[4]，由于大多数超声波发生器采用脉冲波形式，因此采用波的叠加原理推导润滑膜反射系数更符合工程实际。图 2-3 给出了脉冲入射波在典型三层结构中传播过程，I 表示入射脉冲波，B_1，B_2，$\cdots$，B_n 为从润滑膜层返回的各阶回波，统一定义为 B。

假设入射波的幅值为单位 1，那么润滑膜层上下表面的反射回波可以依次表达为[4]

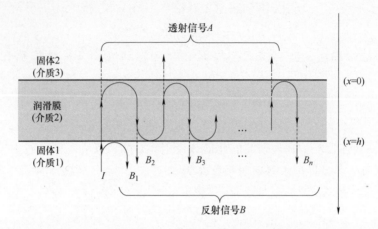

图 2-3　声波在三层介质结构中传播的叠加原理示意图

$$\begin{cases} B_1 : V_{12} \\ B_2 : W_{12}V_{23}W_{21}\exp(-2\mathrm{i}k_2h) \\ B_3 : W_{12}V_{23}W_{21}\exp(-2\mathrm{i}k_2h)\left[V_{21}V_{23}\exp(-2\mathrm{i}k_2h)\right]^1 \\ \vdots \\ B_n : W_{12}V_{23}W_{21}\exp(-2\mathrm{i}k_2h)\left[V_{21}V_{23}\exp(-2\mathrm{i}k_2h)\right]^{n-2} \end{cases} \tag{2-27}$$

式中　　　　　　　　h——润滑膜厚度（单位为 m）；

　　　　n（$n>2$）——润滑膜反射回波个数；

　　$k_2 = 2\pi f/c_2$——波数，其中 f 是声波频率（单位为 Hz）；

　　　　　　　　c_2——润滑膜声速（单位为 m·s^{-1}）；

W_{ij} 和 V_{ij}（i, j=1，2，3）——介质 i 和 j 的界面透射系数和反射系数，且满足式(2-9)。

$$V_{ij} = \frac{Z_i - Z_j}{Z_j + Z_i} < 1 \tag{2-28}$$

$$V_{ji} = -V_{ij} \tag{2-29}$$

$$W_{ij} = 1 + V_{ij} \tag{2-30}$$

$$W_{ji} = 1 - V_{ij} \tag{2-31}$$

式中　Z——介质的声阻抗（单位为 kg·m^{-2}·s^{-1}），由介质的密度和介质中的声速决定。

　　　假设入射波幅值为 1，润滑膜的反射系数 R 可以用式（2-27）中所有回波的总和表示为

$$R = V_{12} + W_{12}V_{23}W_{21}\exp(-2\mathrm{i}k_2h)\frac{1 - \left[V_{21}V_{23}\exp(-2\mathrm{i}k_2h)\right]^{n-2}}{1 - V_{21}V_{23}\exp(-2\mathrm{i}k_2h)} \tag{2-32}$$

可见，当反射回波个数 n 趋于无穷大时，分子中指数项趋于 0，此时式（2-32）可简化为

$$R = \frac{V_{12}+V_{23}\exp(-2ik_2h)}{1+V_{12}V_{23}\exp(-2ik_2h)} \tag{2-33}$$

进一步推导得

$$R = \frac{V_{12}+V_{23}\exp(-2ik_2h)}{1+V_{12}V_{23}\exp(-2ik_2h)}$$

$$R = \frac{\dfrac{Z_1-Z_2}{Z_1+Z_2}+\dfrac{Z_2-Z_3}{Z_2+Z_3}e^{-2ik_2h}}{1+\left(\dfrac{Z_1-Z_2}{Z_1+Z_2}\right)\left(\dfrac{Z_2-Z_3}{Z_2+Z_3}\right)e^{-2ik_2h}}$$

$$R = \frac{(Z_1-Z_2)(Z_2+Z_3)e^{i2\pi fh/c_2}+(Z_2-Z_3)(Z_1+Z_2)e^{-i2\pi fh/c_2}}{(Z_1+Z_2)(Z_2+Z_3)e^{i2\pi fh/c_2}+(Z_1-Z_2)(Z_2-Z_3)e^{-i2\pi fh/c_2}} \tag{2-34}$$

对比式（2-21）可知，脉冲波和连续波推导的反射系数结果相同，但脉冲波的叠加原理更接近于脉冲波的传播过程。

2.1.2.3　超声波的衰减

超声波的衰减类型可以总结为扩散衰减、散射衰减、吸收衰减，扩散衰减与超声波的传播特性有关。当超声波在介质中传播时，波束会向四周扩散，随着传播距离的增加，超声波的能量会随之衰减。因此扩散衰减与超声波的波束形状有关：若波束面为球面，则扩散衰减显著。想要减少扩散衰减对测量的影响，就需要尽量使波束面为平面。实际测量中波束面的形状是难以控制的，需要尽量使超声波传感器靠近测量位置，减小扩散衰减的影响。散射衰减与材料的晶粒密度有关，晶粒大或数量多，则超声波的散射现象严重。散射的回波作为噪声返回传感器，降低了反射回波信号信噪比，可对信号进行降噪处理。吸收衰减是超声在传播过程中抵抗材料的黏滞性和热传导的耗散而产生的，吸收衰减和散射衰减一样，也与介质属性有关。在纤维增强聚合物中[5]，纤维和基体的黏滞性较强，吸收衰减的影响尤为突出。

将声波视为平面波，则在物体中给定长度的传播途径中，位移幅值衰减方程可定义为

$$|u| = |u_0|e^{-\alpha x} \tag{2-35}$$

式中　u_0——初始位移；

　　　x——声波传播路径的长度；

　　　　　α——单一频率声波在单一均匀介质中传播的衰减系数，恒温下为常数且与超声波频率成正比。

　　由于衰减系数 α 和超声波频率成正比，超声波频率越高，超声波衰减效应越强，衰减越严重，因此合理选择超声波传感器中心频率尤为重要。

　　实际的超声衰减效应更为复杂，已有研究证明了超声衰减与材料的残余应力也有关系[5]。外载荷的增加将加剧材料内部应力和应变，增强超声信号的衰减，降低超声回波信号的能量，因此也可以利用超声回波的能量和衰减系数评估材料内部的应力。多相流介质的超声衰减效应对润滑膜厚度的测量来说也非常重要。以滑动轴承为例，由于局部空化现象的存在，润滑膜可能会瞬时破裂，造成轴承的空化，甚至产生空蚀，因此可通过监测含气泡油液的超声衰减特性反推油液中的气泡含量。目前，已有研究建立了超声衰减系数与汽轮机蒸汽的气液两相流液滴体积浓度之间的关系[6]，发现超声衰减系数随液滴体积浓度的增大而增大[7]。因此，超声衰减效应有利有弊：一方面衰减效应限制了超声波的频率和分辨率；另一方面通过识别超声衰减系数又可以实现对材料内部应力、气泡浓度的测量。

2.2　润滑膜厚度超声测量系统

　　润滑膜厚度超声测量系统是润滑膜厚度测量的基础，需承担超声波脉冲发射与接收，以及信号处理与膜厚计算的功能，主要包括硬件系统和软件系统。其中，硬件系统由超声波传感器、超声波发射接收装置、超声信号数据采集装置以及工业 PC 组成。本节主要围绕硬件系统和信号处理方法进行介绍。

2.2.1　基本构成原理

　　图 2-4 所示为典型的膜厚超声测量系统基本构成原理图。膜厚超声测量系统由脉冲发生/接收器、超声波传感器、示波器/数字采集卡、工控机组成。脉冲发生/接收器用于产生一系列短时间的电压脉冲以激励超声波传感器振动产生超声波，以及接收超声波传感器获得的超声波电压信号。超声波传感器的主要功能是进行电压与机械振动之间能量形式的转换，把电信号转换为声信号，反之亦然。脉冲发生/接收器获得的超声电压信号被示波器或数字采集卡捕获和记录，然后传递给计算机进行处理。系统工作原理为：计算机发出控制信号使超

声波脉冲发射/接收仪产生电压脉冲激发超声波传感器；传感器产生具有一定频带的脉冲波入射到待测结构中；由于不同介质的声阻抗不同，超声波在不同介质交界面发生反射和透射，反射回波的一部分被传感器接收并产生电脉冲，由采集卡采集并传输至计算机进行处理；计算机通过对润滑膜反射回波进行信号处理计算出润滑膜厚度。

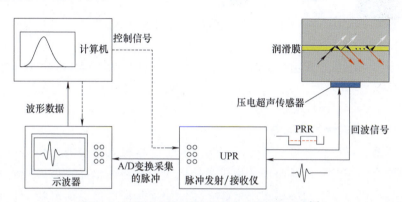

图 2-4　超声波润滑膜厚度检测系统基本原理[8]

2.2.2　超声测量传感器

超声波测量传感器，又称超声换能器，是超声波检测系统重要的组成部分，主要用于实现电压和机械振动的能量形式转换。超声波传感器作为发射端时，受到脉冲发射仪的电压脉冲激励，产生机械振动，将电信号转换为超声信号；超声波传感器作为接收端时，受到超声波振动的作用而产生超声波电压，实现超声信号到电信号的转换。传感器正常工作除了合适的压电元件，还需要阻抗匹配辅助结构。很多厂家采用匹配好的传感器及耦合层，以封装形式作为产品出售，其典型结构主要包括：

2.2.2.1　接触式传感器

接触式超声波传感器内部的基本构造如图 2-5 所示，主要结构包含：压电晶片、阻尼块和耐磨片等。压电晶片的主要作用是激发和接收超声波，激发的超声波频率的大小由其厚度决定，频率越高压电晶片厚度越薄，制作越困难。阻尼块通常是一种具有高度声衰减效应的高密度材料，能吸收压电晶片背向散射的波，以避免回波共振。耐磨片安装在压电晶片前面，起着保护的作用。另外，传感器通过耦合剂与工件表面接触。耦合剂起着阻抗匹配的作用，让激发的声能尽可能多地透射到工件中，提高检测灵敏度。

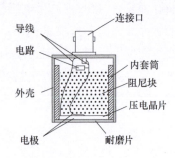

a) 接触式超声波探头实物图　　　　　　b) 接触式超声波探头内部的基本构造

图 2-5　接触式超声波探头示意图[9]

2.2.2.2　水浸式聚焦传感器

水浸式聚焦超声波传感器的基本构造类似于接触式超声波传感器，但是聚焦传感器会在压电晶片前面加装聚焦声透镜或直接将压电晶片做成凹面来产生聚焦声场，以提高空间分辨率。工业中使用的聚焦声透镜曲面形状主要为圆柱面和球面（见图 2-6），在聚焦区域内，可将压电晶片激发的声波聚焦成声束宽度更窄的线状和点状。相比于接触式探头，水浸聚焦探头具有更高的空间分辨率，缺点是物理尺寸较大，需要在被测物壳体上开孔固定，限制了其在工业场合的应用。

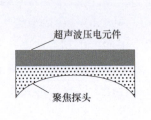
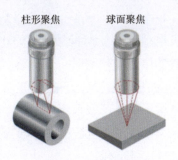

a) 聚焦传感器结构示意图　　　　　　b) 水浸聚焦探头的主要类型

图 2-6　水浸聚焦探头的主要类型[9]

2.2.2.3　压电元件

由于尺寸和空间限制，机械装备中往往要求简便安装或多点测量，而接触式超声波传感器与水浸式聚焦传感器由于外形尺寸较大，很难满足大部分工业装备的测试需求。此外，接触式超声波传感器与水浸式聚焦传感器由于需要用水凝胶或者水作为耦合剂，其传播特性容易受到振动和时效的影响，使测量结果产生误差。为此，需要一种便于工业现场安装且测试可靠的超声波传感器。

超声波压电元件是传感器的核心元件，利用压电材料的正、逆压电效应来产生超声波。压电材料如压电陶瓷、压电晶体等在受到压力作用下会在材料两端产生电压，这一现象就为压电效应。而相反的，在压电材料两端施加电压，压电材料会产生机械应力，称为逆压电效应。超声波压电元件的结构如图 2-7a 所示，元件左右分别为其正、负极，向正、负极通入交流电压，就可以导致压电元件的振动而产生超声波。

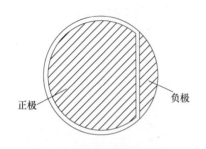

a) 超声波压电元件结构示意图

b) 超声波压电元件实物图

图 2-7　超声波压电元件示意图

与商用接触式超声波传感器及水浸式聚焦超声波传感器相比，超声波压电元件尺寸小（见图 2-7b），可以通过粘贴的方式安装于物体表面，对安装空间要求极低。同时，将超声波压电元件安装在被测物的背面，亦可减少超声波的传播路径，减少声波衰减的同时亦可降低噪声。此外，超声波压电元件直接黏合在待测对象的背面，黏合剂同时作为耦合剂，能够避免被测物振动对测量结果的影响。

2.2.2.4　其他传感器

以上介绍的超声波传感器的共同特点是需要与被测件进行接触。尽管超声波压电元件已经可以达到很小的体积，但这种接触式超声在实际测量过程中还是有众多的限制，因此非接触超声越来越受到关注。目前常用的非接触超声检测技术主要有空气耦合超声、电磁超声以及激光超声，其中激光超声由于能够同时激发多种形式的超声波，具有更广阔的应用前景。

激光超声技术利用脉冲激光携带的高能量导致介质受热激发超声波，且可以在固体、液体和气体中传播。根据激光功率密度和介质损伤阈值之间的关系，激光超声的激发方式可以分为热弹效应激发和烧蚀效应激发。当激光功率密度低于材料的损伤阈值时，激光产生的热不足以融化介质材料，但材料温度上升会使材料发生变形。如图 2-8a 所示，由于温度升高只发生在材料的浅表层，热弹流效应不会造成材料的损伤，所以浅表层的热胀冷缩被约束而不断地产生应力和应变，从而在介质内部产生超声波；当激光功率密度高于材料的损伤阈值时，高能量的激光脉冲使得材料表面汽化、电离。如图 2-8b 所示，汽化、电离的反作用力会在介质中激发超声波。尽管烧蚀效应激发超声的效率远远高于热弹流效益。但是烧蚀效应会造成介质表面材料的损失。

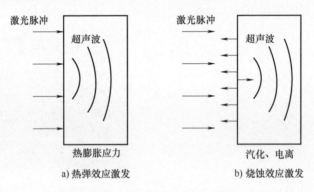

a) 热弹效应激发　　　　　　　　b) 烧蚀效应激发

图 2-8　激光超声激发原理示意图

激光超声的接收方式也与普通的压电超声不同，分为干涉法和非干涉法。干涉法主要使用干涉仪进行光信号的接收，而非干涉法主要包括光偏转法、光栅衍射法。干涉法和非干涉法都需要向超声波被激发处发射检测激光。检测激光在遇到超声振动后，其反射激光信号会被调制。通过识别反射激光中包含的介质表面细微的位移和振动，可以实现超声信号的接收。再将光信号转换为电信号，经过信号放大、模/数转换为数字信号以供分析。由于光干涉法、光偏转法、光栅衍射法的测量精度很高，所以激光超声的分辨率非常高。从激光超声的原理可以知道，激光超声具有非接触式、快速、精度高、不受材料形状和物态属性限制等众多优点，目前已经有研究将激光超声运用在介质厚度的测量中[10-12]。

柔性超声波传感器则有望解决测量表面不平整带来的问题。随着电子材料技术的发展，导电聚合物、有机半导体和非晶硅等材料能够在变形情况下保持长久的性能。例如，目前最广泛使用的柔性基底[13]材料聚二甲基硅氧烷（PDMS）就具有良好的柔性和拉伸性，且颜色透明、化学性质稳定。未来随着柔性传感器的完善，其有望作为机械部件的涂层附着在零部件的表面，进行超声在线监测。目前，柔性超声波传感器已经可以实现压电效应，能够发射和接收超声波，并且已经在人体关节、血液流量监测中取得了部分成果[14-16]。但是，目前柔性传感器还未能工程应用，若要将其应用在机械设备的检测中还要考虑压力、温度等极端的工况条件，这都需要相关材料研究的突破。另外，人体的关节结构类似于滑动轴承，如果未来能将轴承润滑膜厚度的测量原理运用在人体关节液厚度的测量上，也有望探索出超声膜厚测量技术新的应用方向。与人体结合的传感器就必须考虑可穿戴性，因此柔性传感器具有广泛的应用前景。总之，尽管柔性传感器距离实际应用还很遥远，但是作为超声波传感器最重要的发展方向之一，相关研究成果依旧值得关注。

2.2.3　超声波的发射与接收

2.2.3.1　超声波信号的发射

根据 2.2.2 节介绍的压电效应，向超声波压电元件的正、负极施加电压可以实现压电元件的机械振动。而在润滑膜厚度超声测量系统中，通过脉冲发射/接收器向超声波传感器发射连续变化的高、低电平脉冲可以激励超声波传感器高频振动产生超声波。

脉冲是作用时间很短的电压或电流信号。描述脉冲的主要参数有：脉冲幅值、脉冲宽度、脉冲形状、脉冲上升时间以及脉冲重复频率：

1）脉冲幅值为发送给超声波传感器的电压幅值大小，决定了超声波传感器产生的超声波幅值大小及接收到反射信号的幅值大小。

2）脉冲宽度为超声波传感器激励脉冲在时域上的宽度，决定了超声波传感器的激励频率（激励脉冲宽度越小，超声波的频率越高）。

3）脉冲形状主要有尖峰脉冲、负方波脉冲及正弦脉冲，其中负方波脉冲由于能够很好地控制其幅值及宽度，使用较为普遍。

4）脉冲上升时间是指脉冲电压从 0V 上升到设定电压所需的时间。值得注意的是，当脉冲上升时间非常短时（小于 5ns），超声波传感器将会被激发出高频振荡频率，影响超声波波形的质量。

5）脉冲重复频率为每秒激励脉冲的发射次数，决定了系统在一定时间内膜厚测量的次数。

超声波脉冲发射接收仪是超声测量系统的核心部分，其内部是一个复杂的电路系统。超声脉冲发射与接收装置具有脉冲发射和脉冲接收两部分功能：脉冲发射用于激发尖峰脉冲电压，使得超声波传感器振动产生超声波，要求其脉冲频率可调；脉冲接收用于接收反射回来的超声波电信号，要求可以对接收信号进行初步处理，包括滤波、放大缩小、阻抗匹配等。

2.2.3.2 超声波信号的接收

由于超声波脉冲发射/接收仪获得的超声电压信号是计算机无法处理的模拟信号，所以需要将其转换为数字信号以便于计算机后续处理。超声波数据采集卡或者示波器都可以实现超声模拟信号到数字信号的转换。

1. 信号采样

模拟信号是连续的、不间断的，而数字信号是离散的、间断的。模拟信号到数字信号的转换可以视作给模拟信号加装一个电子开关，开关打开则模拟信号输出，关闭则模拟信号归零。规定电子开关开启的时间为 τ，开关间隔的周期为 T。间断的开启和关闭电子开关则可以实现连续信号到离散信号的转换，这个过程称为采样。采样过程中，输出的信号为采样信号 $\hat{x}(t)$；电子开关为宽度为 τ，周期为 T 的脉冲 $p(t)$，如图 2-9 所示，采样信号 $\hat{x}(t)$ 可以看作模拟信号 $x(t)$ 与脉冲 $p(t)$ 相乘的结果。

如果周期脉冲 $p(t)$ 的频率过低，则采样信号将会失真，导致无法通过采样信号恢复到原模拟信号，在频域上则表现为采样信号频谱的重叠。

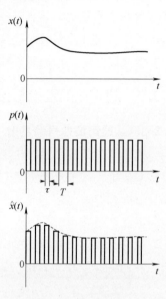

图 2-9　模拟信号采样过程

这就是采样定理的简单描述，一般规定采样频率不能小于模拟信号的最高频率。如果已知信号的最高频率为 f_c，采样定理给出了保证完全重建信号的最低采样频率，这一最低采样频率称为临界频率或奈奎斯特采样率，表示为 f_s。采样定理规定：$f_s \geq 2f_c$，则可以由数字信号不失真地提取模拟信号。要实现模拟信号到数字信号的转换，在信号的采样之后，还需要将采样信号进行量化编码，最终得到计算机可以处理的二进制数字信号，更详尽的原理可以参考数字信号处理相关文献。

2. 数据采集

示波器和数据采集卡都可以实现超声模拟信号的数据采集。示波器是一种常见的波形测量分析仪器，主要用于显示信号的波形信息。示波器可以分为模拟示波器、数字存储示波器和混合信号示波器：模拟示波器是最早被发明出来的，其利用阴极射线管发射高频的电子轰击荧光屏幕完成波形的显示；数字存储示波器可以将模拟信号转换为数字信号存储起来或输出到 PC 端；混合信号示波器同时具有触发和监视模拟信号以及数字信号的功能。因此，使用数字存储示波器和混合信号示波器都可以实现超声模拟信号到数字信号的转换。

除了一些高级示波器之外，大部分示波器都不能进行二次算法开发。数据采集卡除了可以实时地采集、储存和分析模拟信号并实现模/数转换传输到计算机中，还可以实时地对信号进行处理和分析。示波器和数据采集卡都有其优点和局限性，工程或研究中的选择依赖于实际需求。

示波器和数字采集卡都有以下几个重要参数：

1）采样频率：单位时间内对模拟信号进行采样的次数。采样频率决定了信号的时间分辨率，根据采样定理，采样频率过低会导致信号的失真。

2）通道数：通道数是描述示波器和数字采集卡一次采集信号的通道个数。

3）触发：触发是指采样开始的条件。由于内存和硬盘的容量是有限的，一般示波器和数字采样卡在满足一定条件下才可以开始采样，该条件就被称为触发或触发模式。

2.2.4 测量系统的集成与实现

2.2.4.1 系统整体设计

膜厚超声测量系统从构成上分为硬件系统和软件系统。硬件系统用于激励、发射和接收超声脉冲信号并进而上传到 PC 端；软件系统将接收的信号经过一系列的信号加工处理，最终获得实时的油膜厚度信息并提供部分中间计算结果用于界面显示。

硬件端的基本工作原理：首先，脉冲发射接收仪向超声波传感器重复发射负尖峰脉冲，激励压电传感器产生超声波，并接受压电传感器中润滑结构超声回波转化而来的电信号，经过滤波、降噪等预处理后传输到示波器用于采样；示波器接收到信号后，以高采样频率完成模数转化并以包的形式打包存储，再通过 USB3.0 接口将数据传输给工业 PC，后者对上传数据调用软件算法以实时完成数据处理。

软件端的基本工作原理：首先，工业 PC 端接收示波器中的待计算回波数据，再通过 RS-485 通信接收温度传感器的同步数据，获得后续计算所需的原始数据；此后，相关算法以多线程处理的方式，在匹配上下位机数据传输速率的前提下对数据进行一系列信号处理，获得频谱、反射系数、膜厚等计算结果；最后工业 PC 布署人机交互界面，用于计算结果显示和计算参数调整。

2.2.4.2 硬件系统结构组成及参数性能

由上述内容可知，本测量系统中的硬件部分主要包含脉冲发射接收仪、示波器、多通道电路板、示波器和工业 PC，再辅以显示屏、键盘、电源线、连接线等最终组装集成，硬件系统整体如图 2-10 所示。

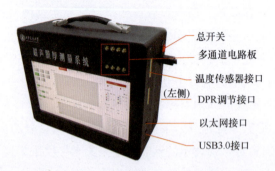

图 2-10　超声润滑膜厚测量硬件系统

该系统集成度高、携带方便、操作方便、功能齐全，其硬件参数见表 2-2。

表 2-2　硬件系统参数

参数名称	参数型号	关键参数
脉冲发射接收仪	DPR300	脉冲重复频率：100～5kHz
示波器	PicoScope5244D	采样频率：1GSPS
超声波传感器	PZT5A1	中心频率：5MHz
显示屏	—	分辨率：1920×1080P
主机	NUC11TNKv5	型号：i5-1145G7
电源	—	供电电压：220V

1. 超声脉冲发射接收仪

超声脉冲发射与接收装置共分为脉冲发射和脉冲接收两部分功能。脉冲发射用于激发负尖峰脉冲电压，使得超声波传感器振动产生超声波，要求设备可以稳定发射不同频率、不同脉冲宽度的信号；脉冲接收用于接收反射回来的超声波电信号，要求可以对接收信号进行初步的处理，包括滤波降噪、幅值增益、阻抗匹配等。本系统选用的脉冲发射接收仪为 DPR300，其调节接口共有 10 种可调按钮，每个按钮的可调范围及功用见表 2-3。通过调整这些参数，可以获得不同发射电压、脉冲宽度、脉冲重复频率的负尖峰脉冲，配合压电传感器的激励频带，可得到更加符合实际需求的超声回波响应。

表 2-3　脉冲发射接收仪 DPR300 常用性能参数及功用

参数名称	可调范围	功用
POWER	开/关	参数调节开关
PRF RATE	16 个档位（100~5000Hz）	脉冲重复频率，用于控制其单位时间内激发脉冲的次数
TRIGGER	INT/EXT	内部触发或外部触发，一般为 INT
RECEIVER	ECHO/THROUGH	信号接收模式，分为自发-自收（ECHO）或者它发-它收（THROUGH）模式
REL GAIN	-13~66dB，1dB 步长	对实际接收的信号幅值进行放大或缩小
HP FILTER（MHz）	1.0MHz，2.5MHz，5.0MHz，7.5MHz，12.5MHz	高通滤波器
LP FILTER（MHz）	3MHz，7.5MHz，10MHz，15MHz，22.5MHz	低通滤波器
PULSE AMPLITUDE	1~16 级	在 100~475V 间改变发射脉冲电压
PULSE ENERGY	1~4 级（高阻抗）/1~4 级（低阻抗）	调整发射脉冲能量，配合其他参数的修改从而改变发射脉冲的脉冲宽度
DGMPING	16 个档位（24.6Ω、26.3Ω、28.1Ω、30.3Ω、32.7Ω、35.7Ω、39.2Ω、43.2Ω、48.7Ω、55.6Ω、64.5Ω、76.9Ω、95.2Ω、123Ω、182Ω、333Ω）	用于阻抗匹配或者削减回波振动幅度

2. 示波器

由于脉冲发射接收仪接收的是电信号，因此需要对接收的回波信号进行A/D转换，从而可以对信号进行进一步的分析。本系统选用的数据采集与处理仪器为 PicoScope5244D 示波器，下面简称 PICO 示波器，如图 2-11 所示。

该示波器提供 2 个通道，均采用超高速 USB3.0 连接，同时保持与旧版 USB 标准的兼容性，产品体积小、重量轻，且由于其低功耗无风扇设计而静音运行。该示波器在数据精度为 8bit 时，单通道采样频率高达 1GHz，而数据精度 12bit 时最高能达到 500MHz，噪声水平仅为微伏级别。此外，其内部数据处理能力强大，可将高速采集的数据快速保存整理，并以包的形式上传给工业 PC，包与包间的准备间隔低于 2μs，能够匹配脉冲发射接收仪 5000Hz 的最大脉冲发射频率以及高采样频率相应的数据传输规模，实现信号的连续传递。

图 2-11　示波器 PicoScope5244D

3. 多通道切换装置

为了实现机器运行过程中不同位置的润滑膜厚度实时监测，将在轴承外圈均匀粘贴若干个传感器，全方位检测机器的运行状态。由于传感器的运行环境比较狭小，人为控制不同点位传感器的切换过程既操作不便又难以保证切换时间的一致性，所以需要开发一个多路切换开关装置，以便工作人员按需控制多个传感器间的切换。

多通道电路板的输入端与脉冲发射接收仪的"自发自收接口"相连，通过控制程序使其从 8 个输出口依次输出，与各处压电传感器通信从而完成测试。电路板的通信接口采用 USB 转串口 FT232 与工业 PC 端交互。为了提升信号传输质量，降低噪声干扰，电路板采用 USB 5V 直流供电，减少交流干扰。此外，该装置为多层电路板，通过均匀布线、设置屏蔽层等方式，减少了环境电磁噪声，从而获得较好的通信信噪比。设备实物图如图 2-12 所示。

图 2-12　多通道电路板实物图

2.2.4.3　软件系统结构组成及作用

硬件系统发射和接收、传输数据给工业 PC 端后，后续数据处理与结果显示工作将由软件系统继续进行。本系统的软件系统结构由四部分组成：油膜测厚、测量回放、参数设置、用户管理。本系统硬件部分的高性能给软件系统的数据处理能力带来了较大挑战，通过多线程处理的方式，实现了硬件-软件数据传输和计算的效率匹配，突破了润滑膜厚实时计算的性能瓶颈。

软件系统的整体处理思路如下：首先实验开始前，本系统通过参数设置功能，设置硬件系统参数、软件计算参数后，采集参考信号并根据实际需求选择对应计算模型，完成润滑膜厚计算的前处理；其次，通过油膜测厚功能模块，调用多线程逻辑对硬件系统传输的大量数据进行实时处理并将中间结果及最终膜厚进行显示和同步存储；当使用者需要对历史数据进行分析和修改等后处理时，则可以使用测量回放功能模块对历史数据进行重播放，并可通过修改参数进行调试或修正错误。最后，在用户管理方面，本系统的软件系统采用三级权限模式"超级管理员—技术人员—操作人员"，为不同角色的使用者开放不同权限，以简化软件操作，降低设备使用的培训周期。

1. 参数设置模块

参数设置作为润滑膜厚测试的前处理模块，需要根据待测结构的回波信号调整设备参数、测量参数、补偿模型的参数，硬件可调参数确定之后，在后续回放后处理中无法修改。

设备参数用于调整硬件参数，即通过调整多通道切换装置、温度模块以及示波器的可调参数，以使测量系统采集处于最佳工作状态，从压电传感器获取最优响应信号。

其中，通道板设置可以自动检测和连接相应串口，若无法实现连接将会弹出警告弹窗，使用者检查并维护物理连线后，点击检测则可以重新自动识别和连接电路板；此外，通道板设置中提供通道状态检测功能，通道板存在物理损坏则会红灯警告；最后，通道板的使用分为单通道和多通道模式，使用者可以任意选择状态正常的通道进行测试，且切换间隔与切换后延迟启动时间均可自由设置，最短切换时间建议不超过 500ms。温度板设置则可以根据需求自由设置温度采集间隔，由于硬件限制，采集间隔应大于 50ms。而由于温漂与走线误差，温度传感器检测温度与实际温度有一定误差，该问题可通过补偿温度功能解决。最后，示波器设置则可以调整和优化数据采集功能，参数设置界面如图 2-13 所示。

测量参数用于选择膜厚计算的相关补偿模型、膜厚数据的处理方式等，该界面中膜厚数据处理方式可以在后续数据回放后处理中修改，包括膜厚平均方法、异常值剔除方式以及物性参数等。测量参数界面如图 2-14 所示。

补偿模型则在测量参数设置的基础上，详细设置具体算法运行过程中参考信号采集、频域特征识别等可调参数。该界面通过设置例如弹簧-共振模型切换阈值、共振点识别阈值、计算频率选择、频谱带宽选择等，提高膜厚计算模型的识别准确率、确保计算模型切换稳定，以降低异常数据的产生频率，如图 2-15 所示。

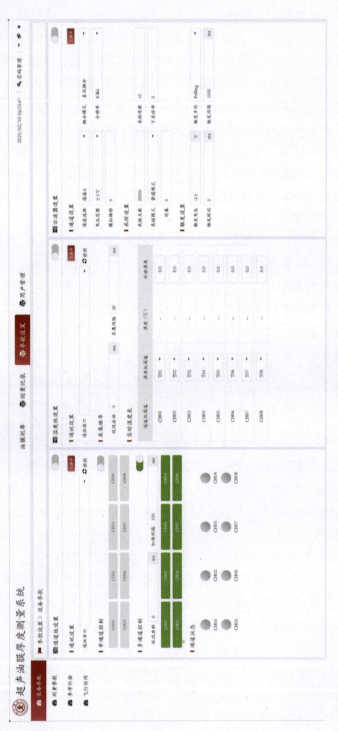

图 2-13　设备参数调整界面

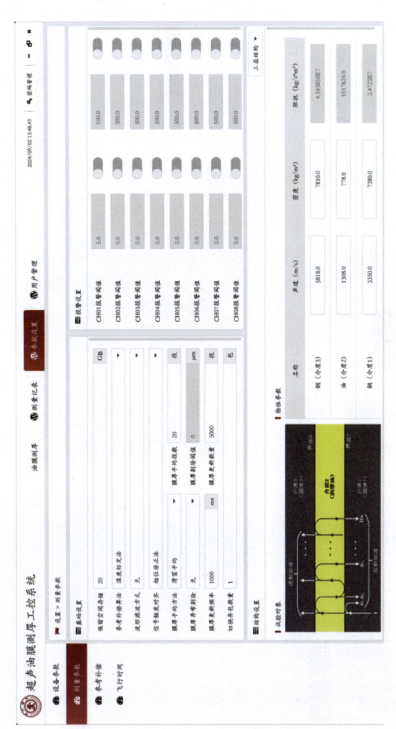

图 2-14　测量参数调整界面

润滑膜厚度超声测量技术原理及工程应用 ◐

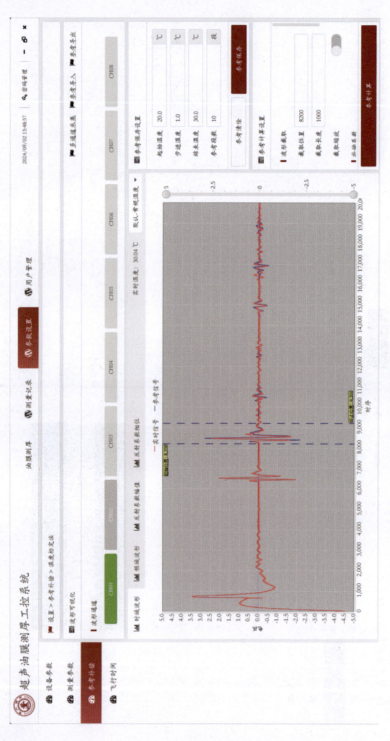

图 2-15 补偿模型调整界面

58

2. 油膜测厚模块

完成参数设置后，进入油膜测厚模块，软件系统开始以多线程逻辑，根据设定参数调用超声润滑膜厚测量算法，实时计算并显示结果，用户可根据需求实时保存数据便于后处理，保存数据包括原始时域波形、频谱图、膜厚数据以及计算调用的各可调参数。

软件系统的计算流程如下：工业 PC 端接收一包数据后，将其拆解，对内部多段数据进行多线程同步计算，线程内程序将对该段数据进行时域截取、FFT 计算、反射系数计算、计算模型选择以及膜厚计算，由于线程计算间互相独立，因此最后需要根据线程的时间戳进行顺序排列，最终完成显示和存储功能，具体过程如图 2-16 所示。

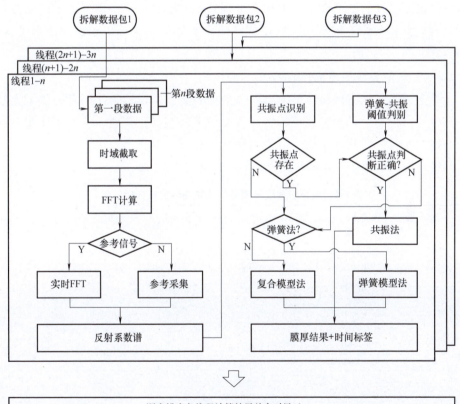

图 2-16 多线程润滑膜厚计算流程

3. 测量记录模块

前述膜厚测量过程中实时保存的数据，可以在测量记录模块中导入历史数据并复现，从而开展数据分析、参数调整等后处理工作。本模块可以完全复现实时存储的时域波形、频谱、反射系数、膜厚数据以及温度变化的相关数据，并提供了接口以方便使用者在需要的时候对存储参数修正并重新计算得到准确性更高的计算结果，如图 2-17 所示。

4. 用户管理模块

本软件系统的使用首先需要登录验证，用户需要输入用户名和密码才能进入主界面并进行操作，从而增加系统和测试数据的安全性。为了改善软件的实用性和可读性，本系统采用"超级管理员—技术人员—操作人员"三级管理模式：其中超级管理员可以增加或删除技术人员、操作人员账号；技术人员仅可以注册或删除操作人员账号，能够修改软件系统的所有硬件、软件的可调参数，以满足待测结构的测试需求。操作人员则只能够操作自己的账号，不能修改软硬件参数，其面向工程现场，通过软件输出的计算结果分析和维护待测设备。该界面如图 2-18 所示。

2.2.4.4 测量系统的重要性能指标

综上，本系统通过硬件系统与软件系统的交互协作，为使用者提供了大量可调参数，帮助后者在工程现场针对各类技术问题做出应对，从而实现超声润滑膜厚的实时在线测量工作，节省离线处理环节时间，为超声膜厚测量的工程实际推广提供了手段。该系统关键性能指标见表 2-4。

表 2-4　超声润滑膜厚测量系统软硬件关键指标汇总

	关键指标	系统可实现性能
硬件系统指标	脉冲重复频率	$100 \sim 5000$Hz 间 16 档位可调
	激励脉冲幅值	负尖峰脉冲 $100 \sim 475$V 间等增量 16 档位可调
	激励脉冲宽度	50Ω 负载时，典型为 $10 \sim 70$ns（FWHM 半带宽）
	回波增益	可调范围为 $-13 \sim 66$dB，以 1dB 为步长可调
	信号采样频率	12bit 精度下最大 500MHz，8bit 精度下最大 1000MHz
	噪声水平	典型值 8bit 精度下小于 120μV，16bit 精度下小于 110μV
	多通道切换装置	以分时复用的方式，最高 8 路可轮询用
	温度监测模块	同步触发方式，最高 8 路可同步使用
软件系统指标	多通道间切换间隔	最小切换间隔为 100ms
	温度数据采样频率	最小采样间隔为 50ms
	膜厚有效计算区间	$0 \sim 500\mu$m
	数据连续存储上限	由磁盘空间与软件参数"磁盘保留内存"决定
	软件同时显示膜厚数据量	最大 5000 个数据
	算法计算连续性指标	通道切换时可选择丢弃最早的数据包防止数据混杂，丢包数量设置不小于 1，其余情况下数据采集和计算均无间断

图 2-17　测量记录模块示意图

图 2-18　用户管理模块示意图

最后，本超声膜厚测量系统 Ultra-OFT-XJTU 与国际知名膜厚超声测量系统 FMS-100 的性能、应用情景对比见表 2-5。

表 2-5　润滑膜厚度超声测量系统软硬件关键指标汇总

名称	Ultra-OFT-XJTU	FMS-100
监测方式	在线监测	离线监测
测量范围	$0.2 \sim 500\mu m$	$0.2 \sim 10\mu m$, $60 \sim 500\mu m$
测量精度	$0.2\mu m$	$0.1\mu m$
采样频率	500MHz	100MHz
通道个数	8 通道（轮询采样）	8 通道（同步采样）
供电方式	AC220V、蓄电池	AC 220V
软件功能	实时显示、存储、在线趋势分析	实时采集、数据存储、离线分析
重复频率	5kHz	20kHz
采集贴片尺寸	$0.2mm \times \Phi 7mm$	$0.2mm \times \Phi 7mm$
安装方式	压电陶瓷贴片、超声探头	压电陶瓷贴片、超声探头

2.3　润滑膜厚度超声测量的标定方法

在进行实际轴承膜厚实验之前，需要进行静态标定。所谓静态标定，就是使用超声测量的膜厚值与其他精度已知测量手段测量的膜厚值进行比对，以验证超声膜厚测量方法的有效性。因此，标定实验需要设计超声检测以外的方法以获得膜厚的精确数值，同时还要简化标定实验的润滑膜模型用以减少非研究对象对于标定实验的干扰。已有报道的标定方法主要分为几何法及位移法。

2.3.1　几何法

润滑膜厚度超声测量最初的标定是基于静态固体表面之间的封闭几何形状实现的，图 2-19 给出了 3 类几何法原理，包括油滴法，楔形法和环形油膜法。

如图 2-19a 所示，油滴法[17] 通过两个平行的玻璃板之间产生的油滴直径、质量和密度来计算厚度。同时，将超声波传感器布置在玻璃板的一侧用以发射、接收超声波，通过使用不同测量模型分析超声回波进而计算油膜厚度，并与通过直径、质量和密度计算的膜厚值进行比对完成标定。然而，油滴法受平板粗糙度的影响，无法获得很薄的油膜，而且容易受平板漂移的影响，难以保持恒定的厚油膜，因此该方法只能获得 $3 \sim 30\mu m$ 的油膜，标定范围有限。

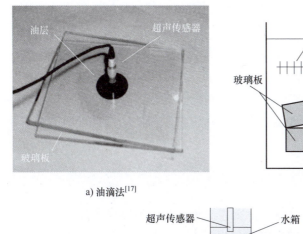

a) 油滴法[17]

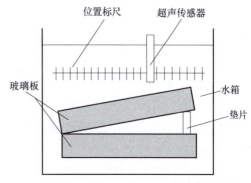

b) 楔形法[18]

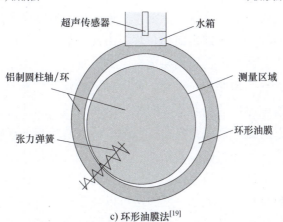

c) 环形油膜法[19]

图 2-19　润滑膜厚度超声波测量静态标定几何法

为此，通过使用不同的已知厚度的垫片，在光学玻璃平板间形成流体楔，以产生大尺度膜厚变化范围内的膜厚，即楔形法[18]，如图 2-19b 所示。楔形法标定实验通过已知垫片的高度和位置标尺的长度，运用简单的三角函数关系得到位置标尺不同位置处的计算膜厚。再通过将超声波传感器移动到位置标尺不同位置发射、接收超声波，将计算得到超声测量膜厚值与不同位置处的计算膜厚进行比对。相较于油滴法，楔形法将超声波传感器移动到不同的标尺位置就可以得到不同测量膜厚，因此可以实现大尺度范围内的静态标定。

此外，为了模拟轴承等部件中的环形薄膜，探究曲率对超声膜厚测量的影响，在两个偏心圆柱（轴和环）间形成环形油膜[19]，如图 2-19c 所示。封闭的环形油膜测量区域的油膜厚度与偏心圆柱的间隙大小、偏心率和偏位角有关。通过张力弹簧改变偏心圆柱轴的偏心率可以改变测量区域的油膜厚度以获得大尺度的膜厚。在不同偏心率下，通过间隙大小、偏心率、偏位角及圆柱直径计算测量区域的膜厚与超声测量膜厚值进行比对来完成静态标定。然而，该方法形成的油膜较厚，无法完成较薄油膜的标定。

就标定方法的准确性而言，油滴法在玻璃板制造过程中会产生制造误差，并且为了产生较薄的油膜，油滴法施加较大的压力会导致玻璃板变形，无法保证油滴法的标定准确性。对于楔形法，玻璃板垫片之间残留的水层或垫片被切割处的变形会引入误差。因此，基于几何的标定方法无法实现大尺度范围内超声膜厚测量技术的准确标定。

2.3.2 位移法

针对几何法的缺陷，基于位移的标定方法被提出。通过高精度压电位移转换器来控制移动表面相对于固定表面的位移，由此形成在大尺度范围内连续变化的润滑膜厚度[20-21]。由于不再采用封闭形状的几何关系，而是采用高精度位移转换器和测量仪器获得膜厚相对位移，所以称该方法为位移法。值得注意的是，超声法给出润滑膜厚度的绝对值，而位移是相对值，因此需要定义膜厚初始点将这两个值联系起来。目前主要通过使两个平面直接接触形成膜厚零点或以某一位置计算的膜厚值作为膜厚初始点，通过初始点及位移增量确定实际膜厚，但是由于表面粗糙度导致的错误归零或圆盘变形产生的位移误差，位移法无法保证预期膜厚的准确性。但是，位移法可以通过证明位移增量与测量的膜厚增量的关系证明超声膜厚测量模型的准确性。目前静态标定的技术难题仍然在于如何精确构造已知厚度的润滑膜。

高精度润滑膜厚度标定装置是基于位移法研制的润滑膜厚度静态标定装置，其由两部分组成：超声膜厚测量系统和高精度润滑膜厚度标定台，如图 2-20 所示。超声膜厚测量系统用于发射和接收超声信号、数据处理和膜厚计算，主要包括压电元件、超声脉冲发射/接收仪、数字采集卡、计算机和程序等。

高精度润滑膜厚度标定台是用于形成厚度已知的静态润滑膜的装置，主要由静态圆柱、可移动圆柱、螺旋测微器和压电促动器组成。其工作原理是通过螺旋测微器和压电促动器分别实现静态圆柱和可移动圆柱之间润滑膜厚度的粗调和细调。螺旋测微器的调节范围是 $0 \sim 18mm$，分辨率是 $10\mu m$，压电促动器的调节范围是 $0 \sim 120\mu m$，精度是 $2nm$。同时，螺旋测微器和压电促动器的读数可以获得润滑膜厚度的相对位移。静态圆柱底部的压电元件发射、接收超声波，超声回波通过脉冲接受仪接收、采集卡采样、量化编码后，作为数字信号上传至 PC 端完成信号的处理分析。

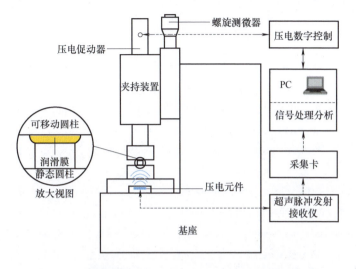

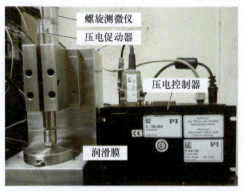

图 2-20　高精度润滑膜厚度标定台示意图及实物图

2.4　本章小结

　　本章以超声波物理原理以及相关物理量为基础，结合超声膜厚测量系统和超声油膜厚度测量标定方法，阐述了超声膜厚测量的基本原理及其系统。首先，本章主要以声学理论为基础，介绍了超声波声速、声压和声阻抗等基本概念，介绍了声波在多层介质中的传播方程，并分析了超声波反射、透射和衰减的传播特性。其次，介绍了超声波硬件测量系统的组成和运行原理以及超声波传感器、脉冲发射/接收仪、数据采集卡/示波器的主要功能。最后，介绍了不同类型标定方法，并对比分析了不同方法的原理及适用范围，重点介绍了一种高精度位移式油膜厚度标定装置。

参 考 文 献

[1] 程建春. 声学原理［M］. 北京：科学出版社，2012.

[2] 杜功焕，张文法，龚秀芬. 声学基础［M］. 南京：南京大学出版社，2001.

[3] REDDYHOFF T，KASOLANG S，DWYER-JOYCE R S，et al. The phase shift of an ultrasonic pulse at an oil layer and determination of film thickness［J］. ARCHIVE Proceedings of the Institution of Mechanical Engineers Part J Journal of Engineering Tribology，2005，219（6）：387-400.

[4] BREKHOVSKIKH L. Waves in layered media［M］. Amsterdam：Elsevier，2012.

[5] SCIEGAJ A，WOJTCZAK E，RUCKA M. The effect of external load on ultrasonic wave attenuation in steel bars under bending stresses［J］. Ultrasonics，2022，124：106748.

[6] 祝嘉鸿，温济铭，袁东东，等. 汽轮机湿蒸汽特性的超声衰减测量技术［J］. 哈尔滨工程大学学报，2022，43（08）：1199-1204.

[7] 薛明华，苏明旭，蔡小舒. 超声波多次回波反射法测量两相流密度实验研究［J］. 工程热物理学报，2008，29（08）：1343-1346.

[8] DOU P，JIA YP，ZHENG P，et al. Review of ultrasonic-based technology for oil film thickness measurement in lubrication［J］. Tribology International，2022，165：107290.

[9] Olympus NDT Inc. Ultrasonic transducers technical notes［EB/OL］.［2006-03］. https://www. olympus-ims. com. cn/zh/ultrasonic-transducers/immersion/.

[10] 郑凯，武兴，李俊燕，等. 高温下金属材料厚度的激光超声检测研究［J］. 机械工程学报，2021，57（10）：21-27.

[11] 李一博，齐翔，王会芳. 激光超声溢油油膜厚度遥测方法试验研究［J］. 纳米技术与精密工程，2017，15（03）：159-167.

[12] CHEN S，WANG H，JIANG Y，et al. Wall thickness measurement and defect detection in ductile iron pipe structures using laser ultrasonic and improved variational mode decomposition［J/OL］. NDT & E International，2023，134：102767.

[13] 骆懿，梅开煌. 基于柔性基底的压电能量收集器的设计［J］. 传感技术学报，2017，30（08）：1293-1298.

[14] HONG Y，WANG B，LIN W，et al. Highly anisotropic and flexible piezoceramic kirigami for preventing joint disorders［J］. Science Advances，2021，7（11）：eabf0795.

[15] JIN P，FU J，WANG F，et al. A flexible，stretchable system for simultaneous acoustic energy transfer and communication［J］. Science Advances，2021，7（40）：eabg2507.

[16] WANG F，JIN P，FENG Y，et al. Flexible doppler ultrasound device for the monitoring of blood flow velocity［J］. Science Advances，2021，7（44）：eabi9283.

[17] HUNTER A，DWYER-JOYCE R S，HARPER P. Calibration and validation of ultrasonic

reflection methods for thin-film measurement in tribology ［J］. Measurement Science & Technology, 2012, 23 （10）: 105605.

［18］ DRINKWATER B W, DWYER-JOYCE R S. The on-line measurement of lubricant film thickness for condition monitoring ［J］. Insight: Non-Destructive Testing and Condition Monitoring, 2004, 46 （8）: 456-460.

［19］ DWYER-JOYCE R S, DRINKWATER B W, DONOHOE C J. The measurement of lubricant-film thickness using ultrasound ［J］. Proceedings of the Royal Society A: Mathematical, Physical and Engineering Sciences, 2003, 459 （2032）: 957-976.

［20］ HUNTER A, DWYER-JOYCE R S, HARPER P. Calibration and validation of ultrasonic reflection methods for thin-film measurement in tribology ［J］. Measurement Science & Technology, 2012, 23 （10）: 105605.

［21］ ZHANG J, DRINKWATER B W, DWYER-JOYCE R S. Calibration of the ultrasonic lubricant-film thickness measurement technique ［J］. Measurement Science & Technology, 2005, 16 （9）: 1784-1791.

第3章 三层平行结构的润滑膜厚度测量模型

在过去的 20 年里，超声膜厚测量技术主要致力于解决基于反射信号特征的膜厚计算模型开发与验证问题。对于不同厚度的润滑膜，超声波反射信号的特征并不相同，故针对不同厚度范围的润滑膜，通过提取不同的反射信号特征，研究出适用于不同润滑膜厚度范围的膜厚计算模型，主要包括：飞行时间模型、统一时域模型、共振模型、弹簧模型、相位模型以及复合模型。

所谓三层平行结构的说法源于对工程典型部件的声波传播简化模型，比如平面密封、平面导轨、推力轴承等这些平面摩擦元件，以及直径相对测点较大的径向轴承等。本章以上述工程对象为背景，将其简化为金属-润滑膜-金属三层平行结构为对象，分别介绍不同模型的计算原理及方法，并给出计算案例。

3.1 时域膜厚计算模型

参考第 2 章中图 2-3 中典型三层结构中声波的反射、透射特性可知，当超声脉冲波 I 入射到该结构中时，由于不同介质的声阻抗并不相同，脉冲波在每个界面上都会发生透射和反射。随着传播过程中声波能量的损失，润滑膜中的超声波脉冲会逐渐衰减直至消失。将发射端采集到的回波记为反射回波 $B\{B_1, B_2, \cdots, B_n\}$，通过提取这些反射回波信号的特征来计算润滑膜厚度，这些计算方法统称为膜厚计算模型。

3.1.1 飞行时间模型

对于不同厚度的被测润滑膜，回波信号 $B\{B_1, B_2, \cdots, B_n\}$ 呈现出不同的时间间隔，利用这些时间间隔来计算润滑膜厚度的方法被称为飞行时间法（Time of Flight, TOF）[1]，也是三层平行结构中应用最为广泛的测量模型。在润滑膜较厚的情况下，超声波在润滑膜层上下界面处的反射信号相互分离，表现为两个回波信号在时间轴上可分离。若已知超声波在润滑膜层中的传播声速，便可利用式（3-1）计算该润滑膜层厚度。

$$h = \frac{c_2 \Delta t}{2} \tag{3-1}$$

式中　h——润滑膜厚度（单位为 μm）；

　　　c_2——超声波在润滑膜层中的声速（单位为 m·s^{-1}）；

　　　Δt——超声波在润滑膜层中的往返时间（单位为 μs）。

超声波在润滑膜层中的往返时间 Δt 可以通过多种方式获得。对于实测数字信号来说，通过两相邻反射波波形过零点的时间间隔来获得时间 Δt 较为常见。受到采样间隔的限制，过零点往往难以直接获得，可通过对过零点附近的采样点进行线性拟合，根据拟合直线与横坐标轴交点获得，如图 3-1a 所示。值得注意的是，多次反射回波会有多个过零点，故需要准确识别相邻反射回波中相对应的过零点。另一种较为常用的方法是测量两反射回波的峰值间隔，从而获取超声波在润滑膜层中往返时间 Δt，如图 3-1b 所示。

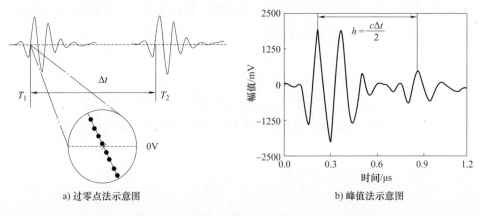

a) 过零点法示意图　　　　　　　　　b) 峰值法示意图

图 3-1　两种根据超声回波辨识飞行时间 Δt 的方法原理图

图 3-2 给出了实际测量中不同润滑膜厚度下的反射信号图。可以看出，不同的润滑膜厚度，回波时间间隔不同：膜厚越小，超声波的飞行时间越小，回波间隔越小。因此可以利用回波之间的时间间隔计算润滑膜厚度。但是无论采用哪种方法，都会涉及波形畸变带来的误差，所以考虑波形畸变反而成为提升测量精度的一个重要考量。

超声波飞行时间法检测原理简单，测量结果精确，广泛应用于工业固体测厚。当润滑膜厚度变薄时，润滑膜上下界面反射回波会发生重叠，导致飞行时间法测量分辨率降低。总体上这种测量方法适用于精度要求不高的场合。

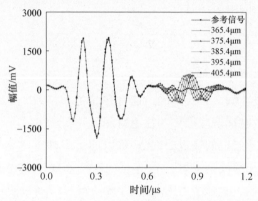

图 3-2　实际测量不同润滑膜厚度下的反射信号图

3.1.2　统一时域模型法

3.1.2.1　基于波叠加原理的时域模型

　　根据 2.1.2 节，参考图 2-3 中的三层结构，将从润滑膜层反射回来的信号记为 B，从润滑膜层透射过去的信号记为 A，在润滑膜层多次反射的回波依次记为 $B\{B_1(t),B_2(t),\cdots,B_n(t)\}$。通过式（2-27）可知，如果已知入射波 $I(t)$ 和飞行时间 Δt，则理论上整个的回波 $S(t)$ 可以通过将反射回波 $B\{B_1(t),B_2(t),\cdots,B_n(t)\}$ 相加得到。在实际过程中，$I(t)$ 是完整的连续数据，采样间隔为 $T_s(T_s=1/f_s)$，f_s 为采样频率，则整个反射信号 $S_i(t)$ 可以通过滞后的时间差（$0,2i\Delta t,4i\Delta t,\cdots,2(n-1)i\Delta t$）和参考信号（固体 1-空气界面的反射信号）的反射、透射系数获得[2]

$$S_i(t)=V_{12}R(t)+W_{12}V_{23}W_{21}R(t-2i\Delta t)+\cdots+W_{12}V_{23}W_{21}(V_{21}V_{23})^{n-2}R(t-2(n-1)i\Delta t)$$

（3-2）

　　在已知润滑膜厚度的前提下，润滑膜层的反射信号可以通过式（3-2）重构出来；反之，实测的回波信号也可以与理论重构信号进行匹配，寻找最为接近的润滑膜厚度值。在实际应用中，采用不同的 i 可以计算出一系列不同润滑膜厚度的一组 $S_i(t)$，然后将实测信号与理论模拟信号进行逐一匹配，利用线性相关系数找到最接近的 $S_i(t)$，则其对应值可作为最终的润滑膜厚度值。

3.1.2.2　基于插补的改进时域模型

　　上述时域匹配方法计算的膜厚分辨率 h_{min} 取决于声速 c_2 和采样间隔 T_s。计算式为

$$h_{\min} = \frac{c_2 T_s}{2} \tag{3-3}$$

假设：c_2 为 1467m · s^{-1}，采样频率为 100MHz，则膜厚的测量分辨率约为 7μm。由于低分辨率限制润滑膜测量精度[3]，故这种方法无法应用于亚微米尺度的膜厚测量。

通常，超声脉冲信号带宽是有限的，这意味着如果采样频率满足 Nyquist 定律，回波信号理论上是可以通过插值重构出来的。因此，可以分析和选择一种高精度的插值方法来插值超声信号从而解决测量分辨率不足的问题。插值过程可以表达为

$$x(kT_s/M) = v(kT_s/M) \cdot h(kT_s/M) \tag{3-4}$$

式中　$x(kT_s/M)$——采样信号 $x(kT_s)$ 增加了 M 倍的采样点；

　　　$v(kT_s/M)$——对原始采样信号的相邻采样点间插值 $M-1$ 个零值后的
　　　　　　　　　信号；

　　　$h(kT_s/M)$——低通滤波器。

由此可以得到一种改进分辨率的时域模型信号处理算法，具体在 MATLAB 软件中的信号处理过程如图 3-3 所示，算法实现步骤如下：

步骤一：对参考信号进行插补。采集金属-空气界面反射信号 $R(kT_s)$ 作为参考信号，利用加 Kaiser 窗的 Sinc 插值方法对参考信号进行插补。

步骤二：重构反射信号。根据式（3-2），利用插补后的参考信号 $R(kT_s/M)$ 构造一系列不同润滑膜厚度的模拟反射信号 $S_i(kT_s/M)$。

步骤三：对测量信号进行插补。采集金属-润滑膜界面反射信号 $P(kT_s)$ 作为测量信号，利用加 Kaiser 窗的 Sinc 插值方法对测量信号进行插补得到插补后的测量信号 $P(kT_s/M)$。

步骤四：将插补后的测量信号 $P(kT_s/M)$ 与模拟反射信号 $S_i(kT_s/M)$ 逐一进行匹配。采用最大相关系数对应的膜厚值作为最终测量膜厚值。相应的线性相关系数可以通过下式计算[7]：

$$C[i] = \frac{\text{Cov}\left[S_i\left(\dfrac{kT_s}{M}\right) P\left(\dfrac{kT_s}{M}\right)\right]}{\sqrt{\text{Var}\left[S_i\left(\dfrac{kT_s}{M}\right)\right] \text{Var}\left[P\left(\dfrac{kT_s}{M}\right)\right]}} \tag{3-5}$$

式中　Cov——协方差；

　　　Var——方差。

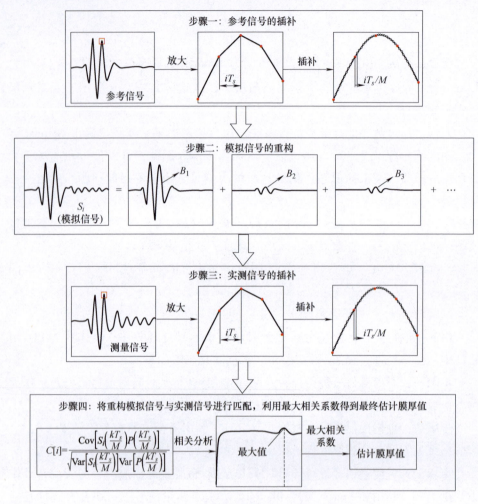

图 3-3　改进时域模型的信号处理算法流程图

3.2　频域的膜厚计算模型

对反射回波信号进行频域分析，通过提取频域特征来计算润滑膜厚度，这一类方法统称为频域模型法。在第 2 章中已经对润滑膜反射系数计算公式进行了相关推导，本章将基于三层结构反射系数公式，介绍四种频域模型：共振模型、弹簧模型、相位模型和复合模型。

三层结构中的反射系数是一个包含幅值和相位的复数量，对式（2-33）进行分解，可以获得反射系数幅值谱公式和相位谱公式为

$$|R(f)| = \left[\frac{(V_{21}+V_{32})^2 - 4V_{32}V_{21}\sin^2(2\pi fh/c_2)}{(1+V_{32}V_{21})^2 - 4V_{32}V_{21}\sin^2(2\pi fh/c_2)} \right]^{1/2} \tag{3-6}$$

$$\Phi(f) = \arctan\left(\frac{2Z_1Z_3^2(2\pi fh/\rho c_2^2)}{(Z_1^2-Z_3^2)+Z_1^2Z_3^2(2\pi fh/\rho c_2^2)} \right) \tag{3-7}$$

根据式（2-33）以及表 2-1 中的材料参数值计算出钢-油-钢结构的理论复反射系数，如图 3-4 所示。由图 3-4 可知，复反射系数为空间向量，其在侧视图的投影（绿色部分）为反射系数幅值谱，在俯视图的投影（红色部分）为反射系数相位谱。

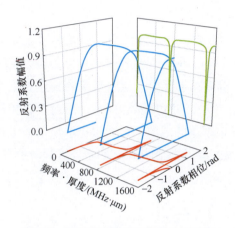

图 3-4　理论复反射系数曲线及投影图

根据反射系数幅值谱式（3-6），可获得反射系数幅值谱，如图 3-5a 所示。同样地，可根据反射系数相位谱式（3-7），可获得反射系数相位谱，如图 3-5b 所示。

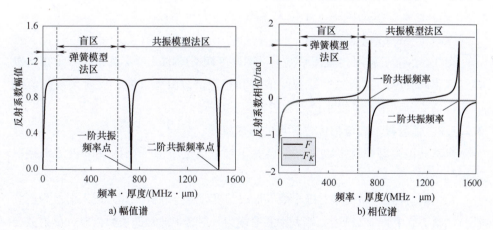

图 3-5　理论反射系数的频域图

在实际测量过程中，反射系数幅值谱可通过将反射信号幅值谱除以参考信号幅值谱计算，反射系数相位谱可通过将反射信号相位谱减去参考信号相位谱计算。从图 3-5 还可以看出，不同的测量模型对应不同的测量区间，即模型的适用范围。这也体现了现有测量模型在宽范围润滑膜厚度变化情况下的不连续性，限制了在线测量的适用性。为此，关于测量模型的切换与连续测量模型的开发都是现阶段超声润滑膜厚度测量的一个重要方向。

3.2.1　共振模型

3.2.1.1　共振原理

基于连续介质模型可知，在连续波假设以及润滑膜厚度较小的前提下，对于单频超声波，当润滑膜的厚度为超声波半波长的整数倍时，单频超声波将全部透射通过润滑膜层而不发生反射。这些现象的具体表现为：反射系数幅值谱中便会出现极小值点，如图 3-5a 所示；同时，反射系数相位谱中便会出现过零点，如图 3-5b 所示。根据这些现象，可通过提取反射系数幅值谱中的极小值点或相位谱中的过零点处的频率作为共振频率来计算润滑膜厚度。

式 (3-8) 给出了润滑膜厚度、超声波在润滑膜层中的声速以及超声波带宽内共振频率之间的关系为

$$h = \frac{c_2 m}{2 f_m} \tag{3-8}$$

式中　h——润滑膜厚度（单位为 μm）；

　　　c_2——润滑膜的声速（单位为 $m \cdot s^{-1}$）；

　　　f_m——m 阶共振频率（单位为 MHz）；

　　　m——共振频率阶数。

图 3-6 给出了利用共振模型测量不同厚度润滑膜的一个实例，展示了在共振模型区不同膜厚的实测反射系数幅值谱和相位谱。由图可知，反射系数幅值谱和相位谱中分别出现了极小值点和过零点。

3.2.1.2　幅值极小点与相位过零点的形成机理

自从共振模型被提出以来，学界关于幅值谱极小值现象的发生机理，存在不同的解释：

1）依据连续介质模型对极小值点形成的机理进行解析，其假设入射波为连续波，如第 2 章中图 2-2 所示。当润滑膜厚度为入射波半波长的整数倍时，反射波与入射波在润滑膜中发生干涉引起共振相消，导致反射系数幅值形成极小值点[4]。

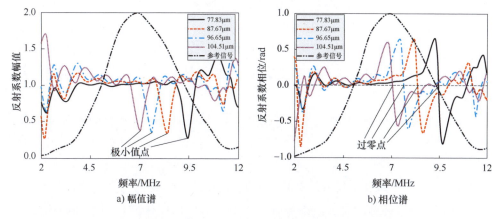

a) 幅值谱   b) 相位谱

图 3-6　共振模型区内不同厚度润滑膜的反射系数频域图

2）通过对两个相邻离散脉冲波的频谱进行理论推导，发现特定的时间间隔会导致其频谱出现余弦调制现象从而产生周期性极小值点现象[6]。

然而，实际上传感器发射的超声波并不是连续波而是如第 2 章中图 2-3 所示的离散的脉冲波，所以对离散脉冲波的频谱进行理论推导更具有实际意义。

本章将对极小值点形成的机理做一个统一解释。将共振模型测膜厚式（3-8）和波数 $k_2 = 2\pi f/c_2$ 代入式（2-27）化简可得：

$$\begin{cases} B_1 : V_{12} \\ B_2 : W_{12}V_{23}W_{21} \\ B_3 : W_{12}V_{23}W_{21}(V_{21}V_{23})^1 \\ \vdots \\ B_n : W_{12}V_{23}W_{21}(V_{21}V_{23})^{n-2} \end{cases} \qquad (3\text{-}9)$$

根据式（2-30），透射系数 W_{ij} 为正数，对于典型三层结构而言，钢的声阻抗一般远大于油的声阻抗，因此界面反射系数满足以下关系：

$$V_{12}>0, V_{21}<0, V_{23}<0 \qquad (3\text{-}10)$$

界面反射系数是正数或负数，意味着界面反射回波与相应入射波之间的相位差是 0 或 π。依据式（3-10）可知，式（3-9）中的每一项均为实数，且各个反射回波（$B_2, \cdots, B_n$）具有相同相位，但与 B_1 相位相反。根据各次反射回波的相位变化，则极小值点现象的发生机理可以解释如下：

1）如果入射波是连续波，由于反射回波（$B_2, \cdots, B_n$）和回波 B_1 发生同向干涉相消，特定频率的波可以被视为全部通过润滑膜[5]，而其他频率的波则被反射，从而使反射系数幅值谱会出现周期性的极小值点现象。

2）如果传感器发射的是脉冲波，反射回波（$B_2, \cdots, B_n$）和回波 B_1 之间只会发生部分干涉或者不发生干涉，但在频域内，反射回波（$B_2, \cdots, B_n$）和反射回波 B_1 由于相反的相位依然会发生抵消，使得反射系数在特定频率处周期性地出现极小值点现象[6]。

综上所述，从波的叠加原理的角度进行分析可知，回波之间的相位差 π 是反射系数幅值谱中极小值点形成的根本原因，也是目前不同机理之间的内在联系。

3.2.1.3 回波个数和固体介质材料对共振频率的影响

考虑到润滑膜两侧材料的差异性，本节针对两侧固体材料相同和两侧固体材料不同两种情况，对回波个数和固体介质材料对共振频率的影响展开介绍。

1. 两侧固体材料相同

根据第 2 章表 2-1 中的参数值，利用式（2-32）可以计算出润滑膜两侧材料均为钢时的反射系数，图 3-7 给出了在钢-油-钢结构中反射回波个数 $n = 2, 4, 10, 50$ 时的反射系数幅值谱，横坐标为频率和厚度的乘积。从图中可以看出，反射信号至少包含两个回波时，可观察到极小值点，且随着回波个数的增多，极小值点波谷处的带宽就会越窄，极小值点处的频率越容易被识别。当 $n = 50$ 时，极小值点处反射系数幅值趋近于 0，此时利用连续介质模型和波的叠加原理计算的反射系数趋于一致。

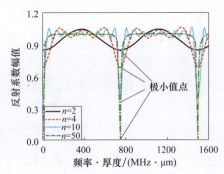

图 3-7　钢-油-钢三层结构中不同回波个数条件下的反射系数幅值谱

图 3-8 给出了对应的反射系数相位谱，相位变化在 ±π/2 之内，且相位角随着频率和厚度乘积的变化周期性地出现过零点，并且在偶数阶过零点时发生跳变。对比可知，图 3-8 中偶数阶过零点处频率与图 3-7 极小值点处的频率相等，因此共振模型的计算频率也可以通过提取反射系数相位谱中偶数阶过零点的频率来获得。此外从图 3-8 中也可以发现：与反射系数幅值谱中的极小值点类似，回波个数越多，过零点处的斜率绝对值越大，过零点的频率越容易识别。当 $n = 50$，过零点的斜率趋近于 $-\infty$，此时连续介质模型和波的叠加原理计算的结果趋于一致。

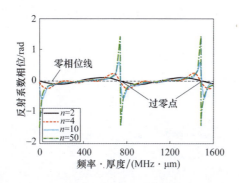

图 3-8　钢-油-钢三层结构中不同回波个数条件下的反射系数相位谱

2. 两侧固体材料不同

进一步考察不同材料配副对模型的影响。利用表 2-1 中材料的声学特性参数，根据式（2-32）可以计算出钢-油-铝结构和铝-油-钢结构的反射系数幅值和相位。图 3-9 和图 3-10 分别给出了回波个数 $n = 2, 6, 50$ 下的反射系数幅值谱和相位谱。

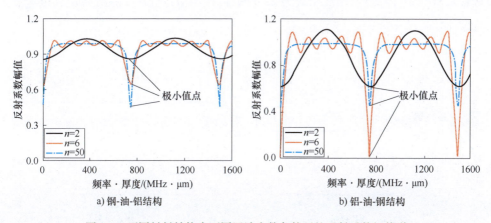

a) 钢-油-铝结构　　　　　　　　　　　　b) 铝-油-钢结构

图 3-9　不同材料结构中不同回波个数条件下的反射系数幅值谱

从图 3-9 的幅值谱中可以看出：随着回波个数的增多，极小值点处的带宽会逐渐变窄，但极小值点处的反射系数幅值并不会趋于零。从图 3-10 中相应的相位谱中可以看出，过零点处的斜率随着回波个数的增大逐渐减小，但并不趋于 $-\infty$。

上述现象可以用回波 $(B_2, \cdots, B_n)$ 对 B_1 的抵消机理来解释。在固体 1-润滑膜-固体 2 结构中，回波 $(B_2, \cdots, B_n)$ 对 B_1 的抵消程度将会随着回波个数的增大而增大；此外当固体 2 的声阻抗与固体 1 的声阻抗相比越大时，反射回来的能量就会越多，随着反射回波个数的增加，反射回波 $(B_2, \cdots, B_n)$ 的能量总和超

过 B_1。因此，对于不同固体材料的结构，极小值点处的反射系数幅值随着回波个数的增加幅度变化不同。

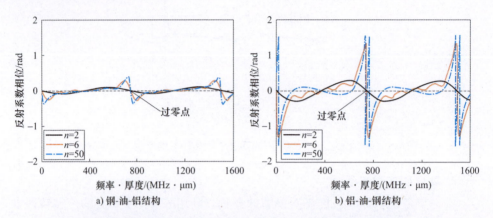

a) 钢-油-铝结构   b) 铝-油-钢结构

图 3-10   不同材料结构中不同回波个数条件下的反射系数相位谱

为了进一步考虑不同材料配副对共振行为的影响，选择具有不同声阻抗的固体材料分别计算反射回波个数为 2~52 时的极小值点处反射系数幅值和过零点处斜率值，结果如图 3-11 所示。

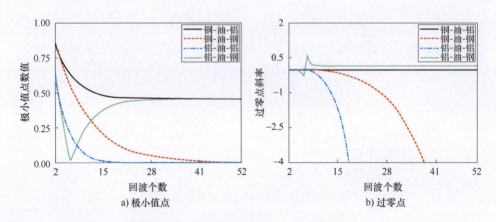

a) 极小值点   b) 过零点

图 3-11   极小值点处反射系数幅值和过零点处斜率值随回波个数的变化规律

具体的计算结果可以分为三种情况进行讨论：

情况一： $Z_1 > Z_3$（例如钢-油-铝结构）

根据式（3-9），$(B_2, \cdots, B_n)$ 幅值和小于 B_1。因此随着回波个数的增加，幅值谱中极小值点处反射系数幅值会逐渐减少，而相位谱中过零点处斜率绝对值会逐渐增加。

情况二： $Z_1 = Z_3$（例如钢-油-钢或铝-油-铝结构）

根据式（3-9），$(B_2, \cdots, B_n)$ 幅值和等于 B_1。因此随着回波个数的增加，幅值谱中极小值点处反射系数幅值会逐渐趋于 0，而相位谱中过零点处的斜率会逐渐趋于 $-\infty$。此外，固体的声阻抗越小，极小值点处反射系数幅值和过零点处斜率的变化越快。

情况三： $Z_1 < Z_3$（例如铝-油-钢结构）

根据式（3-9），$(B_2, \cdots, B_n)$ 幅值之和大于 B_1。当 $n < 4$ 时，极小值处反射系数幅值和过零点处斜率均会随着 n 增大而减小。当 $n > 4$ 时，极小值点处反射系数幅值随着 n 的增大逐渐增大并趋于一个正值，相应的过零点斜率值会先从负值跳变到正值，然后再逐渐减小到一个稳定的正值。

上述分析表明，回波个数和润滑膜两侧固体材料的不同并不会改变极小值点和过零点的频率位置，即共振频率的大小，但会影响极小值点值和过零点斜率值。一般而言，回波个数越多，越能够准确识别出共振频率的位置，因此在共振模型的实际应用中，应尽可能采集多的反射回波以提高共振频率的识别精度。

综上所述，与连续介质模型相比，波的叠加原理更有利于揭示共振现象的机理，也可用于分析材料不同时共振法的适用性和如何提高共振频率的识别精度。

3.2.2 弹簧模型

弹簧模型法亦称刚度法。当润滑膜厚度远小于超声波波长时，超声波在润滑膜层上下界面的反射信号几乎完全重叠，则润滑膜层可当成一个整体作为一个单反射器。这种情况下，可以认为超声波在润滑膜中的反射行为由润滑膜的刚度来控制，所以润滑膜可假设成一系列并列的弹簧形式。润滑膜的刚度被定义为体积模量和润滑膜厚度的比值，通过建立反射系数与润滑膜刚度的数学模型（即弹簧模型）来计算润滑膜厚度。

当润滑膜厚度很小时，超声波在润滑膜层上的反射系数与润滑膜刚度的关系已在第 2 章中由式（2-25）给出，对其求模数可得与润滑膜刚度有关的三层结构反射系数幅值公式为

$$|R| = \sqrt{\frac{K^2(Z_1 - Z_3)^2 + (\omega Z_1 Z_3)^2}{K^2(Z_1 + Z_3)^2 + (\omega Z_1 Z_3)^2}} \tag{3-11}$$

式中　润滑膜层单位面积的刚度 K 与润滑膜层的体积模量 B 及润滑膜层的

厚度 h 的关系为

$$K = \frac{B}{h} \tag{3-12}$$

$B = \rho_2 c_2^2$，故式（3-12）可变化为

$$K = \frac{\rho_2 c_2^2}{h} \tag{3-13}$$

式中 ρ_2——润滑膜密度（单位为 $\mathrm{kg \cdot m^{-3}}$）。

将式（3-13）代入式（3-11）中，整理可得

$$h = \frac{\rho_2 c_2^2}{2\pi f Z_1 Z_3} \sqrt{\frac{|R|^2 (Z_1 + Z_3)^2 - (Z_1 - Z_3)^2}{1 - |R|^2}} \tag{3-14}$$

此式即为利用反射系数幅值的超声波弹簧模型测量润滑膜厚度的基本公式。当润滑膜层两侧材料相同时（$Z_1 = Z_3 = Z$），式（3-14）可以简化为

$$h = \frac{2\rho_2 c_2^2}{2\pi f Z} \sqrt{\frac{|R|^2}{1 - |R|^2}} \tag{3-15}$$

可以通过实测反射系数幅值、材料的声阻抗以及润滑膜的声速和密度计算出润滑膜厚度。

图 3-12 展示了在弹簧模型区域内，不同厚度润滑膜对应超声波在润滑膜层上的反射信号。从图中可以看出：不同厚度润滑膜层的反射信号时域波形相似，但频域波形幅值不同，这也是弹簧模型可以区分不同润滑膜厚度的依据。

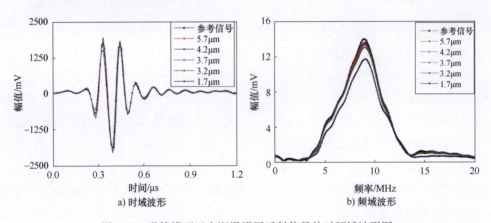

a) 时域波形　　　　　　　　　b) 频域波形

图 3-12　弹簧模型区内润滑膜层反射信号的时频域波形图

根据式（3-15）可以获得不同膜厚下超声润滑膜反射系数与计算频率的关系，计算结果如图 3-13 所示。由图可见，特定频率的超声波，在不同厚度的润

滑膜层上具有不同的反射系数；此外，不同频率处的润滑膜厚度可分辨性不同，所以对于计算频率的选择也是非常重要的。

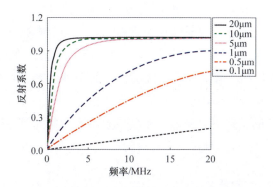

图 3-13　不同膜厚下的反射系数与计算频率的关系

由第 2 章中三层结构的反射系数推导过程可知，弹簧模型的反射系数 R 是一个复数量，因此除了利用反射系数幅值信息计算润滑膜厚度，还可以利用反射系数相位信息计算润滑膜厚度。根据第 2 章中式（2-26）可得弹簧模型反射系数相位的计算公式为

$$\Phi_K = \arctan\left(\frac{2\omega Z_1 Z_3/K}{(Z_1-Z_3)+\omega^2(Z_1 Z_3/K)^2}\right) \tag{3-16}$$

将式（3-13）代入式（3-16）中，可得利用反射系数相位信息的弹簧模型公式为

$$h = \frac{\rho_2 c_2^2(\tan\Phi_K)(Z_1^2-Z_3^2)}{\omega Z_1 Z_3^2 \pm \sqrt{(\omega Z_1 Z_3^2)^2-(\tan\Phi_K)^2(Z_1^2-Z_3^2)(\omega Z_1 Z_3)^2}} \tag{3-17}$$

当润滑膜层两侧材料相同时（$Z_1=Z_3=Z$），式（3-14）与式（3-17）相等，可得反射系数的幅值与相位之间的关系为

$$|R| = \cos\Phi_K \tag{3-18}$$

将式（3-18）代入式（3-15）中可得弹簧模型的反射系数相位计算膜厚表达式[8]为

$$h = \frac{2\rho c_2^2}{\omega Z \tan\Phi_K} \tag{3-19}$$

3.2.3　相位模型

对于油润滑滑动轴承而言，在设备启停或者受到瞬态冲击时，润滑膜厚度

可能会在大范围内变化。在对图 3-5 讨论中已经指出，单一膜厚计算模型无法覆盖从弹簧模型区域到共振模型区域，而且这两个计算模型之间存在一个幅值基本上不随膜厚发生变化的区域，被定义为幅值谱的盲区。由于盲区存在，采用基于幅值谱的弹簧模型和共振模型在大范围测量时会存在膜厚非连续性等问题。但是从如图 3-5b 所示的反射系数相位谱中可以看出，相位在盲区范围内有着相对明显的变化，在一阶共振频率以下随着润滑膜厚度呈现单调递增趋势。因此，反射系数相位可以用于盲区内的润滑膜厚度计算。

统一采用相位模型可以计算盲区和弹簧模型区内的润滑膜厚度。相位计算公式已由式（3-7）得到，对其变换可得到[9]

$$\Phi = \arctan\left[\frac{V_{23}(1-V_{12}^2)\sin(4\pi fh/c_2)}{V_{12}(1+V_{23}^2)+V_{23}(1+V_{12}^2)\cos(4\pi fh/c_2)}\right] \tag{3-20}$$

同时反射系数相位还满足以下关系：

$$\sin^2\Phi + \cos^2\Phi = 1 \tag{3-21}$$

因此，结合式（3-2）和式（3-21）可以得到润滑膜厚度与复反射系数相位的关系为

$$h = \frac{c_2}{4\pi f}\begin{cases} \arcsin\left(\dfrac{-B+\sqrt{B^2-4AC}}{2A}\right), & \Phi < \mathrm{atan}\left(\dfrac{-b-\sqrt{b^2-4ac}}{2a}\right) \\[3mm] \pi - \arcsin\left(\dfrac{-B+\sqrt{B^2-4AC}}{2A}\right), & \mathrm{atan}\left(\dfrac{-b-\sqrt{b^2-4ac}}{2a}\right) < \Phi < 0 \\[3mm] \pi - \arcsin\left(\dfrac{-B-\sqrt{B^2-4AC}}{2A}\right), & 0 \leqslant \Phi < \mathrm{atan}\left(\dfrac{b+\sqrt{b^2-4ac}}{2a}\right) \\[3mm] 2\pi - \arcsin\left(\dfrac{-B-\sqrt{B^2-4AC}}{2A}\right), & \Phi \geqslant \mathrm{atan}\left(\dfrac{b+\sqrt{b^2-4ac}}{2a}\right) \end{cases} \tag{3-22}$$

其中变量 A，B，C，a，b，c 可由下式给出：

$$\begin{cases} A = V_{23}^2\left((1-V_{12}^2)^2+(1+V_{12}^2)^2\tan^2\Phi\right) \\ B = -2V_{12}V_{23}(1+V_{23}^2)(1-V_{12}^2)\tan\Phi \\ C = \left(V_{12}^2(1+V_{23}^2)^2-V_{23}^2(1+V_{12}^2)^2\tan^2\Phi\right) \\ a = V_{12}^2(1+V_{23}^2)^2 \\ b = -2V_{12}V_{23}(1+V_{23}^2)(1-V_{12}^2) \\ c = V_{23}^2(1-V_{12}^2) \end{cases} \tag{3-23}$$

利用上述公式计算特定膜厚的润滑膜厚度值，计算结果如图 3-14 所示。从

图 3-14a 可以看出，盲区的反射系数幅值曲线相互交叉，有些甚至超过了理论反射系数的最大值，因此难以利用反射系数幅值谱实现盲区润滑膜厚度的测量。在相应的反射系数相位谱中（见图 3-14b）可以看出，不同润滑膜厚度下的相位曲线明显分离，并且有效带宽内的相位与润滑膜厚度呈正相关。上述结果也证明了反射系数相位能够反映盲区润滑膜厚度的变化，因此通过提取信噪比较高的中心频率处的反射系数相位计算润滑膜厚度，可以得到较高精度的结果。

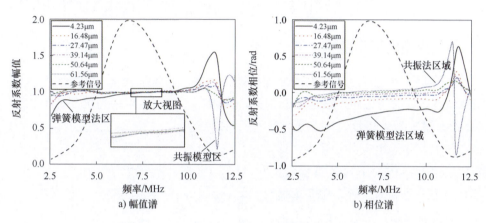

图 3-14　不同润滑膜厚度下实测反射系数的频域图

3.2.4　复合模型

由于相位模型求解模型公式复杂，可以使用复合模型，利用复数直接求解。并且保证了最大的求解精度，下面介绍其数学推导过程。

超声反射系数 R 的复数形式在第 2 章中已由式（2-34）表示出，对式（2-34）重新整理可得

$$e^{-2\pi f i \frac{2h}{c_2}} = \frac{-R-V_{12}}{V_{23}(1+RV_{12})} \tag{3-24}$$

对式（3-24）两边同时取对数，可得

$$2\pi f i \frac{2h}{c_2} = i\ln\left[\frac{-R-V_{12}}{V_{23}(1+RV_{12})}\right] \tag{3-25}$$

假设公式右端对数项的振幅和相位分别是 r 和 θ，则

$$2\pi f \frac{2h}{c_2} = i\ln(re^{i\theta}) = i\ln(r) - \theta \tag{3-26}$$

当 $2\pi f \frac{2h}{c_2} \in \mathbf{R}$ 且 $r=1$ 时，公式变形为

$$2\pi f \frac{2h}{c_2} = -\theta = -a\tan\left[\frac{-R-V_{12}}{V_{23}(1+RV_{12})}\right] = -a\tan\left[\frac{-|R|\cdot e^{i\Phi}-V_{12}}{V_{23}(1+V_{12}|R|e^{i\Phi})}\right] \quad (3\text{-}27)$$

因此，润滑膜厚度 h 最终作为 R 和 Φ 的函数给出

$$h = h(|R|,\Phi) = \frac{c_2}{4\pi f}\arg\left[\frac{|R|\cdot e^{i\Phi}-V_{12}}{V_{23}(1+V_{12}|R|\cdot e^{i\Phi})}\right]$$

$$= \frac{c_2}{4\pi f}a\tan\left[\frac{|R|\sin(\Phi)(1-V_{12}^2)}{|R|\cos(\Phi)+|R|\cos(\Phi)V_{12}^2-|R|^2V_{12}-V_{12}}\right] \quad (3\text{-}28)$$

3.2.5　模型的适用范围

图 3-15 归纳总结了不同的频域模型随传感器中心频率变化时润滑膜厚度的可测范围。同时考虑超声波能量衰减的距离限制，超声波频率与可穿透的固体（此处为钢）最大厚度之间的关系也在图中一并给出。可以看到，针对三层平行结构的不同计算模型，都有一个适用范围，所以在应用模型之前需要预估被测膜厚的变化范围，然后才可以选择合适的计算模型。若膜厚变化范围跨越了不同模型的适用范围，则需要切换频域模型，从而实现大尺度膜厚测量。

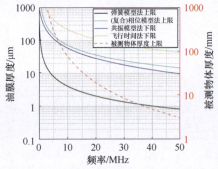

图 3-15　不同频域膜厚计算模型的求解范围及被测物（以轴承钢为例）的可测厚度[10]

时域模型通过确定回波之间时间的间隔来计算润滑膜厚度。其中飞行时间模型主要用来测量 $100\mu m$ 以上的润滑膜厚度，当润滑膜厚度变薄时，相邻回波之间会发生部分重叠，导致飞行时间模型测量分辨率降低；统一时域模型能够实现大范围膜厚测量，但该模型的计算速度较慢。

频域模型使用反射和入射信号的频域幅值比来确定润滑膜厚度。其中共振模型基于润滑膜厚度为超声半波长的整数倍时，反射波与入射波会产生共振现象，在反射系数幅值谱中的共振频率处会产生极小值点现象的原理对润滑膜厚度进行测量。润滑膜层厚度越薄，共振频率越高。高频超声波在材料中极易衰减，同时传感器的有效带宽范围有限，这两个限制条件共同导致共振模型的测量上限。通常在钢中能够传播的最大超声波频率约为 60MHz，相应地共振模型能够检测的最小润滑膜厚度为 $10\mu m$ 左右。弹簧模型相对复杂，但

可以准确检测微米级及亚微米级的润滑膜厚度，通常用来检测 $10\mu m$ 以下的润滑膜厚度。

3.3 计算模型的标定结果

为了验证超声膜厚测量模型的有效性，本章使用第 2 章中给出的高精度润滑膜厚度标定方法进行标定，采用中心频率 10MHz 的传感器对三层（钢-油-钢）结构的共振模型、弹簧模型、相位模型、复合模型以及统一时域模型进行标定测试。

3.3.1 共振模型的标定

首先，采集静态圆柱-空气界面的反射信号作为参考信号；随后，在静态圆柱的表面滴油，调节可移动圆柱形成不同润滑膜厚度，并通过观察信号在频域内的极小值点现象；最后，将润滑膜厚度调节到共振模型区内。

通过观察极小值点的位置调节到初始膜厚值作为基准膜厚（本节通过极值点计算为 $77.2\mu m$）。然后，调节螺旋测微器逐渐增大膜厚到 $577.2\mu m$，将螺旋测微器的位移增量与初始膜厚的和作为设置膜厚值。此外，采集不同润滑膜厚度下的反射信号计算相应的反射系数，根据式（3-8）分别提取极小值点和过零点频率求解润滑膜厚度。最后，将设置润滑膜厚度和实测润滑膜厚度进行分析比较，便可验证共振模型超声测量方法的有效性。

图 3-16 给出了共振模型采用极小值法与过零点法所获得的标定结果。从图中可以看出，极小值点法和过零点法的测量结果基本相等，且与设置膜厚高度吻合，最大误差分别为 0.877% 和 0.859%，两种方法的测量精度在大范围膜厚范围内保持高度一致。一般认为共振模型影响因素少，测量精度高，尤其是当润滑膜厚度较厚时，计算结果与预期膜厚高度一致，而且测量精度不受润

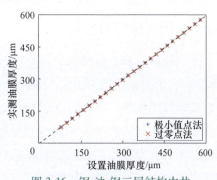

图 3-16　钢-油-钢三层结构中共振模型的标定结果

滑油或测试表面粗糙度的影响，具有较好的鲁棒性。从图 3-15 可以看出，在使用 10MHz 传感器进行标定的情况下，共振模型的测量下限在 $60\mu m$ 左右。

3.3.2　弹簧模型的标定

采用同样的流程将膜厚调节到弹簧模型测量区域内，并采用共振模型法测量该润滑膜的厚度值，使其作为初值。通过压电控制器精确控制压电促动器的位移便可构造出一系列已知厚度的润滑膜，将其作为润滑膜厚设定值。通过润滑膜厚度超声波检测系统测量润滑膜的实际厚度值并与润滑膜厚设定值比较分析便可对弹簧模型超声测量方法的准确性进行验证。

如图 3-17 所示是弹簧模型的标定结果。从图中看出，弹簧模型测量结果与设定膜厚值亦能较好地吻合。但当采用的中心频率为 10MHz 的超声波传感器时，超声波在 5μm 以上的润滑膜层的反射系数大于 0.95，采用式（3-14）计算膜厚时，其分母趋近于零，计算结果对反射系数误差非常敏感。

从图中还可发现，当润滑膜厚度小于 1.7μm 时，实测润滑膜厚度几乎不变。这

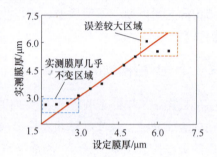

图 3-17　钢-油-钢三层结构中
弹簧模型的标定结果

是由于加工和安装的误差，当膜厚小于 1.7μm 时，形成润滑膜的两表面可能发生局部接触，而压电促动器并不能产生足够的压力有效形成更薄的润滑膜层。故对于弹簧模型，当 $0.1 < R < 0.95$ 时，计算结果与预期值具有较好的一致性。

3.3.3　相位模型的标定

采用相同流程，将膜厚调至共振模型的区间内，以初始膜厚作为基准信号（本节实验的初始膜厚为 104.51μm）。然后固定螺旋测微器，采用压电促动器进行后续膜厚的精调。将膜厚从共振模型区逐渐减小到弹簧模型区，在这一过程中，采集并存储不同厚度的润滑膜信号，并将压电促动器的位移增量与初始膜厚之差作为润滑膜厚度设定值。最后，分析与比较润滑膜厚度设定值与实际测量值以验证相位模型的有效性。

如图 3-18 所示，用反射系数相位 Φ 代表相位模型标定的结果。在图中同时使用极小值点法和过零点法代表共振模型标定的结果，幅值 $|R_K|$ 和相位 Φ_K 代表弹簧模型测量的结果。对比发现，在弹簧模型法区域，相位模型法和弹簧模型法的幅值和相位与实测膜厚一致。随着膜厚的增大，完整的相位模型仍然与实

际膜厚相吻合，但弹簧模型法的幅值和相位法在盲区范围内却存在较大误差。在共振模型法区域，幅值谱的极小值点法和相位谱的过零点法与实际的膜厚高度一致。结果表明，相位模型能够可靠地预测盲区范围内的润滑膜厚度同时统一弹簧模型法和共振模型法。故相位模型可以覆盖弹簧模型法区域、盲区以及共振模型法区域，使用 10MHz 传感器，可以实现大范围内（约 100μm）的膜厚测量。

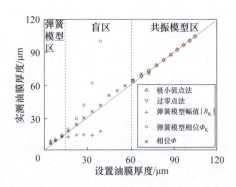

图 3-18　钢-油-钢三层结构中相位模型的标定结果

从图 3-18 中可以看出，利用相位模型法计算盲区膜厚时相较于其他区域存在误差较大。因此进一步通过五次重复膜厚标定实验分析使用相位模型进行测量时的相对偏差范围，得到了如图 3-19 所示的结果。由图 3-19 可以看出，在弹簧模型区和共振模型区的相对偏差较小，在盲区的相对偏差在 ±5μm 左右。模型的测量偏差可能来自电子噪声、仪器不稳定性和材料特性等因素的影响，因此在实际应用超声膜厚测量模型时，需要根据实际运行工况，综合上述因素进行补偿以减小测量误差。

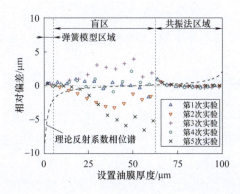

图 3-19　钢-油-钢三层结构中相位模型的测量偏差

3.3.4 复合模型的标定

采用同样的流程,将润滑膜厚度调节到共振模型的区间内。通过控制螺旋测微器选择压电促动器行程范围内的一共振区膜厚作为初始膜厚,进一步锁定螺旋测微器,采用压电促动器进行后续膜厚的精调。将膜厚从共振模型区逐渐减小到弹簧模型区,在这一过程中,采集并存储不同厚度下的润滑膜反射信号,并将压电促动器的位移增量与初始膜厚之差作为润滑膜厚度设定值,将润滑膜厚度计算值与润滑膜厚度设定值进行对比,完成测量方法的标定。

如图 3-20 所示是复合模型的标定结果。相位模型利用理论膜厚复反射系数中的相位信息进行膜厚计算,计算过程复杂,而复合模型直接利用复数进行求解从而对润滑膜厚度进行测量,综合考虑理论膜厚复反射系数中的幅值信息和相位信息,因此同样能够实现大尺度范围内的润滑膜厚度的测量。复合模型在盲区范围内的测量结果存在一定的误差,经过标定实验发现在盲区和弹簧模型区的测量误差大概在 10% 左右。

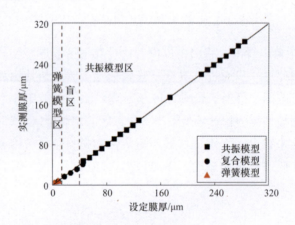

图 3-20 钢-油-钢三层结构中复合模型的标定结果

3.3.5 统一时域模型的标定

采用同样的流程,将初始膜厚调节到共振法模型区域。由于共振模型已经证明具有宽的测量范围和高的精度,所以用共振模型来计算目前的膜厚作为起始膜厚值。然后将螺旋测微器固定,后面的调节全部采用压电促动器进行调节。利用压电促动器逐渐减少两钢柱之间的距离从而来减少膜厚值。在这个过程中,将起始点与压电促动器的精确移动增量的和作为设定的膜厚值。最后,通过分析比较设定值和实际测量值来验证统一时域模型的有效性。

如图 3-21 所示是统一时域模型的标定结果。将统一时域模型与弹簧模型和共振模型在大尺度范围内（0～100μm）进行比较发现，在盲区范围内（5～58μm），共振模型和弹簧模型都已失效，而统一时域模型与实际膜厚值基本一致。因此这些结果证明统一时域模型能够克服盲区，同时统一弹簧模型法和共振模型法从而实现大尺度范围内膜厚的连续测量。

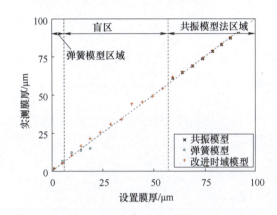

图 3-21　钢-油-钢三层结构中统一时域模型的标定结果

3.4　算例

3.4.1　实验对象

本节以某公司生产的燃油泵滑动轴承的周向润滑膜厚度测量为例，介绍润滑膜厚度测量、计算的具体过程。

超声波传感器至轴承内表面距离设置为 10mm。轴承膜厚监测中 3 个测点位置安排以最大程度接近轴承承载区及实现轴承周向膜厚分布测量为依据。结合轴承结构空间，1 号测点用于承载区膜厚测量，2、3 号测点用于周向膜厚分布测量。图 3-22 所示为径向滑动轴承测点布置示意图。

3.4.2　实验过程

步骤一：在膜厚测量前，需要采集轴套-空气界面的反射信号作为参考信号。然后采集时域实测信号作为膜厚数据计算的数据基础。图 3-23 所示为 3 个测点的实测信号和参考信号的时域图。

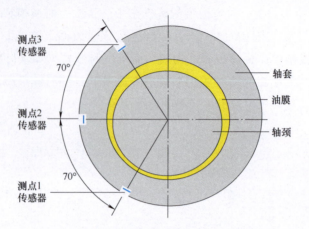

图 3-22　径向滑动轴承测点布置示意图

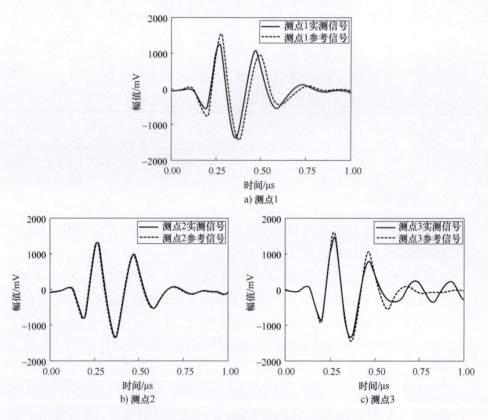

图 3-23　3 个测点的实测信号和参考信号时域图

步骤二：对步骤一中所采集到的参考信号以及实测信号的时域波形图作快速傅里叶变换（FFT），可得其频域幅值图和相位图，图 3-24 所示为实测信号和参考信号的幅值图，图 3-25 所示为实测信号和参考信号的相位图。由图可知，传感器实际中心频率为 5MHz 左右。由于复合模型不确定性较大，而传感器中心频率处信号信噪比较高，因此应用复合模型进行膜厚计算时，使用传感器中心频率处的反射系数幅值和相位进行求解。

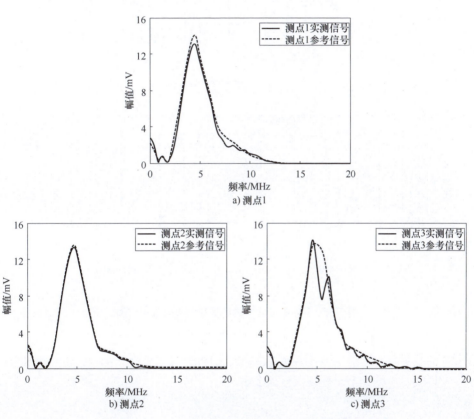

图 3-24　3 个测点的实测信号和参考信号幅值图

步骤三：将实测数据与参考信号的幅值做除法运算，将相位做减法运算，可得反射系数的幅值谱和相位谱。如图 3-26 所示，为 3 个测点反射系数的幅值谱和相位谱。

步骤四：从图 3-26 可以看出，对于测点 3，传感器的有效带宽存在极小值点或过零点。因此，通过共振模型式（3-8）计算出测点 3 的润滑膜厚度为 117.31μm；对于测点 1，提取中心频率 f_c 处反射系数幅值，利用弹簧模型式（3-15)计算膜厚为 5.78μm；对于测点 2，提取中心频率 f_c 处反射系数相位，利用相位模型式（3-22）计算膜厚为 52.95μm。

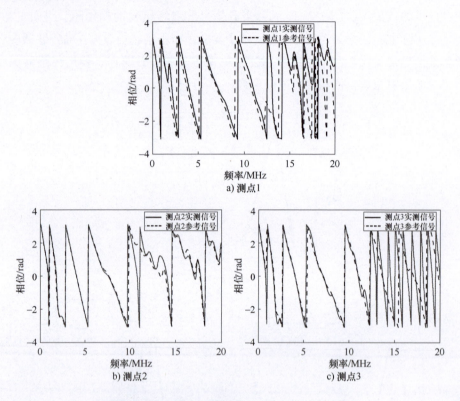

图 3-25　3 个测点的实测信号和参考信号相位图

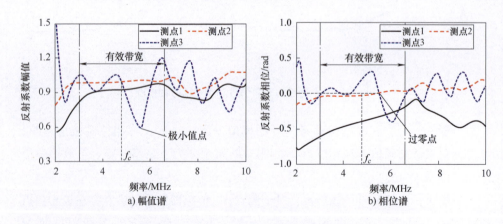

图 3-26　3 个测点反射系数的频域图

3.5　本章小结

本章主要围绕基于超声反射信号的润滑膜厚度测量模型，从时域和频域两方面分别阐述了典型三层平行结构中的膜厚测量模型原理及计算方法，总结了共振模型、弹簧模型、相位模型以及复合模型的有效测量范围，展示了各超声膜厚测量模型的标定结果，并以滑动轴承为例介绍了应用上述模型计算润滑膜厚度的具体过程。

本章重点在于分析了不同模型，尤其是共振模型的发生机制，阐明这些模型的应用原理及实际应用方法与具体步骤。这些内容不但让读者了解超声测量模型的由来，更能理解这些模型背后的本质机制及适用性，为更好的应用打下基础。

参 考 文 献

［1］DWYER-JOYCE R S, DRINKWATER B W, DONOHOE C J. The measurement of lubricant-film thickness using ultrasound ［J］. Proceedings of the royal society of london. series a：mathematical, physical and engineering sciences, 2003, 459 （2032）：957-976.

［2］BREKHOVSKIKH L M, LIEBERMAN D, BEYER R T. Waves in layered media ［J］. Physics Today, 1962, 15 （4）：70-74.

［3］GLAVATSKIH S B, MCCARTHY D M C, SHERRINGTON I. Further transient test results for a pivoted-pad thrust bearing ［J］. Tribology and Interface Engineering, 2004, 43 （03）：301-312.

［4］DWYER-JOYCE R S, HARPER P, DRINKWATER B W. A method for the measurement of hydrodynamic oil films using ultrasonic reflection ［J］. Tribology Letters, 2004, 17 （2）：337-348.

［5］DWYER-JOYCE R S, HANKINSON N. An ultrasonic technique for the measurement of elastic properties of soft surface coatings ［J］. Tribology international, 2006, 39 （4）：326-331.

［6］GENG T, MENG Q, XU X, et al. An extended ultrasonic time-of-flight method for measuring lubricant film thickness ［J］. Proceedings of the Institution of Mechanical Engineers Part J：Journal of Engineering Tribology, 2015, 229 （7）：861-869.

［7］HUNTER A, DWYER-JOYCE R S, HARPER P. Calibration and validation of ultrasonic reflection methods for thin-film measurement in tribology ［J］. Measurement Science and Technology, 2012, 23 （10）：105605.

［8］张凯. 基于超声原理的轴承润滑膜厚在线监测方法及实验研究 ［D］. 西安：西安交通大

学，2016.

[9] HAINES N F, BELL J C, MCINTYRE P J. The application of broadband ultrasonic spectroscopy to the study of layered media [J]. The Journal of the Acoustical Society of America, 1978, 64 (6): 1645-1651.

[10] DWYER-JOYCE R S, REDDYHOFF T, DRINKWATER B W. Operating limits for acoustic measurement of rolling bearing oil film thickness [J]. Tribology Transactions, 2004, 47 (3): 366-375.

第 4 章　多层结构中的膜厚测量模型

众所周知，涂层技术以其良好的减摩耐磨特性被广泛应用于各种摩擦部件，例如滑动轴承轴瓦内的巴氏合金衬层。由第 3 章了解到，超声波在声阻抗不同的材料界面会发生反射和透射。由于衬层的存在，超声波在四层结构中的传播特性将不同于三层结构，这使得典型三层结构的润滑膜厚度计算模型无法直接应用于多层结构。

以滑动轴承为例，本章着重介绍适用于四层结构的润滑膜厚度计算方法，分别针对厚、薄两种衬层的计算模型进行介绍。特别在针对较薄衬层带来的超声回波时域信号重叠问题，本章基于连续介质模型原理，介绍一种多层结构复反射系数测量模型以及其有效性验证方法，并且给出了详细算例。

4.1　衬层对超声回波信号的影响及回波分离方法

对于多层结构，超声波会在不同材料交界面上不断地反射和透射，直至能量衰减殆尽。在前述章节中，我们分析了超声波在三层结构中多次反射的回波信号。四层结构中超声波的传播类似于三层结构，也主要表现为在不同材料界面的反射和透射。不同点是：当轴瓦和油膜之间多了一层衬层，超声波的回波信号将包含轴瓦-衬层界面的回波信号和衬层-油膜界面的回波信号。本文为了直观描述，以含衬层的推力轴承为例进行说明，如图 4-1 所示。图中 B_s 为轴瓦-衬层界面的时域回波信号，$(B_{o1}, B_{o2}, B_{o3}, \cdots)$ 为油膜层的时域回波信号。

理论上只要能准确提取衬层-油膜界面的反射信号，就可以运用三层结构中的共振模型、弹簧模型、相位模型等方法计算四层结构中的油膜厚度，这使得衬层-油膜界面的反射信号识别非常重要。

图 4-2 给出了不同衬层厚度下衬层-油膜界面反射信号的时域图。由图可知，在衬层厚度不同的情况下，衬层-油膜界面的反射信号存在不同特征。理论上，当衬层厚度大于超声波脉冲宽度一半时，来自轴瓦-衬层界面的时域回波信号

（B_s）和油膜层的时域回波信号（B_{o1}，B_{o2}，B_{o3}，…）彼此分离，如图 4-2a 所示。当衬层厚度小于超声脉冲宽度的一半时（衬层厚度 500μm），时域回波信号（B_s，B_{o1}，B_{o2}，B_{o3}，…）严重重叠，如图 4-2b 所示，不能直接获取油膜回波信号。

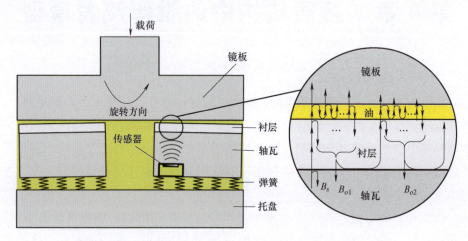

图 4-1　超声波在含有合金衬层的推力滑动轴承中传播示意图

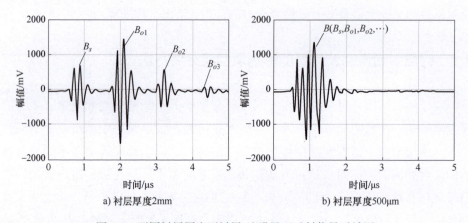

a) 衬层厚度2mm　　　　　　　　b) 衬层厚度500μm

图 4-2　不同衬层厚度下衬层-油膜界面反射信号时域图

　　针对图 4-2a 的情况，可以直接从波形图获得来自油膜的时域回波信号（B_{o1}），因此结构可以简化为三层结构（即合金衬层-油膜-镜板结构），进而采用三层结构的计算模型（如：共振、弹簧、相位等模型）[1]。而对于图 4-2b 的情况，显然已经无法直接分离上述回波信号。由此可知，衬层的厚与薄主要是根据能否在时域中分离出基底-衬层界面反射信号与润滑膜层反射信号而言的。因此，衬层的厚与薄是与测量所使用的超声波波包长度有关。一般地，衬层厚度大于单个超声波回波脉冲宽度（超声波波包）的一半时，其被定义为"厚衬层"，反之即为"薄衬层"。另外，超声波回波波包的长度又与超声波在材料中传播的速度和传感器的频率有关。因此，衬层的厚薄无法给出一个统一定义，需要根据实际工况确定。

为了解决薄衬层油膜厚度测量的问题，已经有学者提出了通过采集相同材料厚衬层滑动轴承中轴瓦-衬层界面的回波信号[2]，即回波信号的类比分析方法；或者使用高斯波来近似估计重叠回波信号[3]的方法，即回波信号的数学构造方法。两种方法各自通过信号类比和数学构造的方法估计近似的 B_s 信号，再将重叠回波信号中近似估计信号 B_s 除去，并忽略其他回波信号（$B_{o2}, B_{o3}, \cdots$）来得到油膜的回波信号 B_{o1}，进而采用三层油膜结构的厚度测量方法分析回波信号 B_{o1} 得到油膜厚度。

4.1.1　回波信号的类比分离方法

通过对比相同轴承材质条件下薄、厚两类衬层的回波信号，发现两者具有相同的轴瓦-衬层回波信号 $B_s(t)$，进而以此为桥梁，利用厚衬层轴瓦的空气界面参考信号反推出薄衬层空气界面的参考信号。在介绍类比分析方法之前，首先需要介绍傅里叶变换的时移、频移性质：即信号在时域的左右平移相当于其在频域乘以相应的频移因子：

$$x(t\pm t_0)\leftrightarrow X(\omega)\mathrm{e}^{\pm\mathrm{j}\omega t_0} \tag{4-1}$$

如图 4-2，含衬层轴承润滑膜的回波信号 $B(t)$ 为轴瓦-衬层回波信号 $B_s(t)$ 和油膜层的时域回波信号 $B_{o1}(t)$、$B_{o2}(t)$、$B_{o3}(t)$ 等叠加而成。假（预）设超声波通过衬层的时间为 t_0，则往返衬层所形成的回波时间间隔为 $2t_0$。实际检测中，由于 $B_{o2}(t)$、$B_{o3}(t)$ 等回波较小，对 $B(t)$ 的影响可以忽略。设 $B(t)$ 由时间间隔为 $2t_0$ 的两个回波 $B_s(t+t_0)$ 和 $B_{o1}(t-t_0)$ 形成，假设 $B_s(t)$ 和 $B_{o1}(t)$ 傅里叶变换为 $B_{sF}(\omega)$ 和 $B_{o1F}(\omega)$，则根据式（4-1）有

$$
\begin{aligned}
&|F[B(t)]|\\
&|F[B_s(t+t_0)+B_{o1}(t-t_0)]|\\
&|\mathrm{e}^{\mathrm{j}\omega t_0}B_{sF}(\omega)+k(\omega)\mathrm{e}^{-\mathrm{j}\omega t_0}B_{sF}(\omega)|\\
&\{[1-k(\omega)]^2+4k(\omega)\cos^2(\omega t_0)\}^{1/2}|B_{sF}(\omega)|
\end{aligned}
\tag{4-2}
$$

式中　t_0——超声波通过衬层的时间（单位为 s）；

$F[.]$——傅里叶变换；

$k(\omega)$——频域中不同频率处 $B_{o1F}(\omega)$ 和 $B_{sF}(\omega)$ 的幅值比。

据式（4-2）可得整体回波信号 $B(t)$ 和轴瓦-衬层回波信号 $B_s(t)$ 在频域的幅值比 $Q(\omega)$ 为

$$Q(\omega) = \left| B_F(\omega) \right| / \left| B_{sF}(\omega) \right| = \left\{ [1-k(\omega)]^2 + 4k(\omega)\cos^2(\omega t_0) \right\}^{1/2} \quad (4-3)$$

根据式（4-3），只要知道轴瓦的衬层回波信号的频域幅值 $\left| B_{sF}(\omega) \right|$，则可以得到整体回波信号 $B_F(\omega)$ 与轴瓦-衬层回波信号 $B_{sF}(\omega)$ 的幅值比 $Q(\omega)$。上述规律与轴瓦衬层厚度无关，所以可以借助厚衬层轴瓦的规律反推薄衬层轴瓦规律。

厚衬层轴瓦的衬层界面回波 $B_s(t)$ 与油膜回波信号彼此分离，故可以通过厚衬层轴瓦试块获取 $B_s(t)$，再经过傅里叶变换得到 $\left| B_{sF}(\omega) \right|$。将式（4-3）转换为 $k(\omega)$ 的一元二次方程为

$$k^2(\omega) + (4\cos^2\omega t_0 - 2)k(\omega) + [1 - Q^2(\omega)] = 0 \quad (4-4)$$

将超声波回波中心频率 ω_s 代入上式有

$$k^2(\omega_s) + 2k(\omega_s) + (1 - Q^2(\omega_s)) = 0 \quad (4-5)$$

将 $Q(\omega_s)$ 代入式（4-5）即可得到中心频率处衬层-油膜回波 $B_{o1}(t)$ 与轴瓦-衬层回波 $B_s(t)$ 的频域幅值比 $k(\omega_s)$。

通过拆卸轴承获得薄衬层-空气界面的参考回波 $B_a(t)$，再根据式（4-3）得到 $B_a(t)$ 与轴瓦-衬层回波信号 $B_s(t)$ 在频域的幅值比，代入式（4-5）得到衬层-空气界面回波信号 $B_{a1}(t)$ 和 $B_s(t)$ 的比值，即参考幅值比 $k_a(\omega)$。则不同膜厚时回波在 ω_s 处的反射系数可以定义为

$$R(\omega_s) = \frac{k(\omega_s)}{k_a(\omega_s)} \quad (4-6)$$

从式（4-6）不难得到

$$R(\omega_s) = \frac{k(\omega_s)}{k_a(\omega_s)} = \frac{B_{o1}(t)/B_s(t)}{B_{a1}(t)/B_s(t)} = \frac{B_{o1}(t)}{B_{a1}(t)} \quad (4-7)$$

从式（4-7）可以看出，回波信号类比分析方法的核心思想是利用薄衬层和厚衬层具有相同的轴瓦-衬层回波信号 $B_s(t)$ 这一性质，以 $B_s(t)$ 为中间变量，得到衬层-油膜信号 $B_{o1}(t)$ 和衬层-空气信号 $B_{a1}(t)$ 的频域幅值比，此即油膜厚度计算所需要的真实反射系数。计算流程图如图4-3所示。

测量开始时需要分别得到相同材料厚衬层瓦块的轴瓦-衬层回波信号和拆卸轴承的薄衬层-空气界面参考回波信号，分别代入式（4-3）和式（4-5）得到 $k(\omega_s)$ 和 $k_a(\omega_s)$，再根据式（4-6）得到反射系数，最后将反射系数代入弹簧模型膜厚计算公式得到薄衬层下的油膜厚度。

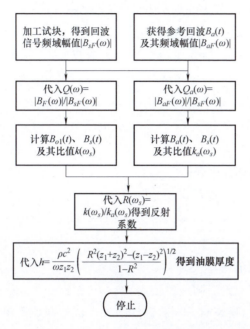

图 4-3 回波信号的类比分析方法油膜厚度计算流程图

4.1.2　回波信号的数学构造方法[3]

回波信号的数学构造方法将重叠反射信号表示为模型模拟的反射信号与噪声的叠加，通过分离算法将重叠反射信号准确分离，获得超声波在润滑膜层上反射信号并计算得到膜厚值。研究发现不同材料界面处的宽带窄脉冲反射信号可以用高斯回波模型表示[3]为

$$s(\boldsymbol{\theta}, t) = \beta e^{-\alpha(t-\tau)^2} \cos(2\pi f_c(t-\tau) + \phi) \tag{4-8}$$

式中　$\boldsymbol{\theta} = [\alpha, \tau, f_c, \phi, \beta]$——单个高斯回波的参数向量；

α——带宽因子；

τ——到达时间（单位为 s）；

f_c——中心频率（单位为 Hz）；

ϕ——相位；

β——幅值。

使用高斯回波模型估计界面反射信号的关键在于确定参数向量 $\boldsymbol{\theta} = [\alpha, \tau, f_c, \phi, \beta]$ 中各参数的值，不同的参数值组成的参数向量所模拟的高斯回波也是不同的。回波信号的数学构造方法研究的本质就是参数估计问题。参数向量的参数估计方法分为最大期望方法以及支持匹配追踪算法。

4.1.2.1　基于最大期望方法的回波数学构造

简单来说，最大期望方法可以分为初始参数估计、计算似然函数期望值和寻找期望值最大时的参数三个步骤。由式（4-8）可知，超声波在不同界面处的实测反射信号可以表示为单个高斯回波与高斯白噪声的叠加[4]

$$x = s(\boldsymbol{\theta}) + v \tag{4-9}$$

式中　x——实测反射信号；

　　　v——高斯白噪声序列；

　$s(\boldsymbol{\theta})$——高斯回波，其离散形式为

$$s(\boldsymbol{\theta}; t(nT)) = \beta e^{-\alpha(t(nT)-\tau)^2} \cos(2\pi f_c(t(nT)-\tau)+\phi) \quad n = 0,1,2,\cdots,N-1$$

$$\tag{4-10}$$

式中　T——采样间隔（单位为 s）；

　$t(nT)$——各采样点的时间（单位为 s）。

当噪声为高斯白噪声时，参数估计的最大似然函数期望值问题可以简化为求解最小二乘函数的最小值问题，即

$$J(\boldsymbol{\theta}) = (x-s(\boldsymbol{\theta}))^{\mathrm{T}}(x-s(\boldsymbol{\theta})) = \|x-s(\boldsymbol{\theta})\|^2 \tag{4-11}$$

而高斯回波的参数向量可以通过高斯牛顿迭代法计算得到，迭代公式为

$$\boldsymbol{\theta}^{(k+1)} = \boldsymbol{\theta}^{(k)} + (H^{\mathrm{T}}(\boldsymbol{\theta}^{(k)})H(\boldsymbol{\theta}^{(k)}))^{-1}H^{\mathrm{T}}(\boldsymbol{\theta}^{(k)})(x-s(\boldsymbol{\theta}^{(k)})) \tag{4-12}$$

式中　$H(\boldsymbol{\theta})$——梯度矩阵。

单个高斯回波的最大期望方法从某一初值出发，通过式（4-11）计算似然函数期望值，再通过（4-12）寻找似然函数期望值最大时的参数，循环此过程至两次参数向量计算结果的差值小于某一阈值，视为结果收敛。

对于含薄衬层结构的油膜反射回波，可视为由 M 个高斯回波和噪声叠加而成，其离散形式可以表示为

$$y = \sum_{m=1}^{M} s(\theta_m) + v \tag{4-13}$$

式中　$s(\cdot)$——高斯回波模型；

　　　v——方差为 σ_v^2 的高斯白噪声。

因此对于多个反射信号叠加的高斯回波参数向量估计来说，需要根据重叠的反射信号获得各反射信号的高斯回波参数向量 $\boldsymbol{\theta}_1$，$\boldsymbol{\theta}_2$，$\cdots$，$\boldsymbol{\theta}_M$，得到各信号的期望回波，从而将重叠反射信号有效分离。即含薄衬层结构的油膜反射回波的分离问题可以转化为 M 个单回波参数估计问题。步骤如图 4-4 所示。

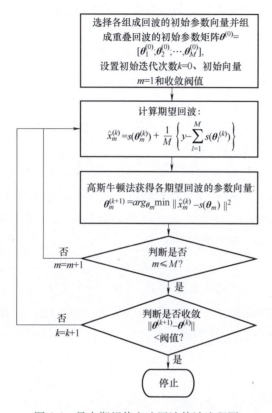

图 4-4　最大期望值方法回波估计流程图

　　综上，将迭代得到的参数矩阵 $\boldsymbol{\theta}$ 中的各向量代入式（4-10），构造 $B_s(t)$、$B_{o1}(t)$ 等回波信号。从重叠回波中去除 $B_s(t)$ 信号，将余下回波信号代入三层结构反射系数计算公式，最后就可以得到膜厚值。最大期望值方法运算复杂度低，能够快速获得参数估计解。然而在计算之前需要预先知道重叠反射信号中回波的个数估计合适的初值，不利于膜厚的在线测量。重叠回波的自适应分离方法更适合膜厚的在线测量，其以支持匹配追踪算法为代表，下文将介绍支持匹配追踪算法的计算原理。

4.1.2.2　基于支持匹配追踪算法的回波重构

　　支持匹配追踪法是匹配追踪法的一种改进，是一种将信号按字典原子逐步分解的方法。首先根据信号特点建立字典原子集合，在字典原子集合中选择与信号最为匹配的原子，将与选取的原子相匹配的成分从原信号中提取出来。下一步，将剩余的残余信号同样通过上述过程进行分解。如此重复下去，直到残余信号的能量小于设定的阈值为止。这样就可以将信号以字典原子为特征波形一步步提取出来。支持匹配追踪算法分为以下三大步骤：

1. 字典原子选择

由于超声波在不同界面的反射信号与高斯回波模型相似性很高，因此可以选择能量归一化的高斯函数作为信号分解的字典原子 $h_n(t)$，即

$$h_n(t) = k_n \mathrm{e}^{-\alpha(t-\tau)^2} \cos(2\pi f_c(t-\tau) + \phi) \tag{4-14}$$

式中 k_n——归一化系数，使字典原子具有单位能量，即范数 $\|h_n(t)\| = 1$。

2. 支持匹配追踪算法分解过程

支持匹配追踪信号分解实质上是一种信号正交投影的过程，正交性保证了信号按字典原子分解的唯一性。通常需要保证选取的字典原子集合 $\{h_n\}$ 是完备的，即字典原子集包含了需要表征的信号和其他冗余的信号。并假设每个字典原子具有单位能量，即范数归一化为

$$\|h_n\| = 1 \tag{4-15}$$

定义原始信号 $x(t)$ 的残余信号为 $r_n(t)$，$n = 0, 1, 2, \cdots$。当 $n = 0$ 时，令第 0 次残余信号 $r_0(t) = x(t)$。然后在字典原子集合中选取 $h_0(t)$，使之与 $r_0(t)$ 具有最佳匹配，展开系数为

$$a_0 = \langle r_0(t), h_0(t) \rangle = \int_{-\infty}^{+\infty} r_0(t), h_0^*(t)\,\mathrm{d}t \tag{4-16}$$

确定了 a_0 和 $h_0(t)$ 之后，可计算第一步残余信号 $r_1(t)$

$$r_1(t) = r_0(t) - a_0 h_0(t) \tag{4-17}$$

以及信号 $x(t)$ 的第一次近似展开式为

$$x(t) = a_0 h_0(t) + r_1(t) \tag{4-18}$$

类似地，继续对 $r_1(t)$ 进行分解，可以求得 a_1 和 $h_1(t)$，以及第二步残余信号 $r_2(t)$。以此类推，进行 m 次分解，可以得到展开系数 a_m 为

$$a_m = \langle r_m(t), h_m(t) \rangle = \int_{-\infty}^{+\infty} r_m(t), h_m^*(t)\,\mathrm{d}t \tag{4-19}$$

和第 $m+1$ 次残余信号 $r_{m+1}(t)$

$$r_{m+1}(t) = r_m(t) - a_m h_m(t) \tag{4-20}$$

因此，原始信号可以分解为

$$x(t) = \sum_{n=0}^{m} a_n h_n(t) + r_{m+1}(t) \tag{4-21}$$

支持匹配追踪信号分解的关键在于找出一系列字典原子，这些字典原子通过逐次分解信号得到。在每一步分解过程中，都寻求与残余信号最佳匹配的字

典原子。通常以残余信号能量的衰减程度作为迭代的终止条件。残余信号能量定义为

$$\| r_{m+1}(t) \|^2 = \| r_m(t) \|^2 - | a_m |^2 \tag{4-22}$$

当残余信号能量衰减 20dB 即可认为残余信号为随机噪声而终止迭代。

3. 最佳匹配原子选择标准

支持匹配追踪算法综合权衡字典原子与当前残余信号的内积及下次残余信号的稳定性支撑作为每次迭代最佳原子的选择标准。具体来说,对于第 m 次分解,支持匹配追踪算法首先选择字典原子集合中与当前残余信号 r_m 内积大于某个阈值 T_m 的所有字典原子,将它们作为最佳字典原子候选集:

$$P_m = \{ p : | a_m(p) | > T_m = (K \| r_m \|^2)/N \} \tag{4-23}$$

式中 $a_m(p)$——第 m 次分解中内积向量中第 p 个元素;

         r_m——第 m 次分解中的当前残余信号;

         N——采样点数;

         K——常数,通常 $2 \leq K \leq 3$。

然后从最佳字典原子候选集 P_m 中选择使下次残余信号 r_{m+1} 具有最低稳定性支撑的字典原子作为第 m 次分解的最佳字典原子

$$\hat{p}_{optimum}(m) = \arg \min_p \left\{ \sum_{i=1}^{N} | r_{p,m+1}(t_i) |^{\xi} \right\} \quad 0 < \xi < 1 \tag{4-24}$$

式中 $\hat{p}_{optimum}(m)$——第 m 次分解中的最佳字典原子;

         ξ——常数,常设置为 0.1;

         $r_{p,m+1}$——最佳字典原子候选集 P_n 中第 p 个候选最佳字典原子对应的第 $m+1$ 次残余信号,即

$$r_{p,m+1} = r_m - a_m(p) h_{p,m} \tag{4-25}$$

式中 $h_{p,m}$——第 m 次分解最佳字典原子候选集 P_m 中的第 p 个候选最佳字典原子;

         $a_m(p)$——第 p 个候选最佳字典原子与残余信号 $r_{p,m}$ 的内积。

综上,支持匹配追踪算法的信号分解流程如图 4-5 所示。

通过支持匹配追踪法可以将重叠回波分解成多个独立回波和噪声的叠加,那么就可以分离轴瓦-衬层界面的时域回波信号(B_s)和油膜层的时域回波信号($B_{o1}, B_{o2}, B_{o3}, \cdots$),利用油膜回波计算反射系数得到油膜厚度。

然而,上述的两种估计方法依旧存在以下问题:

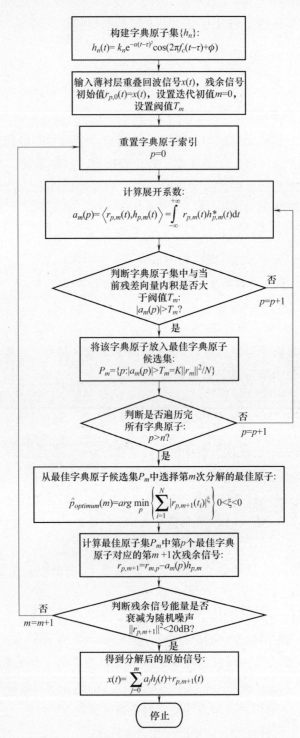

图 4-5   支持匹配追踪算法重叠回波分解流程图

1) 采用参考回波或高斯波会引入近似误差。由于传感器的不同以及耦合剂厚度的差异，从厚衬层结构中获得的轴瓦-衬层界面回波或构建的高斯回波与实际重叠回波中轴瓦-衬层界面的回波并不相同[5]。

2) 忽略了回波在衬层中多次反射的影响，从而引入计算误差。由于油膜反射回波在进入衬层内部后会在衬层上下界面连续反射和透射，因此回波信号 $(B_{o2}, B_{o3}, \cdots)$ 中也包含有从衬层反射的回波信息，忽略这些回波将会引入测量误差。

3) 测量范围有限。从实验结果来看，现有方法仅适用于弹簧模型区油膜厚度的测量，不能满足滑动轴承油膜厚度大范围变化时连续测量的需求。

4) 实际应用操作复杂。通过采集相同材料厚衬层滑动轴承中轴瓦-衬层界面的回波信号近似估计回波信号 B_s 的方法需要预先加工一个相同材料的厚衬层轴承，这增加了应用的难度。而使用高斯波来近似估计重叠回波信号中的 B_s 的方法需要通过高斯-牛顿（GN）算法和期望-最大化（EM）算法来识别和优化高斯回波参数，并对多个波形参数进行迭代计算，计算效率低。

因此，对于薄衬层结构滑动轴承，传统方法在实现大范围膜厚精确高效的测量方面仍然存在诸多问题。下文将介绍一种新计算方法，突破传统重构回波的原理。

4.2 四层结构膜厚计算的连续介质模型

类似于三层结构中使用声波传播特性得到反射系数，多层结构中也可以使用连续介质模型得到复反射系数计算公式，进而通过四层结构的复反射系数计算油膜厚度。

4.2.1 多层结构的连续介质模型

Brekhovskikh 等人曾提出一种多层介质中声波传播的连续介质模型[6]，图 4-6 给出了该模型的原理。

当超声波在 n 层结构中垂直传播时，总体反射系数 $R_n(f)$ 可由下式给出：

$$R_n(f) = \frac{Z_{eq}^{(2)} - Z_1}{Z_{eq}^{(2)} + Z_1} \tag{4-26}$$

其中

$$Z_{eq}^{(2)} = Z_2 \frac{Z_{eq}^{(3)} - iZ_2 \tan(k_2 d_2)}{Z_2 - iZ_{eq}^{(3)} \tan(k_2 d_2)} \tag{4-27}$$

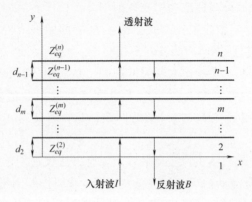

图 4-6　超声波在 n 层结构中的传播示意图

$$
Z_{eq}^{(m)} = Z_m \frac{Z_{eq}^{(m+1)} - iZ_m \tan(k_m d_m)}{Z_m - iZ_{eq}^{(m+1)} \tan(k_m d_m)}
\tag{4-28}
$$

$$
Z_{eq}^{(n-1)} = Z_{n-1} \frac{Z_{eq}^{(n)} - iZ_{n-1} \tan(k_{n-1} d_{n-1})}{Z_{n-1} - iZ_{eq}^{(n-1)} \tan(k_{n-1} d_{n-1})}
\tag{4-29}
$$

$$
Z_{eq}^{(n)} = Z_n
\tag{4-30}
$$

式中　$Z_{eq}^{(m)}$（$m = 2,\ 3,\ \cdots,\ n$）——第 m 层介质等效声阻抗（单位为 $\mathrm{kg \cdot m^{-2} \cdot s^{-1}}$）；

　　　$Z_m = \rho_m c_m$——第 m 层介质声阻抗（单位为 $\mathrm{kg \cdot m^{-2} \cdot s^{-1}}$）；

　　　ρ_m——第 m 层介质密度（单位为 $\mathrm{kg \cdot m^{-3}}$）；

　　　c_m——第 m 层介质声速（单位为 $\mathrm{m \cdot s^{-1}}$）；

　　　$k_m = 2\pi f / c_m$——第 m 层介质波数；

　　　d_m——第 m 层介质厚度（单位为 m）。

根据式（4-29）和式（4-30），若已知 1~n 层介质的声阻抗，就可以层层反推得到各层等效声阻抗和反射系数。

4.2.2　四层结构大范围膜厚计算模型

在上述计算中，$\tan(k_m d_m)$ 这一项将 $k_m d_m$ 的值限制在 $-\pi/2 \sim \pi/2$ 的范围内，这将导致反射系数出现周期性的相位跳变。鉴于此，采用欧拉公式将式（4-28）中的正切项替换为指数项 $\exp(2ik_m d_m)$ 得

$$
Z_{eq}^{(m)} = Z_m \frac{Z_{eq}^{(m+1)} + Z_m + (Z_{eq}^{(m+1)} - Z_m) \exp(2ik_m d_m)}{Z_{eq}^{(m+1)} + Z_m - (Z_{eq}^{(m+1)} - Z_m) \exp(2ik_m d_m)}
\tag{4-31}
$$

根据传感器位置相对于衬层的位置，四层结构可以分为钢-油膜-衬层-钢结构和钢-衬层-油膜-钢结构，其结构示意图分别如图 4-7 所示。

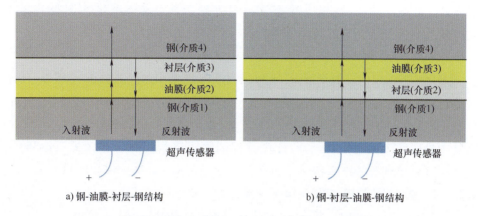

a) 钢-油膜-衬层-钢结构   b) 钢-衬层-油膜-钢结构

图 4-7   超声波在四层结构中的两种传播示意图

观察式（4-26）~式（4-31）可知，钢-油膜-衬层-钢结构和钢-衬层-油膜-钢结构在油层反射系数计算过程中主要不同的是式（4-31）中 m 的值不同。以传感器位置为零点，钢-油膜-衬层-钢结构中油膜层位于第二层，则 m 为 2；而钢-衬层-油膜-钢结构中油膜层位于第三层，则 m 为 3。不同衬层位置的四层结构，油膜厚度计算公式也将不同，接下来将介绍两种不同的四层结构油膜厚度计算公式。

4.2.2.1　钢-油膜-衬层-钢结构膜厚计算公式

当 $n=4$ 时，将 $m=2$ 代入式（4-31）并分离指数项可得

$$\exp(2ik_2 d_2) = \frac{(Z_{eq}^{(2)} - Z_2)(Z_{eq}^{(3)} + Z_2)}{(Z_{eq}^{(2)} + Z_2)(Z_{eq}^{(3)} - Z_2)} \tag{4-32}$$

对式（4-32）两边取对数得

$$2k_2 d_2 = \mathrm{Arg}\left[\frac{(Z_{eq}^{(2)} - Z_2)(Z_{eq}^{(3)} + Z_2)}{(Z_{eq}^{(2)} + Z_2)(Z_{eq}^{(3)} - Z_2)}\right] \tag{4-33}$$

进一步，得到油膜厚度公式为

$$d_2 = \frac{1}{2k_2}\mathrm{Arg}\left[\frac{(Z_{eq}^{(2)} - Z_2)(Z_{eq}^{(3)} + Z_2)}{(Z_{eq}^{(2)} + Z_2)(Z_{eq}^{(3)} - Z_2)}\right] \tag{4-34}$$

式中的 $Z_{eq}^{(2)}$ 和 $Z_{eq}^{(3)}$ 可以根据式（4-26）和式（4-31）变形得到

$$Z_{eq}^{(2)} = \frac{Z_1(1-R_4)}{1+R_4} \tag{4-35}$$

$$Z_{eq}^{(3)} = -Z_3 \frac{(Z_{eq}^{(4)}-Z_3)+(Z_{eq}^{(4)}+Z_3)\exp(2ik_3d_3)}{(Z_{eq}^{(4)}-Z_3)-(Z_{eq}^{(4)}+Z_3)\exp(2ik_3d_3)} \tag{4-36}$$

根据式（4-30），第 n 层介质的等效声阻抗等于其介质本身的声阻抗，所以式（4-36）中的 $Z_{eq}^{(4)}$ 可以通过下式得到：

$$Z_{eq}^{(4)} = Z_4 \tag{4-37}$$

式（4-35）中的反射系数 R_4 可以通过实际测量中的油膜回波信号 B_4 和入射信号 I 的比值得到。通过第 2 章知道实际测量中的入射信号 I 可以利用金属-空气界面的参考回波信号进行近似估计得到。因此，膜厚计算过程中，首先需要测量得到参考信号 I，然后计算得到油膜回波信号 B_4，代入式（4-35）~式（4-37）得到等效声阻抗 $Z_{eq}^{(2)}$ 和 $Z_{eq}^{(3)}$，再代入式（4-34）得到油膜厚度。

4.2.2.2 钢-衬层-油膜-钢结构膜厚计算公式

同样地，当 $n=4$ 时，将 $m=3$ 代入式（4-31）并分离指数项可得

$$\exp(2ik_3d_3) = \frac{(Z_{eq}^{(3)}-Z_3)(Z_{eq}^{(4)}+Z_3)}{(Z_{eq}^{(3)}+Z_3)(Z_{eq}^{(4)}-Z_3)} \tag{4-38}$$

对上式两边取对数得

$$2k_3d_3 = \mathrm{Arg}\left[\frac{(Z_{eq}^{(3)}-Z_3)(Z_{eq}^{(4)}+Z_3)}{(Z_{eq}^{(3)}+Z_3)(Z_{eq}^{(4)}-Z_3)}\right] \tag{4-39}$$

进一步推导得

$$d_3 = \frac{1}{2k_3}\mathrm{Arg}\left[\frac{(Z_{eq}^{(3)}-Z_3)(Z_{eq}^{(4)}+Z_3)}{(Z_{eq}^{(3)}+Z_3)(Z_{eq}^{(4)}-Z_3)}\right] \tag{4-40}$$

同样地，可以得到 $Z_{eq}^{(2)}$、$Z_{eq}^{(3)}$ 和 $Z_{eq}^{(4)}$ 如下：

$$Z_{eq}^{(4)} = Z_4 \tag{4-41}$$

$$Z_{eq}^{(3)} = -Z_2 \frac{(Z_{eq}^{(2)}-Z_2)+(Z_{eq}^{(2)}+Z_2)\exp(2ik_2d_2)}{(Z_{eq}^{(2)}-Z_2)-(Z_{eq}^{(2)}+Z_2)\exp(2ik_2d_2)} \tag{4-42}$$

$$Z_{eq}^{(2)} = \frac{Z_1(1+R_4)}{1-R_4} \tag{4-43}$$

钢-衬层-油膜-钢结构的反射系数 R_4 同样可以用油膜回波信号 B_4 与入射信号 I 的比值表示。但是，如图 4-7b 所示，由于薄衬层的存在，无法直接采集轴瓦（钢）-空气界面的反射回波作为入射信号。因此，可以通过轴瓦（钢）-衬层-空气结构的反射回波 B_3 反求入射信号 I，计算公式如下：

$$I = \frac{B_3}{R_3}, \quad R_3 = \frac{Z_{eq}^{(2)}-Z_1}{Z_{eq}^{(2)}+Z_1} \tag{4-44}$$

根据式（4-31），$Z_{eq}^{(2)}$ 满足以下关系：

$$Z_{eq}^{(2)} = Z_2 \frac{\left(Z_{eq}^{(3)} + Z_2\right) + \left(Z_{eq}^{(3)} - Z_2\right)\exp\left(2ik_2d_2\right)}{\left(Z_{eq}^{(3)} + Z_2\right) - \left(Z_{eq}^{(3)} - Z_2\right)\exp\left(2ik_2d_2\right)} \tag{4-45}$$

式中 $Z_{eq}^{(3)} = Z_3$ 为空气声阻抗。

钢-衬层-油膜-钢结构膜厚的计算过程如下：首先需要测量轴瓦（钢）-衬层-空气结构的反射回波 B_3 代入式（4-44）和式（4-45）反求入射信号 I，然后代入式（4-41）~式（4-43）得到 $Z_{eq}^{(2)}$、$Z_{eq}^{(3)}$ 和 $Z_{eq}^{(4)}$，最后代入式（4-40）得到油膜厚度。

4.2.3　四层结构膜厚计算模型的参数影响规律

观察式（4-34）~式（4-37）以及式（4-40）~式（4-45），可以知道油膜的复反射系数与介质的声阻抗、油膜厚度、薄衬层的厚度、超声波的频率等因素有关。采用表 4-1 的材料参数，通过计算不同超声波频率、油膜厚度、薄衬层厚度下复反射系数，得到各类参数对复反射系数的影响规律。

表 4-1　多层结构不同材料的声学特性

材料	密度 $\rho/(\text{kg} \cdot \text{m}^{-3})$	声速 $c/(\text{m} \cdot \text{s}^{-1})$	声阻抗 $z/(10^6\text{kg} \cdot \text{m}^{-2} \cdot \text{s}^{-1})$
油	886	1467	1.30
钢	7810	5818	45.4
巴氏合金	7380	3350	24.7

4.2.3.1　钢-油膜-衬层-钢结构计算模型的参数影响规律

首先固定衬层厚度，在不同超声波频率下观察复反射系数随油膜厚度的变化规律。然后固定声波频率，在不同衬层厚度下观察复反射系数随油膜厚度的变化规律。

1. 固定衬层厚度

对于钢-油膜-衬层-钢结构，当衬层厚度为 $500\mu\text{m}$ 时，采用表 4-1 中的材料参数，根据式（4-34）~式（4-37）计算，可得出复反射系数随声波频率和油膜厚度的变化规律，如图 4-8 所示。

从图 4-8a 中可以看出，油膜厚度与复反射系数一一对应，可以通过复反射系数的幅值和相位确定油膜厚度。图 4-8b 给出了复反射系数在极坐标下的变化情况，径向坐标表示幅值，圆周坐标表示相位。在同一声波频率下，两个相邻膜厚的落点距离越大，复反射系数对膜厚变化的灵敏度就越高。实际测量中，由于电子噪声的干扰，较低的灵敏度意味着膜厚的测量分辨率较差，多次测量时表现为测量值离散度大。

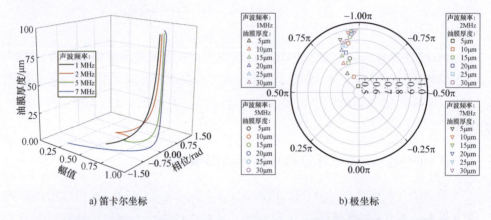

a) 笛卡尔坐标   b) 极坐标

图 4-8 不同坐标系下钢-油膜-衬层-钢结构复反射系数的频域变化规律

通过分析图 4-8b 中不同声波频率和不同油膜厚度下的复反射系数极坐标分布可得，在 1MHz、5MHz、7MHz 频率下，5μm 和 10μm、10μm 和 15μm、15μm 和 20μm、25μm 和 30μm 之间的半径坐标值和角度坐标值逐渐减小，意味着复反射系数对膜厚变化的灵敏度随着膜厚的增加而降低。在 2MHz 时，5μm 和 10μm、10μm 和 15μm、15μm 和 20μm、25μm 和 30μm 之间的半径坐标值和角度坐标值先增加后逐渐减少，因此在该频率下，复反射系数对膜厚变化的灵敏度随着膜厚的增加先变大后变小。比较不同频率下的结果可以发现，1MHz 时各点之间的距离明显大于 7MHz 时的距离。因此，复反射系数对膜厚变化的灵敏度随着声波频率的增加而降低。

2. 固定声波频率

对于钢-油膜-衬层-钢结构，当声波频率为 2MHz 时，采用表 4-1 中的材料参数，同样根据式（4-34）~式（4-37）计算。观察不同衬层厚度下（300μm、400μm、500μm 和 600μm）复反射系数随油膜厚度的变化如图 4-9 所示。

由图 4-9a 知，衬层厚度会影响油膜厚度与复反射系数之间的映射关系。观察图 4-9b 不同衬层厚度不同油膜厚度下的反射系数极坐标分布可以发现：同一衬层厚度下，5μm 和 10μm、10μm 和 15μm、15μm 和 20μm、25μm 和 30μm 之间的半径坐标值和角度坐标值逐渐减小，这表明反射系数对油膜厚度变化的灵敏度随着膜厚增加而降低；此外，当油膜厚度较薄（<20μm）时，衬层厚度的变化对复反射系数的影响较大，而当油膜厚度较厚（>20μm）时，衬层厚度的变化对复反射系数的影响较小。

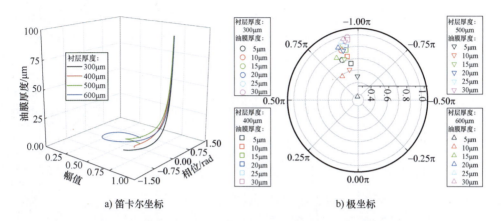

a) 笛卡尔坐标　　　　　　　　　　　b) 极坐标

图 4-9　不同坐标系中不同衬层厚度下钢-油膜-衬层-钢结构的复反射系数频域变化规律

4.2.3.2　钢-衬层-油膜-钢结构计算模型的参数影响规律

同样地，对钢-衬层-油膜-钢结构分别固定衬层厚度和声波频率观察不同参数对复反射系数的影响规律。

1. 固定衬层厚度

如图 4-10 所示，钢-衬层-油膜-钢结构中复反射系数随膜厚变化的规律与钢-油膜-衬层-钢结构中的相似。不同的是，钢-衬层-油膜-钢结构中符号之间的分布更加分散，表示该结构中复反射系数的相位变化对膜厚的变化更加敏感。此外，从图 4-10a 中可以观察到，相位会突然出现阶梯式的跳变，这主要是因为相位变化被限制在 $[-\pi, \pi]$。

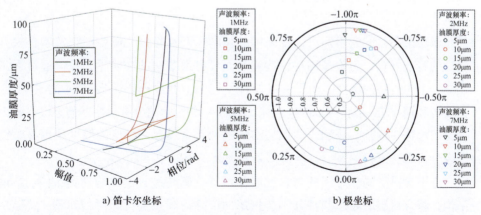

a) 笛卡尔坐标　　　　　　　　　　　b) 极坐标

图 4-10　不同坐标系中不同声波频率下钢-衬层-油膜-钢结构复反射系数的频域变化规律

2. 固定声波频率

固定声波频率下，钢-衬层-油膜-钢结构中复反射系数在不同衬层厚度下随中心频率和油膜厚度乘积的变化如图4-11所示，在图4-11a中同样可以观察到相位的阶梯式跳变。

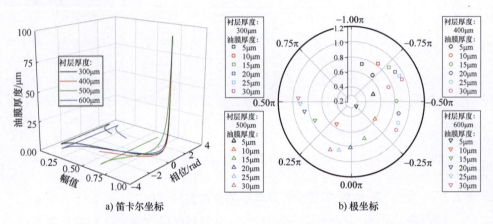

a) 笛卡尔坐标   b) 极坐标

图4-11 不同坐标系中不同衬层厚度下钢-衬层-油膜-钢结构复反射系数频域变化规律

综上所述，四层结构的油膜厚度可以通过复反射系数和膜厚之间的一一映射关系求解。与先前方法[2]相比，该方法避免了采用轴瓦-厚衬层界面回波近似回波信号B_s以及忽略多次回波信号（B_{o2},B_{o3},…）引入的误差，同时该方法计算公式简单，便于在实际测量中应用。

4.3 四层结构计算模型的验证

根据第2章的介绍知道，在高精度膜厚标定实验台上进行标定实验是模型验证的有效方式。为验证四层结构模型复反射系数法的准确性，可以通过人工构造一个含衬层的圆柱。为了形成两种不同的薄衬层四层结构（钢-油膜-衬层-钢结构和钢-衬层-油膜-钢结构），加工如图4-12所示的含有衬层的静态圆柱和无涂层的可移动圆柱，分别作为四层结构的两类金属层。衬层的厚度采用显微镜图像分析方法进行测量[7]，测量结果分别为378μm和403μm。

将不含衬层的静态圆柱与含衬层的可移动圆柱进行配对构建钢-油-衬层-钢结构，将含衬层的静态圆柱与不含衬层的可移动圆柱进行配对构建钢-衬层-油-钢结构。图4-13给出了不同结构在高精度膜厚标定实验台上的安装示意图[8]。

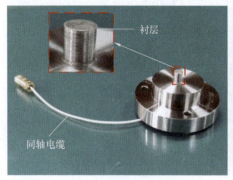

a) 含衬层的静态圆柱　　　　　　　　　　b) 含衬层的可移动圆柱

图 4-12　含衬层的静态圆柱和可移动圆柱实物图

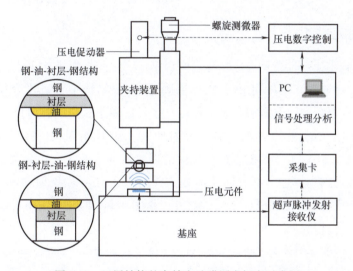

图 4-13　四层结构的高精度油膜厚度标定示意图

4.3.1　标定实验步骤

1. 钢-油膜-衬层-钢结构的膜厚标定步骤

步骤一：采集固定圆柱-空气界面的回波信号作为参考信号。

步骤二：将油滴滴在固定圆柱上表面，通过粗调螺旋测微器形成共振模型区的初始膜厚。然后固定螺旋测微器，使用压电促动器逐步调节膜厚从厚到薄，同时采集并存储每个位置的回波信号以计算膜厚。膜厚的设置值可以根据压电促动器的位移增量和初始膜厚值之间的差值来确定。

步骤三：对油膜回波信号和参考信号进行 FFT 处理，得到它们的频域响应。

步骤四：将步骤三中得到的油膜回波信号复数谱除以参考信号复数谱，计算出复反射系数谱。

步骤五：将复反射系数谱代入式（4-34）~ 式（4-37），计算出油膜厚度。

2. 钢-衬层-油膜-钢结构的膜厚标定步骤

步骤一 ~ 步骤三与钢-油膜-衬层-钢结构的步骤一 ~ 步骤三相同。

步骤四：将参考信号代入式（4-44）和式（4-45）计算钢-衬层界面入射信号的复频谱。

步骤五：将油膜回波信号的复频谱除以钢-衬层界面入射信号的复频谱，得到复反射系数谱。

步骤六：将复反射系数谱代入式（4-40）~ 式（4-43）计算出油膜厚度。

4.3.2 标定结果

图 4-14 给出了钢-油膜-衬层-钢结构和钢-衬层-油膜-钢结构下不同油膜厚度的回波信号时域图。由图可知，在钢-油膜-衬层-钢结构中，回波信号随着膜厚的增加逐渐右移，其幅值随膜厚的增加先增大后减小；当油膜厚度为 $86.84\mu m$ 时，在 $0.6 \sim 1.6\mu s$ 之间出现了多次反射回波。在钢-衬层-油膜-钢结构中，如图 4-14b 所示，不同油膜厚度下虚线框内的部分回波信号变化并不大，没有明显的时移。这是因为，这一部分回波信号主要由钢-衬层界面反射而来（即图 4-2 中的 B_s），因此不随油膜厚度变化。此外，从图 4-14b 的放大图中可以看出，回波信号的变化规律与钢-油膜-衬层-钢结构中的幅值变化规律相似。

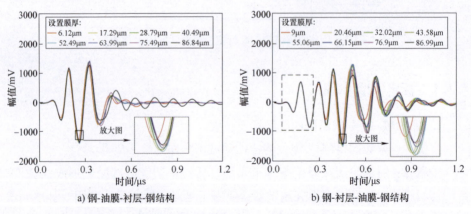

a) 钢-油膜-衬层-钢结构　　　　　　b) 钢-衬层-油膜-钢结构

图 4-14　不同结构中不同油膜厚度下的回波信号时域图

图 4-15 所示为传感器有效带宽（-3dB）范围内通过多层结构膜厚计算模型求解的油膜厚度。由图可知，当膜厚较薄时，有效带宽内的膜厚计算值趋于一致；当油膜厚度增加时，由于噪声的影响，计算膜厚值随频率出现较大波动。为减少噪声的影响，将传感器有效带宽内的膜厚计算平均值作为最终值。

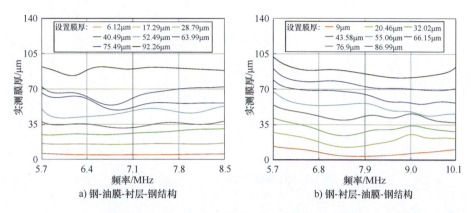

图 4-15　不同结构中有效带宽内的膜厚计算结果

此外，在可移动钢柱移动过程中，对同一位置进行 100 次连续测量，图 4-16 给出了膜厚的计算结果。由图 4-16 可知，当膜厚较薄时，反射系数对油膜厚度变化的灵敏度较高，膜厚测量稳定性较高；当油膜厚度增加时，受到电子噪声的干扰，膜厚计算值出现较大波动。

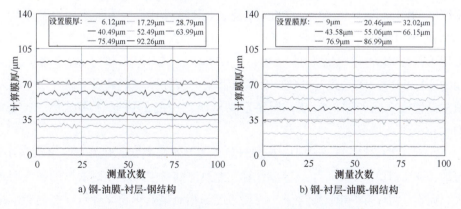

图 4-16　不同结构中不同测量次数下的膜厚计算值

图 4-17 给出了膜厚的最终标定结果。可以看出，计算结果与设置膜厚基本一致，钢-油膜-衬层-钢结构（见图 4-17a）和钢-衬层-油膜-钢结构（见图 4-17b）的最大膜厚计算误差分别为 7.1% 和 7.4%。结果表明，本章提出的四层结构膜

厚计算模型可以准确地预测油膜厚度，与传统的方法相比，四层结构计算模型具有更宽的测量范围和更高的精度。

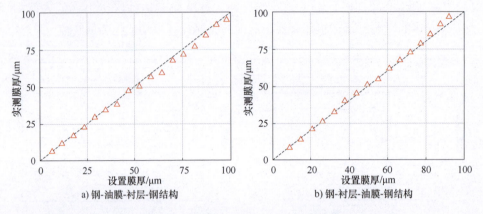

a) 钢-油膜-衬层-钢结构　　　　　　　b) 钢-衬层-油膜-钢结构

图 4-17　两种四层结构的膜厚标定结果

4.3.3　误差分析

与三层结构不同，四层结构反射系数模型在应用过程中要求已知衬层厚度。为此，本节将重点分析衬层厚度误差对膜厚测量结果的影响。

首先，衬层厚度分别为 $300\mu m$、$400\mu m$、$500\mu m$、$600\mu m$ 时，用式（4-26）、式（4-30）和式（4-31）计算出不同油膜厚度的理论反射系数。然后，假设衬层厚度的相对误差 $-100\%\sim100\%$ 变化，即对应的衬层厚度范围分别为 $0\sim600\mu m$，$0\sim800\mu m$，$0\sim1000\mu m$ 和 $0\sim1200\mu m$，将假设的衬层厚度和理论反射系数代入钢-油膜-衬层-钢结构的计算式（4-34）~式（4-37）和钢-衬层-油膜-钢结构的计算式（4-40）~式（4-45）计算出油膜的实际厚度。最后，通过实际膜厚值与设置值之间的差值表征衬层厚度相对误差引起的膜厚计算误差，结果如图 4-18 和图 4-19 所示。

在钢-油膜-衬层-钢结构中，膜厚计算误差基本限制在 $\pm20\mu m$ 内。由图 4-18a 可知，在 1MHz 和 5MHz 下，膜厚计算误差总体随衬层厚度相对误差的增大而增大，而在 2MHz 和 7MHz 频率下，衬层厚度的相对误差对膜厚计算误差的影响相对较小。此外，从图 4-18b 可以观察到，当衬层厚度变化时，膜厚计算误差无明显变化规律，但基本保持在 $\pm10\mu m$ 以内。同一频率同一衬层厚度下，当衬层厚度相对误差一定时，不同油膜厚度的计算误差都保持相同。

由图 4-19 可以观察到，在钢-衬层-油膜-钢结构中，计算误差随衬层厚度相对误差的变化规律与钢-油膜-衬层-钢结构相似，但总体计算误差较大。在衬层厚度相对误差相同的情况下，不同膜厚的计算误差不同，根据式（4-44）和式（4-45），这可能是因为衬层厚度的相对误差也会给入射信号的计算结果带来偏差。因此，油膜厚度的最终计算误差是入射信号计算误差和涂层厚度相对误差耦合的结果。

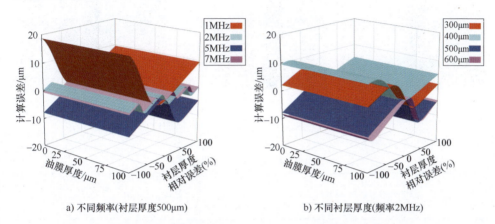

a) 不同频率(衬层厚度500μm)　　　b) 不同衬层厚度(频率2MHz)

图 4-18　钢-油膜-衬层-钢结构中油膜厚度计算误差随衬层厚度误差的变化规律

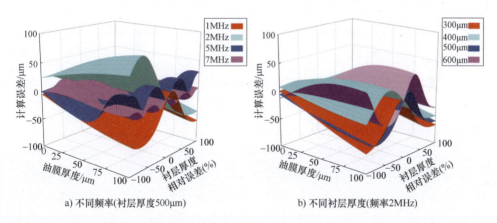

a) 不同频率(衬层厚度500μm)　　　b) 不同衬层厚度(频率2MHz)

图 4-19　钢-衬层-油膜-钢结构油膜厚度计算误差随衬层厚度误差的变化规律

4.4　算例

本章以航空燃油泵滑动轴承为对象，对含有衬层的滑动轴承进行油膜厚度测量、计算，传感器位置与第 3 章算例图 3-22 相同。如图 4-20 所示为使用光学显微镜测量得到的轴承涂层横断面示意图，可以看到涂层材料和基体材料明显的、较为均匀的分层。测得衬层、基体以及煤油的材料参数见表4-2。

a) 位置1   b) 位置2   c) 位置3

图 4-20 轴承衬层中 3 个位置的横断面照片

表 4-2 相关材料的性能参数

材料	声速/(m·s⁻¹)	密度/(kg·m⁻³)
轴套材料	4109	8971
轴颈材料	6327	6858
润滑剂	1307	779
衬层材料	6501	2606

具体计算步骤如下：

1）判断传感器和油膜层、涂层的相对位置，根据传感器安装示意，判断为基体-涂层-油膜-基体结构，第一层为轴套基体材料，第二层为衬层，第三层为润滑油层，第四层为轴颈材料。

2）为了得到四层结构轴承的参考信号，根据式（4-44），首先要得到基体-衬层-空气结构的反射回波 B_3。拆开轴承，得到基体-衬层-空气结构的反射回波 B_3 如图 4-21a 所示，进行傅里叶变换，得到反射回波 B_3 的幅值谱和相位谱如图 4-21b 和图 4-21c 所示。同时可以从信号中知道，该传感器的中心频率为 4.4MHz，有效带宽为 2.88~6.44MHz（带宽因子为 0.4）。

3）根据表 4-2 得到的材料参数，计算每层介质的声阻抗得：$Z_1 = 3.69×10^7$，$Z_2 = 1.69×10^7$，$Z_3 = 1.02×10^6$，$Z_4 = 4.34×10^7$。

4）根据式（4-44）和式（4-45）反求涂层结构下的参考信号 I。

5）安装轴承，在轴承运转形成稳定的润滑膜后，通过传感器提取油膜回波信号 B_4 如图 4-22a 所示，进行傅里叶变换，得到反射回波 B_4 的幅值谱和相位谱如图 4-22b 和图 4-22c 所示。

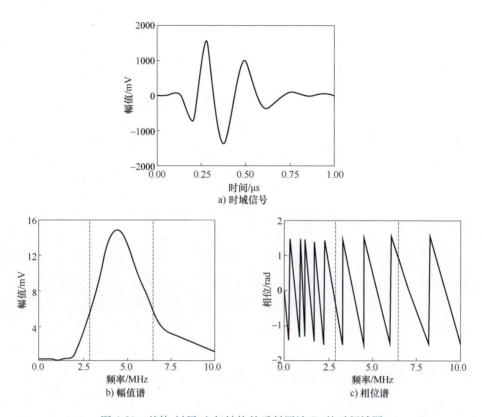

a) 时域信号

b) 幅值谱

c) 相位谱

图 4-21 基体-衬层-空气结构的反射回波 B_3 的时频域图

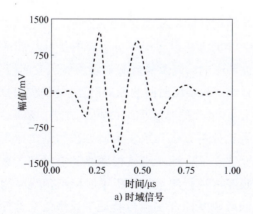

a) 时域信号

图 4-22 油膜反射回波信号 B_4 的时频域图

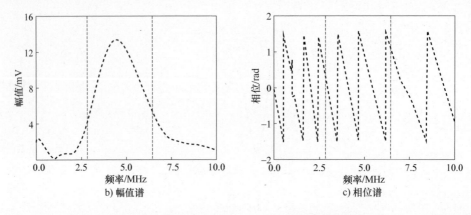

图 4-22　油膜反射回波信号 B_4 的时频域图（续）

6）通过回波信号 B_4 和参考信号 I 得到反射系数 R_4，再根据表 4-2 给出的材料性能参数，代入式（4-43）得到等效声阻抗 $Z_{eq}^{(2)}$，根据式（4-41）和式（4-42）计算得到 $Z_{eq}^{(3)}$ 和 $Z_{eq}^{(4)}$；需要注意的是，等效声阻抗为频率的复函数。由于传感器中心频率处信号的信噪比最小，取中心频率处的等效声阻抗进行计算。

7）最后代入式（4-40）得到四层结构的理论膜厚，式（4-40）中波数 k_3 也以中心频率进行计算，计算膜厚为 $6.91\mu m$。

4.5　本章小结

本章对具有衬层结构的膜厚模型进行了分析。首先，主要根据衬层厚度相对于超声脉冲宽度一半的大小，将衬层分为厚衬层结构和薄衬层结构，介绍了衬层厚度对超声回波的影响，以及薄衬层油膜反射回波的信号重叠问题；其次，对于厚衬层结构，介绍了衬层反射回波和油层反射回波在时域互相分离的特性，以及直接使用三层结构润滑膜厚度模型的测量方法；然后，对于薄衬层结构，介绍了回波信号的类比分析方法和数学构造方法的基本原理，对比了各类方法的优点和缺点；进而建立了一种四层结构膜厚测量模型，对薄衬层滑动轴承中大范围变化的润滑膜厚度进行测量，分析了四层结构膜厚测量模型的参数影响规律，采用高精度润滑膜厚标定实验台验证了模型的准确性；最后，针对本章提出的四层结构膜厚测量模型建立了算例，详细介绍了含衬层结构滑动轴承的膜厚计算过程。

参 考 文 献

[1] JIA Y P, DOU P, ZHENG P, et al. High-accuracy ultrasonic method for in-situ monitoring of oil film thickness in a thrust bearing [J]. Mechanical Systems & Signal Processing, 2022, 180: 109453.

[2] ZHANG K, MENG Q F, GENG T, et al. Ultrasonic measurement of lubricant film thickness in sliding Bearings with overlapped echoes [J]. Tribology International, 2015, 88 (2): 89-94.

[3] GENG T, MENG Q F, ZHANG K, et al. Ultrasonic measurement of lubricant film thickness in sliding bearings with thin liners [J]. Measurement Science and Technology, 2015, 26 (2): 025002.

[4] DEMIRLI R, SANIIE J. Model-based estimation of ultrasonic echoes part I Analysis and algorithms [J]. IEEE Transactions on Ultrasonics, Ferroelectrics, and Frequency Control, 2001, 48 (3): 787-802.

[5] ZHANG K, WU T H, MENG Q F, et al. Ultrasonic measurement of oil film thickness using piezoelectric element [J]. The International Journal of Advanced Manufacturing Technology, 2018, 94 (9-12): 3209-3215.

[6] BREKHOVSKIKH L. Waves in layered media [M]. Amsterdam: Elsevier, 2012.

[7] XU C, WU T H, HUO Y, et al. In-situ characterization of three dimensional worn surface under sliding-rolling contact [J]. Wear, 2019, 426: 1781-1787.

[8] ZHANG J, DRINKWATER B W, DWYER-JOYCE R S. Calibration of the ultrasonic lubricant-film thickness measurement technique [J]. Measurement Science and Technology, 2005, 16 (9): 1784-1791.

第 5 章　滚子轴承线接触摩擦副的油膜厚度测量方法

滚子轴承具有摩擦系数小、旋转精度高、径向承载力大等优点，被广泛应用在各类机械设备旋转部件中。作为典型的有限长线接触摩擦副，圆柱滚子轴承接触区域可以近似为一矩形区域，由于负载工况下接触压力大，通常处于混合弹流润滑状态，因此通过测量油膜厚度可以监测轴承的润滑状态，进而判断并预测轴承的失效，这对于轴承的润滑计算验证和早期失效具有非常重要的意义。然而，由于接触区域极小以及滚子曲率造成的回波混叠干涉，导致接触区油膜反射信号的辨识难度较大，故圆柱滚子轴承油膜厚度的高分辨测量依然是一个难题。

本章分别从传感器和信号处理方面，介绍提高圆柱滚子轴承油膜厚度的高分辨测量方法，并详细介绍目前最为可行的一种方法——射线模型法。在分析射线模型法的优势以及缺点基础上，利用有限元仿真分析方法复现超声波在三层结构中的传播过程，通过研究传感器整体反射系数和最小膜厚反射系数的映射关系，设计修正方法以解决传感器分辨率不足问题，以此获得实测反射系数和接触区反射系数之间的定量表征关系，根据接触区反射系数求得油膜厚度。最后，本章提供一个考虑接触区曲率影响油膜厚度测量方法的算例，通过滚滑实验台验证了本文所提方法与经典弹流润滑理论的一致性。

5.1　空间分辨率不足的问题

根据线接触弹流润滑膜厚公式[1]可计算出滚子与内圈接触区的润滑膜厚度通常要比与外圈接触区润滑膜厚度更薄，因此对滚子与内圈接触区的润滑膜厚度测量更有意义。图 5-1 所示为简化的线接触摩擦副润滑膜厚超声测量方案示意图[2]，主要包括：压电陶瓷传感器、轴承内圈、润滑油和滚子。通常，滚子和内圈之间形成的线接触区域油膜非常薄且宽度极小，重载时接触区宽度通常小于 $200\mu m$，在轻载时接触区宽度甚至小至 $50\mu m$，且经常处于混合弹流润滑状态。对于贴片式压电陶瓷传感器，即便采用划片机也仅能获得最小宽度为 $600\mu m$ 的细长形状，导致传感器宽度远大于接触区宽度，因此必然会出现传感器空间分辨率不足的问题。

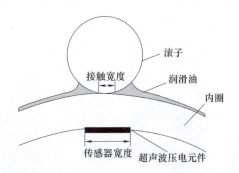

图 5-1　圆柱滚子轴承线接触区域润滑膜厚超声测量传感器安装示意图[2]

声波信号在传播中以场发散形式存在，在较短的传播距离内，即便是简化为平行波，由于滚子接触区外的曲率表面的存在，依然会造成回波的混叠干涉，从而导致整个传感器的反射系数幅值波动，进而影响接触区油膜反射信号的选取判断。这也是滚动轴承油膜厚度测量的一个难题。

5.2　提高膜厚测量分辨率的方法

针对传感器空间分辨率不足的问题，目前一般从两个方面进行探索：①提高传感器的物理分辨率，②使用信号处理方法提取接触区波形。

通过使用水聚焦透镜提高超声传感器空间分辨率是常用的提高物理分辨率方法[3-5]，原理如图 5-2a 所示。通常传感器的中心频率越高，聚焦的区域就越小，因此能够获得极高的空间分辨率。但是，由于水聚焦传感器物理尺寸较大，需要在被测物壳体上开孔进行固定，属于侵入式测量方法。另外，由于采用了水作为传播介质，轴承运行过程的振动、温度等都会对声波传播过程影响，因此限制了其在工业场合的应用。

为获得不破坏轴承基体结构且分辨率更高的传感器，谢菲尔德大学研究人员[6]采用涂覆工艺将极薄的氮化铝薄膜（宽度小于 $10\mu m$）超声传感器直接制备在轴承外表面，如图 5-2b 所示。该传感器不但具有比接触区更小的声场，还具有非常高的中心频率（200MHz），因此可以获得极高的宽度和厚度空间分辨率。但是，该方法需要采用扫描电镜显微镜观察以保证薄膜厚度制备均匀，制备方法难以控制，故很难推广应用。此外，由于高频超声波极易衰减，难以应用于轴承套环厚度较大的轴承。更为常见的是将传统超声压电元件进行物理裁剪以提高测量空间分辨率[2,7]，如图 5-2c 所示。该方法在工业应用上更为便利，但是由于切割工艺和信噪比限制，目前可裁剪的最小传感器宽度为 0.6mm[8]。

a) 聚焦探头

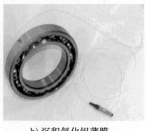
b) 沉积氮化铝薄膜

c) 裁剪压电传感器

图 5-2　提高空间分辨率的各类传感器形式

综合以上可以看出，无论是制备方法还是应用技术，从传感器端提升测量的空间分辨率依然存在较大的提升空间。显然，面向工程实际应用可靠性的传感器依然是滚动轴承油膜厚度监测的重要发展方向。

另有学者从信号处理的角度来提高空间分辨率。对于水聚焦传感器分辨率不足的问题，Meng Li 等[9]在滚子低速通过传感器区域时，由于超声测量系统的高重复频率，两个相邻的焦点圆柱区域会发生部分重叠，通过分析多个重叠测量点之间的内部关系，可以得到连续测量点重叠区域的反射系数。由于重叠区域的面积小于焦点区域面积，因此可以获得更高的空间分辨率。

对于矩形压电元件，Mills R 等[10]将声场等同于一束射线，提出了射线模型。该模型将超声传感器沿宽度方向划分多个单元，将每个单元发出的超声波看作是声压均衡的平行射线，以此获得整个超声传感器宽度范围内的声压平均效应，目前该方法已经在活塞环[10]和圆柱滚子轴承[2]中得到初步应用。但是，射线模型法并未考虑非接触区的曲面散射效应，所以计算的平均膜厚偏大。

综合上述信号处理方法可知，相邻测点重叠区域法受限于脉冲重复发射频率；射线模型理论上可以无限提高空间分辨率，但并没有考虑曲面轮廓导致的散射效应，精度较低。因此，滚子轴承线接触下的高分辨率测量仍然是目前超声膜厚测量的技术难点。

5.3 弹流润滑理论

射线模型尽管精度较低，但仍然是目前提高滚子轴承测量分辨率的最可行手段，其基于弹流润滑理论来获取接触区膜厚。因此，在介绍射线模型法之前讨论弹流润滑理论是极其必要的。

Hertz 提出，两个半径分别为 R_1 和 R_2 的圆柱体在一定载荷下呈线接触的模型，可以简化为一个当量半径为 R' 的圆柱体和一个刚性平面的接触模型，如图 5-3 所示。弹流润滑理论表明，两个模型具有相同的油膜分布和压力分布，如图 5-3c 所示，因此弹流润滑性能是等效的。1949 年，由 ГрубⅠН 进一步对该模型进行了研究，经过推导给出了弹流润滑理论中经典的接触区膜厚 h_v 计算公式[8]为

$$\frac{h_v}{R'} = 1.95\left(\frac{U\eta_0\alpha}{R'}\right)^{8/11}\left(\frac{E'LR'}{W}\right)^{1/11} \tag{5-1}$$

式中　U——润滑油的搅动速度（单位为 $m \cdot s^{-1}$）；

η_0——润滑油初始黏度（单位为 $Pa \cdot s$）；

α——黏压系数（单位为 Gpa^{-1}）；

W——载荷（单位为 N）；

E'——当量弹性模量（单位为 Gpa）；

R'——当量半径（单位为 m）。

E' 和 R' 均由下式给出

$$\begin{cases} \dfrac{1}{E'} = \dfrac{1}{2}\left(\dfrac{1-\nu_1^{\,2}}{E_1} + \dfrac{1-\nu_2^{\,2}}{E_2}\right) \\[2mm] \dfrac{1}{R'} = \dfrac{1}{R_1} + \dfrac{1}{R_2} \end{cases} \tag{5-2}$$

式中　E——圆柱滚子轴承材料的弹性模量（单位为 Gpa）；

ν——圆柱滚子轴承材料的泊松比。

下标 1 代表滚子，下标 2 代表内圈。

非接触区润滑膜厚度 h_g 由如下方程给出：

$$h_g = \frac{2bp_0}{E'} \left[\frac{x}{b} \sqrt{\frac{x^2}{b^2} - 1} - \ln\left(\frac{x}{b} + \sqrt{\frac{x^2}{b^2} - 1} \right) \right] \qquad (5\text{-}3)$$

式中　b——接触半宽（单位为 m）；

　　　p_0——滚子和轴承内圈接触区最大接触应力（单位为 Pa）；

　　　x——润滑油膜距中心的距离（单位为 m）。

其中

$$b = \left(\frac{8WR'}{\pi LE'} \right)^{1/2} \qquad (5\text{-}4)$$

$$p_0 = \frac{E'b}{4R'} \qquad (5\text{-}5)$$

式中　L——滚子长度（单位为 m）。

弹流润滑条件下，油膜厚度通常由油膜的体积模量和刚度决定。线接触情况下，滚子和内圈接触区域局部压力将比环境压力高很多倍，此时润滑油被极度压缩，润滑油体积模量将发生较大变化。在此情况下，为了剔除因体积模量变化对膜厚测量带来的影响，Jacobson 和 Vinet[11] 提出了可压缩性模型确定压力对润滑油体积模量的影响。他们给出了一个状态方程来描述润滑油在压力 p 下的行为，即

$$p = \frac{3B_0}{q^2} (1-q) \, e^{\eta(1-q)} \qquad (5\text{-}6)$$

在压力 p 下的体积模量可由下式表示：

$$B = \frac{B_0}{q^2} \left[2 + (\eta - 1)q - \eta q^2 \right] e^{\eta(1-q)} \qquad (5\text{-}7)$$

式中　B_0——润滑油在大气压下的体积模量（单位为 Pa）；

　　　η——润滑油特性数；

　　　q——相对压缩的函数，且

$$q = \sqrt[3]{\frac{\rho_0}{\rho_p}} \qquad (5\text{-}8)$$

式中　ρ_0——润滑油在环境压力下的密度（单位为 $kg \cdot m^{-3}$）；

　　　ρ_p——润滑油在某压力下的密度（单位为 $kg \cdot m^{-3}$）。

通过该系列公式可知，在不同压力下实验所用油的体积模量将发生较大变化。在环境压力下，$B = 1.84 GPa$。当接触区面积压强增加到 1.5GPa 时，通过式（5-6）~式（5-8），可知此时体积模量达 21.2GPa。

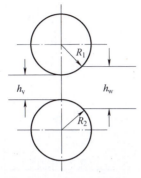
a) 两个半径为R_1和R_2的圆柱接触

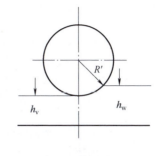
b) 当量半径为R'的圆柱与刚性平面的接触

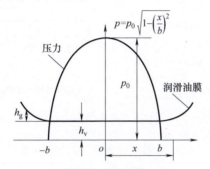
c) 简化模型中压力和膜厚分布

图 5-3　赫兹接触理论简化示意图

5.4　射线模型法

为了解决空间分辨率不足的问题，Mills R 等[10]提出的射线模型认为：将超声传感器沿宽度范围划分为若干单元，每个单元均会有一束超声波入射到油膜中，每个单元对应的油膜厚度均会对应一个反射系数。因此实际超声传感器测量获得反射系数即为传感器宽度内的平均反射系数，体现的是传感器宽度内平均油膜厚度。显然，该平均油膜厚度不能代替接触区油膜厚度。

图 5-4a 展示了射线模型的基本原理。假设接触区弹性形变后的轮廓已知，首先将传感器宽度范围划分为 u、v、w 三个区域。u、w 两个区域为接触区外油膜分布区域，v 区域为接触区油膜分布区域。其中，u、v 两个区域关于 v 区域对称。其次将传感器宽度划分为 N 个小单元。根据射线模型理论，假设 v 区域范围为：$(-b \sim b)$，油膜反射系数为 R_v；u，w 两个区域范围分别为 $[-l/2 \sim (-b)]$ 和 $(b \sim l/2)$，油膜反射系数分别为 R_u 和 R_w。若传感器实测平均反射系数为 R_{sx}，则 R_{sx}、

R_v、R_u、R_w四者有如下关系：

$$R_{sx} = \frac{\int_{-l/2}^{-b} R_u N dx + \int_{-b}^{b} R_v N dx + \int_{b}^{l/2} R_w N dx}{\int_{-l/2}^{l/2} N dx} \qquad (5-9)$$

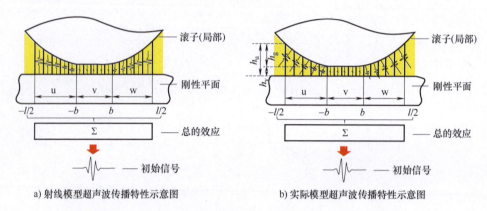

a) 射线模型超声波传播特性示意图　　　　b) 实际模型超声波传播特性示意图

图5-4　不同模型超声波传播特性示意图

　　利用射线模型式（5-9）求解接触区膜厚值的具体计算过程为：首先设定接触区初始膜厚为0，并根据式（5-3）获得非接触区膜厚理论分布，进而根据弹簧模型式（3-14）计算出l宽度范围内u，v，w三个区域各区间反射系数幅值，从而得到传感器宽度范围内平均反射系数幅值。随后，逐步增大接触区膜厚值进行迭代计算，直至平均反射系数幅值逼近传感器实测反射系数幅值，此时即可提取出接触区域的膜厚值。

　　需要注意的是，应用式（5-9）需要满足两个前提条件：

　　1）超声波是必须垂直穿透轴承内圈入射到油膜中，并且垂直返回被超声传感器接收。

　　2）超声传感器在宽度方向上各个单元声压和声场分布均须一致。

　　实际上，声波是以发散场形式传播，并非垂直传播，而且传播过程中声压具有分布特征，矩形压电陶瓷传感器发射的声场如图5-4b所示。因此在滚子-油膜-内圈三层结构中，超声波的传播特性并不能满足上述两个条件。

　　进一步对超声波在滚子-油膜-内圈三层结构中的传播特性进行分析，可知超声波在传感器宽度方向上任意单元并不是垂直入射和垂直返回的。在v区域，滚子轴承由于受到集中载荷作用，滚子发生变形导致线接触区域与刚性平面平行，因此超声波传播特性满足垂直入射且垂直返回的条件。但是在线接触区外的区域，以w区域为例，任意单元宽度范围内超声波垂直入射到油膜中，在油膜和滚子边缘交界面处，由于滚子形状轮廓边缘存在曲率的缘故，导致超声波以一定角度斜入射超声波传感器宽度范围。同理，右边单元超声波则因为斜入射角度过大，超声传感器无法接收此部分超声回波而造成散射损失。因此，射线模型在本质上存在一定的局限性。

综上分析，根据传播特性，超声传感器在宽度范围内发射出的超声波可分为三个部分：

1）v 区域内超声波垂直入射到中间层油膜中，再垂直反射。

2）u，w 区域内以一定角度斜入射但能够被传感器接收部分超声波。

3）u，w 区域内以一定角度斜入射无法被传感器接收的部分超声波。

实际上传感器实测获得的平均反射系数 R_s 与射线模型计算获得的平均反射系数 R_{sx} 并不相等。二者之间的差别来自于 u、w 两部分超声波的影响，这两部分超声波的影响是由滚子的形变所导致，这里用几何反射系数 R_g 来表征 R_{sx} 和 R_s 之间的关系。则有

$$R_g = R_s / R_{sx} \qquad (5\text{-}10)$$

2006 年，Zhang J 在使用 50MHz 传感器对球形滚子润滑膜厚进行测量时发现，超声传感器沿着宽度方向上的声压声场分布并不一致，而是呈现 $y = \sin(x)/x$ 的响应。当超声波聚焦在油膜上时，传感器可以测量平均反射系数，这是由润滑膜平面上的声压分布加权得到的。圆形换能器聚焦平面内的声压分布如下式所示[4]：

$$p(x) = \left| 2p_0 \left(\frac{\pi Dx}{\lambda F} \right)^{-1} J_1 \left(\frac{\pi Dx}{\lambda F} \right) \right| \qquad (5\text{-}11)$$

式中　p_0——中心声压（单位为 Pa）；

　　　F——焦距（单位为 mm）；

　　　x——中心轴的径向距离（单位为 mm）；

　　　D——传感器元件的直径（单位为 mm）；

　　　λ——波长（单位为 mm）；

　　　J_1——一阶贝塞尔函数。

式（5-11）应用表 5-1 中列出的聚焦换能器的参数，可以得到在 50MHz 时理论焦斑宽度为 146μm（在最大压力的-6dB 处测量）。

表 5-1　传感器特性参数和尺寸

中心频率 f_c/MHz	水中的波长 λ/mm	聚焦长度 F/mm	传感器元件直径 D/mm	聚焦平面直径 d/mm
50	120	23	25	5

图 5-5 表示针对表 5-1 中给出的换能器数据以及光斑尺寸为 146μm 和 300μm 的换能器预测的声压分布。传感器的能量几乎都集中在中间主瓣位置，能量由中间向两边逐渐递减，这充分说明圆形超声换能器在聚焦平面内声压分布并不一致。与此同时，1992 年，国外学者[12]已经证明超声压电陶瓷传感器沿着宽度方向上的声压分布并不均匀，中间主瓣集聚了大部分能量，旁边副瓣能量依次衰减，这说明射线模型的平均效应有着根本的局限性。

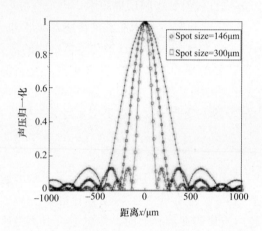

图 5-5　超声传感器沿聚焦宽度方向声压分布示意图[4]

5.5　修正的射线模型

由 5.4 节的详细分析可知，射线模型和实际模型之间的区别在于实际模型考虑了超声波在传感器宽度范围内的传播特性，二者之间有着密切联系。假设几何反射系数 R_g 为已知，便可从实测平均反射系数 R_s 求出射线模型中的平均反射系数 R_{sx}。根据弹流润滑理论，将 u，w 区域的油膜厚度对应的反射系数 R_u，R_w 用 v 区域的油膜厚度对应的反射系数 R_v 表示，最终解方程式（5-17），即可获得 v 区域即接触区域油膜对应反射系数 R_v，进而获得接触区域油膜厚度 h_v。

如图 5-4b 所示，接触区附近油膜厚度 h_u 可由下式表示：

$$h_u = h_v + h_g \tag{5-12}$$

根据弹簧模型法公式有

$$R_u = f_1(h_u) = f_2(h_v) \tag{5-13}$$

$$R_v = f_1(h_v) \tag{5-14}$$

$$R_w = f_1(h_w) = f_2(h_v) \tag{5-15}$$

所以有

$$R_u = R_w = f_3(R_v) \tag{5-16}$$

式中　f_1、f_2、f_3——表达相关量之间确定的函数关系。

所以射线模型中，传感器整体宽度方向上的平均反射系数可表示为

$$R_{sx} = \frac{\int_{-l/2}^{-b} f(R_v) N \mathrm{d}x + \int_{-b}^{b} R_v N \mathrm{d}x + \int_{b}^{l/2} f(R_v) N \mathrm{d}x}{\int_{-l/2}^{l/2} N \mathrm{d}x} \tag{5-17}$$

综合上述分析，现在问题的关键转变为如何寻求 R_g，实际上可通过式（5-10）来解决该问题。获得不同工况下传感器实测平均反射系数 R_s 和射线模型计算获得的平均反射系数 R_{sx}，令两者做比，即可得出 R_g。本文采用有限元仿真分析的方法重构传感器在滚子-润滑油-内圈三层结构中的传播过程，求解几何反射系数 R_g。

5.6　声学有限元仿真分析

5.6.1　声学有限元仿真模型构建

本文采用具有多物理场耦合优势的仿真软件 COMSOL Multiphysics 构建滚动轴承等效接触结构仿真模型，以模拟超声波在固体和液体中的传播过程，并与理论三层结构反射系数进行对比，验证仿真的准确性，其具体步骤如下：

步骤一：几何模型建立与边界条件设置

基于钢-油-钢三层平行结构建立仿真几何模型，在此基础上，将声-结构耦合边界赋予固体-油边界；将空气阻抗边界赋予钢-空气及油膜-空气界面，其界面反射率近似为 1；将低反射边界赋予剩余边界，代表边界不反射超声信号，相对于传感器视为无限大平面。仿真模型如图 5-6a 所示。

步骤二：设置介质的材料属性参数（钢的弹性模量、密度和泊松比，油的声速和密度）

声场仿真模型中固体材料的声速和密度按照实际轴承材料参数设置，压力 p 下的油膜密度 ρ_p 可根据密压公式（5-18）获得。其中，大气压下润滑油初始密度 $\rho_0 = 820\mathrm{kg \cdot m^{-3}}$。

$$\rho_p = \rho_0 \left(1 + \frac{0.6p}{1+1.7p} \right) \tag{5-18}$$

液体中超声波以纵波形式存在，在压力 p 下润滑油中的声速 c_p 为

$$c_p = \sqrt{\frac{B}{\rho_p}} \tag{5-19}$$

式中　B——接触区油膜的体积模量，其计算公式如下：

$$B = \left\{ 1 - \frac{1}{1+B_0'} \log_e \left[1 + \frac{p}{B_0}(1+B_0') \right] \right\} \left[B_0 + p(1+B_0') \right] \tag{5-20}$$

式中　B_0——润滑油在大气压下的体积模量；

B_0'——压力变化速率，通常取 11，B_0 可由下式给出

$$B_0 = B_{00} \exp(-\beta_k T) \tag{5-21}$$

式中　$B_{00} \approx 12\text{GPa}$；

$\beta_k \approx 6.5\text{e}10^{-3}\text{K}^{-1}$。

T——绝对温度。

步骤三： 向声源输入激励信号

将压电陶瓷传感器边界设置为指定位移，用以模拟超声波信号的产生，声源激励信号采用高斯波进行模拟，其表达式为

$$f(t) = A\text{e}^{-[f_0(t-3T_0)^2]} \sin(2\pi f_0 t) \tag{5-22}$$

式中　A——高斯波幅值（$A = 1\text{e}^{-8}\text{mm}$）；

f_0——高斯波中心频率（$f_0 = 12.5\text{MHz}$），且 $f_0 = 1/T_0$。

步骤四： 对模型进行网格划分

为了避免波形在传播过程中失真，网格划分的最大尺寸应小于介质中超声波波长的 1/5，此外，考虑到自由细分的三角形网格具有自适应细化的优势，所以采用该形状网格进行网格划分。网格划分过程由最大元素尺寸、最小元素尺寸、最大元素增长率、曲率因子和狭窄区域的分辨率这 5 个参数自适应控制，其中最大元素尺寸用来限制元素的最大尺寸，狭窄区域的分辨率用来控制薄油膜区域的元素层数。图 5-6b 给出了钢-油-钢三层平行结构的仿真模型和网格划分结果，其中仿真的传感器宽度设置为 0.6mm，传感器宽度范围内外的网格最大元素尺寸分别设置为 0.09mm 和 0.3mm，最小元素尺寸、最大元素增长率、曲率因子和狭窄区域的分辨率的值分别设置为 0.00001mm、1.3、0.3 和 1。

步骤五： 计算并得到结果

设置计算步长为 0.001μs，其相当于采样间隔，即采样频率为 1000MHz。设置计算总时长为 4μs，其根据传感器能够接收到润滑膜界面反射信号所需时间计算，即路程除以声波声速。

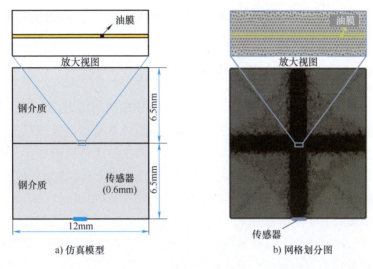

图 5-6　钢-油-钢三层平行结构仿真模型以及网格划分图

仿真过程分别对厚度为 $1\mu m$、$2\mu m$、$3\mu m$ 和 $4\mu m$ 的油膜进行反射信号的提取与计算，将仿真模型中的油介质改为空气介质来获取参考信号，根据仿真反射信号与参考信号的幅值比计算仿真反射系数，并根据设置膜厚及理论反射系数幅值谱计算理论反射系数。图 5-7 给出了不同油膜厚度下的仿真反射系数和理论反射系数的对比结果。

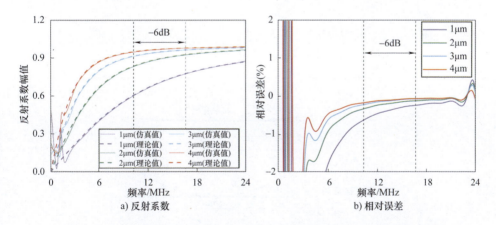

图 5-7　不同油膜厚度下的仿真反射系数和理论反射系数以及两者的相对误差

从图 5-7 可以看出，理论和仿真结果之间具有高度的一致性，有效频率带宽范围内（-6dB）的总体相对误差在 -0.62% ~ -0.06% 内波动。然而在频带的两端（包括小于 3MHz 和超过 23MHz 的区域）出现了显著的误差。误差可能来源于有限元仿真计算需要相对容差的迭代停止条件，当频带两端的波幅衰减到接近相对容差时，相对误差会显著增加。

5.6.2　线接触摩擦副接触声学有限元仿真

对于滚子-内圈线接触摩擦副，由于载荷的集中作用压力很高且具有分布特征，因此在润滑计算中通常需要考虑接触表面的弹性变形以及油膜的压力和密度分布问题。由于两个弹性圆柱体接触可以等同于一个等效圆柱体与刚性平面接触，二者具有相同的油膜和压力分布。因此，本文基于5.3节弹流润滑理论，来研究相同条件下的等效模型摩擦副接触情况。

表5-2列出了计算理论油膜形状所需的参数。图5-8所示为根据弹流润滑理论建立的线接触摩擦副等效接触模型。接触区半宽 b 由式（5-4）计算得到。

接触区的压力分布符合一个半椭圆分布

$$p = p_0 \sqrt{\left(1 - \frac{x^2}{b^2}\right)} \tag{5-23}$$

表 5-2　线接触摩擦副接触弹流润滑条件下润滑膜厚的计算参数

参数	数值
当量弹性模量 E'/GPa	214.5
当量半径 R'/mm	54
粘压系数 α/(GPa^{-1})	22
黏度 η_0/(Pa·s)	0.2
轴长度 L/mm	25.27

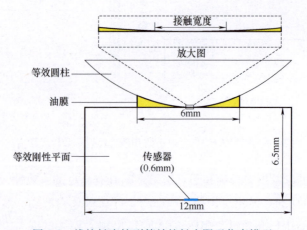

图 5-8　线接触摩擦副等效接触有限元仿真模型

图 5-9 给出了体积模量在不同载荷下沿传感器宽度方向的分布。可以看出，在接触区，油膜离中心越近，体积模量越大，并且与载荷呈正相关，而接触区外的体积模量为大气压下的恒定值。

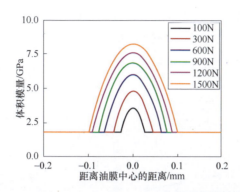

图 5-9　不同载荷作用下线接触摩擦副接触区油膜的体积模量分布

采用与 5.6.1 节仿真类似的过程，对线接触摩擦副的等效有限元仿真模型进行网格划分，结果如图 5-10 所示。

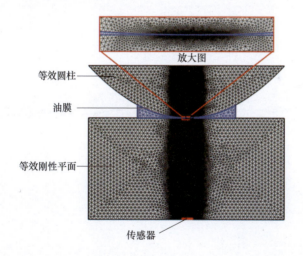

图 5-10　线接触摩擦副等效接触有限元仿真模型网格剖分图

5.6.3　射线模型误差验证

为了验证射线模型的计算误差，对 30 组不同载荷和转速下的线接触等效接触模型进行有限元仿真，包括 5 种转速（100r/min、300r/min、500r/min、700r/min 和 900r/min）和 6 种载荷（100N、300N、600N、900N、1200N 和

1500N）。根据仿真获得的反射系数记为仿真反射系数 R_{sim}；根据射线模型计算获得的反射系数记为 R_{ray}，由式（5-9）计算得到。

根据射线模型式（5-9）和迭代求解算法，可以计算出中心油膜厚度对应的反射系数，记为 $R_{ray}(h_{centre})$，此外根据理论反射系数式（3-6），将有限元仿真模型中设置的中心膜厚对应反射系数记为 $R_{actual}(h_{centre})$。图 5-11 给出了不同工况下的 $R_{ray}(h_{centre})$ 和 $R_{actual}(h_{centre})$ 计算结果。

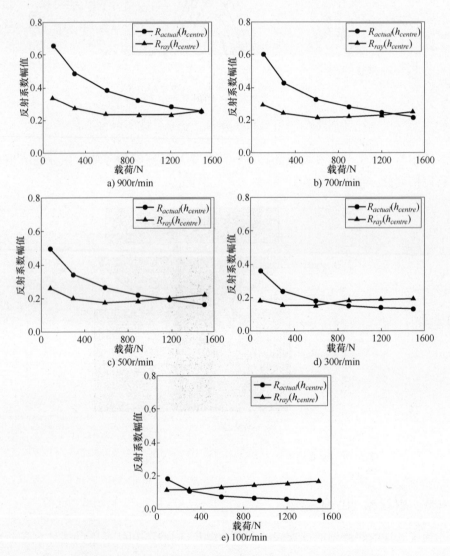

图 5-11　不同工况下的 $R_{ray}(h_{centre})$ 和 $R_{actual}(h_{centre})$ 计算结果

从图 5-11 可以看出，$R_{ray}(h_{centre})$ 和 $R_{actual}(h_{centre})$ 之间存在明显的偏差，随着载荷的增加，偏差先减小后增大。这是因为：一方面，随着载荷的增加，滚子-内圈接触区宽度增大，滚子曲率减小，滚子轮廓对声波的散射效应减弱，因此射线模型引入的误差也减小；另一方面，随着载荷的增加，接触区油膜体积模量分布的差异性变大，射线模型引入误差增大。二者的综合影响使得偏差呈现先减小后增大的趋势。

为了进一步量化射线模型的误差，利用 $R_{ray}(h_{centre})$ 计算出不同工况下的油膜厚度，并与仿真模型设置的中心油膜厚度（即弹流润滑理论接触区膜厚）进行对比，二者的相对误差为表 5-3 所示。可以看出：不同工况下两种方法计算的中心膜厚度的相对误差在 0.04%~213.76% 之间波动。由此可知，射线模型的计算误差波动非常大。

表 5-3 不同工况下射线模型膜厚计算值与弹流润滑理论解的相对误差

转速/ (r/min)	载荷/N					
	100	300	600	900	1200	1500
	接触宽度/μm					
	50.64	87.70	113.24	151.92	175.42	196.14
100	30.42% (0.429)	−6.69% (0.388)	−59.99% (0.365)	−111.05 (0.351)	— −161.57% (0.342)	— −213.76% (0.335)
300	48.81% (0.954)	34.04% (0.863)	9.33% (0.811)	−19.09% (0.781)	40.58% (0.761)	−64.95% (0.746)
500	50.12% (1.383)	41.34% (1.252)	29.95% (1.175)	12.40% (1.133)	−8.55% (1.104)	17.417% (1.081)
700	49.77% (1.767)	43.83% (1.599)	34.25% (1.501)	19.20% (1.447)	2.98% (1.410)	−2.97% (1.381)
900	48.91% (2.121)	44.61% (1.919)	26.02% (1.802)	11.57% (1.737)	5.99% (1.692)	0.04% (1.658)

5.6.4 实测反射系数补偿系数构建

为了避免射线模型引入的误差，采用仿真的方法建立中心油膜厚度对应的反射系数 $R_{sim}(h_{centre})$ 和传感器接收的整体反射系数 R_{sim} 之间的关系。为了建立这两个反射系数之间的映射关系，引入补偿系数 R_g 如下：

$$R_g = \frac{R_{sim}}{R_{sim}(h_{centre})} \tag{5-24}$$

通过多项式拟合，R_g 可以被表示为载荷 W 和速度 U 的函数。图 5-12 给出了采用多项式拟合方法得到的不同工况下的 R_g，拟合系数（R-square）和方均根误差（RMSE）分别为 0.9990 和 0.1226，拟合公式为

$$R_g = 6.743 + 0.01403W - 0.04131U - 3.321 \times 10^{-6}W^2 - 4.453 \times 10^{-5}WU +$$
$$0.0001206U^2 + 8.045 \times 10^{-9}W^2U + 5.567 \times 10^{-8}WU^2 - 1.505 \times 10^{-7}U^3 -$$
$$5.645 \times 10^{-12}W^2U^2 - 2.313 \times 10^{-11}W^2U^3 + 6.647 \times 10^{-11}U^4 \qquad (5\text{-}25)$$

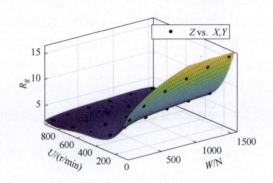

图 5-12　不同工况下 R_g 的拟合结果

在实际测量中，将传感器的实测反射系数记为 R_{mea}，当已知负载 W 和速度 U 时，中心油膜厚度的反射系数 [记为 $R_{mea}(h_{centre})$] 可通过补偿系数进行修正得到

$$R_{mea}(h_{centre}) = \frac{R_{mea}}{R_g} \qquad (5\text{-}26)$$

在得到 $R_{mea}(h_{centre})$ 后，通过弹簧模型式（3-14）便可计算出中心油膜厚度。

上述分析表明，有限元辅助方法相对于射线模型有两方面改进：①考虑了射线模型的误差影响因素，提高了计算精度；②有限元辅助方法无需迭代计算，降低了计算的复杂性。

5.7　算例

5.7.1　实验对象

采用轴-环摩擦副构成的滚滑实验台进行实验，如图 5-13 所示。轴由一个 1.5kW 的电主轴控制，转速范围为 0~10000r/min；环由一个 7.5kW 的伺服电机

控制，运行速度为 0 ~ 1000r/min。载荷通过加载装置施加到支撑轴承上进行调节，轴和环之间的润滑油由蠕动泵驱动的供油系统提供，润滑油为合成涡轮机油 Shell Turbo T68，通过改变转速可以形成不同厚度的油膜。

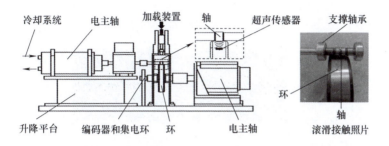

图 5-13　轴-环摩擦副构成的滚滑试验台原理图

图 5-14 给出了超声波传感器在环内圈的安装示意图。该矩形超声传感器长 6mm、宽 0.6mm、厚 0.22mm，采用 M-Band610 胶粘剂粘贴在环的内表面。为将旋转被测信号引出到计算机测量系统，通过空心轴固定环，并利用带有碳刷的集电环将信号电缆从空心轴中引出。超声膜厚测量系统 FMS-100 的脉冲重复率为 20kHz。

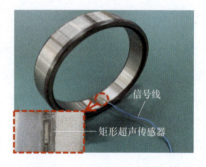

图 5-14　超声传感器安装示意图

本实验共设定 12 组实验工况：载荷分别为 500N、1000N、1500N 和 2000N；转速分别为 500r/min、700r/min 和 900r/min。润滑油和轴承钢的声学特性见表 5-4。

表 5-4　不同材料声学特性

材料	密度/$(kg \cdot m^{-3})$	声速/$(m \cdot s^{-1})$	体积模量/GPa
油（0.1MPa）	850	1467	1.83
油（0.65GPa）	1007	2854	8.20
油（0.97GPa）	1037	3282	11.17
轴承钢	7810	5818	200

5.7.2　实验结果

在轴和环的相对转动过程中，当传感器经过润滑接触区时，部分超声波发生透射，反射回波减少。图 5-15 给出了传感器通过润滑接触区时实时采集的超声脉冲回波信号，根据信号幅值的变化可以判断出传感器是否通过润滑接触区域。

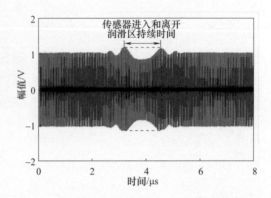

图 5-15　经过接触区的典型反射信号波形图

对实时采集的每个反射脉冲进行傅里叶变换，并提取中心频率处的幅值计算出反射系数，如图 5-16 所示。可以发现，当传感器通过轴下方时，反射系数幅值中会出现一个明显的低谷现象。另外，存在反射系数幅值中大于 1 的情况，这主要是由于承载区边缘部分的油膜厚度超出了弹簧模型的有效范围；同时由于曲率轮廓对声波的散射作用，只有部分回波被超声波传感器接收，但这些回波矢量和的幅度可能大于或小于入射脉冲波的幅度。这种"反射系数大于 1"的现象并不违反能量守恒定律，因为换能器接收到的总波能量是每个回波的能量之和而不是所有回波矢量和的能量。

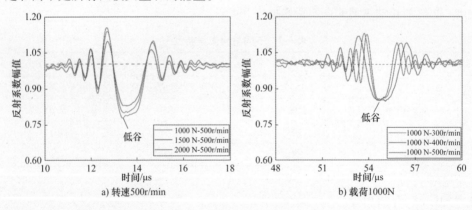

图 5-16　不同工况下润滑接触区反射系数的变化规律

最后，由于本文采用的弹流润滑理论假设油膜形状在油膜中心成轴对称，所以在反射系数小于 1 的所有采样点中，选取中间点数值作为传感器在轴对称中心测量的反射系数 R_{mea}。

将实测反射系数 R_{mea} 代入式（5-26）中进行修正计算，得到最小膜厚反射系数 $R_{mea}(h_{centre})$；然后利用弹簧模型法公式计算出中心膜厚，同时采用传感器整体反射系数 R_{mea} 对应的弹簧模型法膜厚计算值以及射线模型法膜厚计算值作为对比。

图 5-17 给出了不同载荷和速度下的膜厚测量结果，从图中可以总结出如下结论：将传感器整体反射系数 R_{mea} 直接代入弹簧模型公式计算的油膜厚度值与弹流润滑理论解的偏差最大；射线模型在一定程度上减小了偏差，但依然与弹流润滑理论解存在较大的误差；有限元辅助方法求得的膜厚值与弹流润滑理论解最为接近。

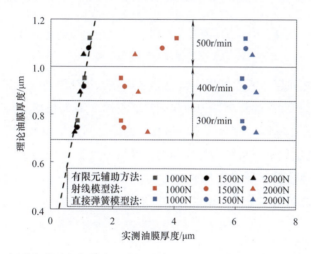

图 5-17   实测油膜厚度与弹流润滑理论解对比图（虚线代表弹流润滑理论解）

5.7.3   实验数据分析

为了检验有限元辅助方法的可靠性，在相同工况下进行了多次测量。图 5-18 给出了 20 次测试的结果。

从图 5-18 中可以看出，多次测量的结果会在一定范围内波动，且测量值和理论值之间总存在着误差，误差来源分析如下：

1）矩形压电元件在有限元模型中被简化为线声源，以减少仿真的复杂度。因此，声波的传播与接收与真实传感器之间存在偏差。

2）由图 5-18 可知，理论油膜厚度值总是高于测量值，这可能是由于装配过程中轴和环的同轴度出现了一定的偏差。此外轴和环的接触区可能处于混合润

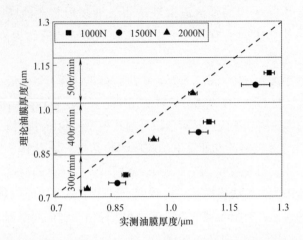

图 5-18　有限元辅助方法连续 20 次测量结果与弹流润滑理论解的对比图
（虚线代表弹流润滑理论解）

滑状态，二者之间存在表面磨损，这也会对最终测量结果造成一定的偏差。

3）在仿真和理论计算中，为简便起见，忽略了表面粗糙度的影响。而实际中轴和环的表面粗糙度可能导致测量值和理论值之间产生偏差。

4）在仿真过程中，将轴和环之间的弹性接触变形等同为一等效圆柱体和刚性平面之间的弹性接触变形。然而，实际的变形复杂多样，通常需要复杂的数值解，因此这种简化的等效模型也会导致最终的测量误差。

5.8　本章小结

本章在射线模型的基础上，介绍一种借助有限元仿真分析设计修正方法解决圆柱滚子轴承测量分辨率不足的问题。首先，针对圆柱滚子轴承摩擦副膜厚测量中存在的空间分辨率问题，介绍了从传感器角度和信号处理角度提高测量分辨率的方法，并重点分析了目前最为可行的方法——射线模型法。其次，在着重分析射线模型法存在的局限性的基础上，介绍了一种有限元辅助的方法，建立了传感器整体反射系数和最小膜厚反射系数之间的精确映射关系，能够实现圆柱滚子轴承接触区油膜厚度更高效准确的测量。最后，在滚滑实验台上开展了不同载荷和转速下的验证实验，结果表明：与射线模型相比，有限元辅助方法能够实现最小油膜厚度更高效精确的测量，其测量结果与弹流润滑理论值基本吻合。

参 考 文 献

[1] DOWSON D. Elastohydrodynamics [J]. Proceedings of Institution of Mechanical Engineers, 1968, 182 (31): 151-167.

[2] ZHANG K, MENG Q, CHEN W, et al. Ultrasonic measurement of oil film thickness between the roller and the inner raceway in a roller bearing [J]. Industrial Lubrication and Tribology, 2015, 67 (6): 531-537.

[3] DWYER-JOYCE R, DRINKWATER B, DONOHOE C. The measurement of lubricant-film thickness using ultrasound [J]. Proceedings of the Royal Society of London Series A: Mathematical, Physical and Engineering Sciences, 2003, 459 (2032): 957-976.

[4] ZHANG J, DRINKWATER B W, DWYER-JOYCE R S. Acoustic measurement of lubricant-film thickness distribution in ball bearings [J]. The Journal of the Acoustical Society of America, 2006, 119 (2): 863-871.

[5] ZHANG J, DRINKWATER B W, DWYER-JOYCE R S. Monitoring of lubricant film failure in a ball bearing using ultrasound [J]. Journal of Tribology-Transactions of the Asme, 2006, 128 (3): 612-618.

[6] DRINKWATER B W, ZHANG J, KIRK K J, et al. Ultrasonic measurement of rolling bearing lubrication using piezoelectric thin films [J]. Journal of Tribology, 2009, 131 (1): 01150.

[7] ADEYEMI G, DWYER-JOYCE R, STEPHEN J, et al. Ultrasonic technique for measurement of oil-film thickness in metal cold rolling [J]. Tribology-Materials, Surfaces & Interfaces, 2022, 16 (2): 177-186.

[8] DOU P, WU T H, LUO Z P, et al. A finite-element-aided ultrasonic method for measuring central oil-film thickness in a roller-raceway tribo-pair [J]. Friction, 2022, 10 (6): 944-962.

[9] LI M, JING M Q, CHEN Z F, et al. An improved ultrasonic method for lubricant-film thickness measurement in cylindrical roller bearings under light radial load [J]. Tribology International, 2014, 78: 35-40.

[10] MILLS R, VAIL J, DWYER-JOYCE R. Ultrasound for the non-invasive measurement of internal combustion engine piston ring oil films [J]. Proceedings of the Institution of Mechanical Engineers, Part J: Journal of Engineering Tribology, 2015, 229 (2): 207-215.

[11] JACOBSON B O, VINET P. A model for the influence of pressure on the bulk modulus and the influence of temperature on the solidification pressure for liquid lubricants [J]. Canadian Journal of Forest Research, 1987, 17 (17): 1540-1544.

[12] JENSEN J A, SVENDSEN N B. Calculation of pressure fields from arbitrarily shaped, apodized, and excited ultrasound transducers [J]. IEEE Transactions On Ultrasonics, Ferroelectrics, and Frequency Control, 1992, 39 (2): 262-267.

第 6 章 润滑膜厚与累积
磨损同步测量模型

润滑油膜破裂导致的瞬态碰磨[1,2]以及表面累积磨损[3]是大多数摩擦副失效的主要起因，因此对部件进行式磨损开展在线监测，不但对润滑失效早期故障预警具有重要意义，还可以为视情维护（Condition Based Maintenance，CBM）提供依据。然而迄今为止的状态监测技术中，无论是振动还是温度都只能间接监测机器的磨损程度，无法实现对磨损表面进行直接测量。已有研究表明，超声测量技术除了可用于润滑膜厚度在线测量，还可用于衬层磨损深度测量，而对于磨损深度和润滑膜厚度同步变化情况下的同步测量成为研究前沿。本章在前序章节润滑膜厚度测量的基础上，以滑动轴承为对象，介绍一种润滑膜厚度与衬层磨损深度的同步测量模型。

6.1 润滑膜厚与轴承累积磨损同步测量问题分析

为了避免在启停等瞬态工况下轴颈与轴承基体的接触磨损，滑动轴承表面通常覆盖有一层耐磨衬层，随着衬层磨损逐渐累积，衬层厚度逐渐减小。图 6-1 给出了一个径向滑动衬层磨损前后的截面示意图。显然，磨损特征在于衬层减薄，但是并不意味着油膜厚度一定会变薄，二者之间没有必然联系。但是一般而言，油膜厚度薄的位置最容易发生磨损，故超声传感器安装位置的选取原则与油膜厚度测量一致，以最小膜厚区域为监测重点，这也是图 6-1 中传感器安装位置布置依据。

与主动加工表面不同，磨损导致的表面形貌基本都是非均匀的，因此磨损表面的研究通常采用粗糙度等指标进行表征。本章重点落在测点位置磨损深度的测量原理及方法，故忽略测量范围内磨损表面的非均匀性特点，假设测量区域内磨损均匀且平行于基体-衬层界面。因此，作为方法研究的简化近似，一个由基体（钢）-合金衬层-油膜-轴颈（钢）四层介质组成的平行结构被本章采纳，用作滑动轴承衬层磨损的理想简化模型进行后续分析计算。

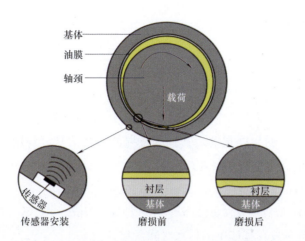

图 6-1　径向滑动衬层磨损前后截面以及超声传感器安装位置示意图

衬层磨损前后，超声波在上述四层结构中的传播规律见图 6-2 所示。定义图中具体的物理参数：I 为入射波；B_s 为基体-原衬层界面的反射回波；B_{sw} 为基体-磨损衬层界面的反射回波；B_o 和 B_{ow} 分别为衬层磨损前后的油膜反射回波；d_i 和 d_w 分别为原衬层和磨损后衬层的厚度。

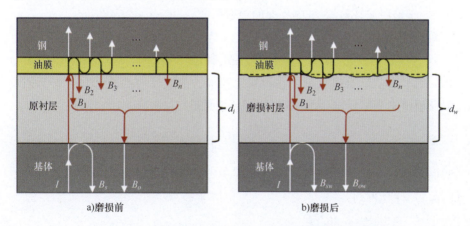

图 6-2　超声波在衬层磨损前后结构中的传播示意图

由图 6-2 可知，当轴承衬层发生磨损后，从油膜反射的回波 B_{ow} 将会比磨损前的回波 B_o 更快地抵达传感器。由于反射回波 B_{ow} 不但经过了衬层，也经过了油膜层，故不仅含有油膜厚度信息，也含有衬层磨损信息。因此，本章介绍的润滑膜厚与衬层磨损深度同步测量模型将利用反射回波 B_{ow} 作为轴承衬层磨损深度信息的来源。

6.2 同步测量模型

6.2.1 油膜厚度的计算方法

在频域内定义：入射波信号用 $I(f)$ 表示，从基体-原衬层界面的反射回波信号用 $B_s(f)$ 表示，衬层磨损前后从油膜反射的回波信号分别用 $B_o(f)$ 和 $B_{ow}(f)$ 表示。根据波的叠加原理[4]，$B_o(f)$ 和 $B_{ow}(f)$ 可分别表示为

$$B_o(f) = I(f) \exp(2i\pi f t_s) W_{sc} \exp(2i\pi f t_o) R(f) \exp(2i\pi f t_o) W_{cs} \exp(2i\pi f t_s) \quad (6-1)$$

$$B_{ow}(f) = I(f) \exp(2i\pi f t_s) W_{sc} \exp(2i\pi f t_{ow}) R_w(f) \exp(2i\pi f t_{ow}) W_{cs} \exp(2i\pi f t_s) \quad (6-2)$$

式中　t_s——超声波在基体中的传播时间（单位为 μs）；

$\quad W_{sc}$——超声波在基体-衬层界面的透射系数；

$\quad t_o$——超声波在原衬层中的传播时间（单位为 μs）；

$\quad t_{ow}$——超声波在磨损衬层中的传播时间（单位为 μs）；

$\quad R(f)$——超声波在原衬层-油膜-钢三层结构反射系数；

$\quad R_w(f)$——超声波在磨损衬层-油膜-钢三层结构的反射系数；

$\quad W_{cs}$——超声波在衬层-基体界面的透射系数。

原衬层-空气界面的反射回波信号被定义为参考回波信号，用 $B_a(f)$ 表示为

$$B_a(f) = I(f) \exp(2i\pi f t_s) W_{sc} \exp(2i\pi f t_o) \exp(2i\pi f t_o) W_{cs} \exp(2i\pi f t_s) \quad (6-3)$$

而磨损后的参考信号难以获取。在衬层磨损前，油膜反射回波信号与参考回波信号的比值定义为原衬层-油膜-钢结构的反射系数

$$\frac{B_o(f)}{B_a(f)} = R(f) \quad (6-4)$$

轴承衬层磨损后，油膜反射回波信号与原参考回波信号的比值可根据式（6-2）和式（6-3）计算得到

$$\frac{B_{ow}(f)}{B_a(f)} = R_w(f) \exp\left[4i\pi f(t_{ow} - t_o) \right]$$

$$= R_w \exp\left[4i\pi f \left(\frac{d_w}{c_c} - \frac{d_i}{c_c} \right) \right]$$

$$= R_w \exp\left[-4i\pi f \frac{\Delta d_w}{c_c} \right] \quad (6-5)$$

式中　c_c——超声波在衬层中传播的声速（单位为 m·s⁻¹）。

根据式（6-5），衬层磨损后油膜反射回波信号与原参考信号的幅值比和相位差为

$$\left| \frac{B_{ow}(f)}{B_a(f)} \right| = \left| R_w(f) \right| \qquad (6\text{-}6)$$

$$\theta_{ow}(f) - \theta_a(f) = \Phi_w(f) - 4\pi f \frac{\Delta d_w}{c_c} \qquad (6\text{-}7)$$

式中　$\left| R_w(f) \right|$——磨损衬层-油膜-钢三层结构的反射系数 $R_w(f)$ 的幅值；

　　　$\Phi_w(f)$——磨损衬层-油膜-钢三层结构反射系数 $R_w(f)$ 的相位（单位为 rad）；

　　　$\theta_{ow}(f)$——磨损衬层-油膜-钢三层结构中反射回波信号的相位（单位为 rad）；

　　　$\theta_a(f)$——原参考信号的相位（单位为 rad）。

在前述章节中提到，对具有厚衬层的四层结构，只要回波未发生干涉叠加现象，即可采用三层结构简化计算。从式（6-7）可知，衬层磨损后反射回波信号与原参考回波信号之间的相位差中不仅含有磨损衬层-油膜-钢三层结构反射系数的相位 $\Phi_w(f)$，还包含了由于衬层磨损导致的相位变化。因此衬层磨损后，无法直接采用三层结构反射系数相位模型[5]计算膜厚。同时也从式（6-6）注意到，衬层磨损后油膜反射回波信号与原参考回波信号的幅值比仅含有磨损衬层-油膜-钢三层结构反射系数的幅值 $\left| R_w(f) \right|$ 信息，不包含衬层磨损信息，因此可以通过基于反射系数幅值的弹簧模型和共振模型[6]计算油膜厚度。

6.2.2　衬层磨损深度的计算方法

由 6.1 节可知，衬层磨损将导致油膜反射回波 B_{ow} 比磨损前的回波 B_o 更快地抵达超声传感器，具体表现为信号在时域内的时移和频域内的相移。基于这两个特征，可以建立衬层磨损深度计算模型。

6.2.2.1　基于时移的磨损深度计算方法

由图 6-2 可知，油膜下界面的反射回波 B_1 仅从衬层-油单界面反射回来，并未进入油层，因此只包含了磨损深度信息，而上界面的反射回波（$B_2, \cdots, B_n$）同时含有油膜膜厚及衬层磨损深度信息，且滞后于回波 B_1。因此可以通过衬层磨损后回波信号 B_1 相较于原参考信号的时移，结合飞行时间法计算衬层磨损深度。

采用高斯波作为超声波形式，利用波的叠加原理构造的油膜反射回波信号和参考回波信号，分别如图 6-3a 和如图 6-3b 所示。在 Δt 范围内回波信号 B_1 的一部分（记为 ΔB_1）独立于回波信号（$B_2, \cdots, B_n$），且与 Δt 范围内参考回波信号的一部分（记为 ΔB_a）波形相似。因此，将回波信号 ΔB_1 与回波信号 ΔB_a 进行互相关可以确定两者之间的时移，进而计算衬层的磨损深度。

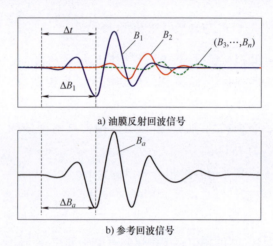

a) 油膜反射回波信号

b) 参考回波信号

图 6-3 采用高斯波和波叠加原理构造两类信号波形

上述方法的算法流程如下：

步骤一： 从图 6-3a 中的油膜反射回波信号波形图上截取回波信号 B_1 中与回波信号（$B_2, \cdots, B_n$）未发生重叠的部分 ΔB_1，从图 6-3b 中截取与 ΔB_1 相同时间范围内的参考回波信号 ΔB_a。

步骤二： 根据式（6-8），对回波信号 ΔB_1 和 ΔB_a 进行互相关分析[9]，确定两者的时间差 Δt_w（$\Delta t_w = s/f_s$，f_s 为采样频率）

$$C_{xy}(s) = \frac{\mathrm{Cov}\left[x(i)y^{(s)}(i)\right]}{\sqrt{\mathrm{Var}\left[x(i)\right]\mathrm{Var}\left[y^{(s)}(i)\right]}} \tag{6-8}$$

式中　$C_{xy}(s)$——互相关系数；

　　　Cov——协方差函数；

　　　Var——方差函数；

　　　$x(i)$——截取的油膜反射回波信号 ΔB_1；

　　　$y^{(s)}(i)$——截取的参考信号 ΔB_a；

　　　i——信号的采样点；

　　　s——信号的时移采样点个数。

步骤三：根据时间差 Δt_w，采用飞行时间法计算衬层磨损深度 Δd_w 为

$$\Delta d_w = \frac{c_c \Delta t_w}{2} \tag{6-9}$$

6.2.2.2 基于相移的磨损深度计算方法

根据式（6-7），衬层厚度可表示为

$$\Delta d_w = \frac{c_c}{4\pi f} \left[\Phi_w(f) - \theta_{ow}(f) + \theta_a(f) \right] \tag{6-10}$$

对于共振模型，在共振频率 f_m 处，$\Phi_w(f_m)$ 近似为 0。因此，式（6-10）可简化为

$$\Delta d_w = \frac{c_c}{4\pi f_m} \left[\theta_a(f_m) - \theta_{ow}(f_m) \right] \tag{6-11}$$

根据式（6-11）可得，在衬层磨损后，通过提取共振频率处的参考信号和油膜反射回波信号的相位差可以计算出轴承衬层的磨损深度。

在弹簧模型区内，根据 6.2.1 节中的分析可知，基于三层结构反射系数幅值的弹簧模型在膜厚计算中依然适用，因此可先计算出衬层磨损后的油膜厚度 h_{ow} 为

$$h_{ow} = \frac{\rho_2 c_2^2}{2\pi f Z_c Z_s} \sqrt{\frac{|R_w(f)|(Z_c + Z_s)^2 - (Z_c - Z_s)^2}{1 - |R_w(f)|^2}} \tag{6-12}$$

式中　h_{ow}——衬层磨损后的油膜厚度（单位为 m）；

　　　Z_c——衬层的声阻抗 [单位为 kg·(m^2·s)$^{-1}$]；

　　　Z_s——钢的声阻抗 [单位为 kg·(m^2·s)$^{-1}$]；

　　　ρ_2——油的密度（单位为 kg·m^{-3}）；

　　　c_2——油的声速（单位为 m·s^{-1}）。

将计算的油膜厚度 h_{ow} 代入弹簧模型的相位式（3-22）计算出磨损衬层-油膜-钢三层结构的理论反射系数相位 $\Phi_w(f)$ 为

$$\Phi_w(f) = \arctan\left[\frac{4\pi f Z_c Z_s^2/K}{(Z_c - Z_s) + 4\pi^2 f^2 (Z_c Z_s/K)^2} \right] \tag{6-13}$$

最后，再将磨损衬层-油膜-钢三层结构的理论反射系数相位 $\Phi_w(f)$、实测的参考回波信号相位 $\theta_a(f)$ 和油膜反射信号相位 $\theta_{ow}(f)$ 代入式（6-10），即可计算出衬层磨损深度。

6.3 粗糙度对同步测量模型的影响分析

实际中，磨损行为必然导致表面粗糙度的变化，而本章介绍的测量方法不

适用于表面粗糙度测量，而仅限于整体磨损深度测量，但是这并不代表粗糙表面对测量的影响可以直接忽略。直观地理解，粗糙表面导致的声波散射行为必然会对测量结果产生影响，但是这种影响又被声场均化效应所抵消，因此需要对这种影响的基本规律定性分析。

采用 COMSOL Multiphysics 有限元（Finite Element Method，FEM）软件中的压力声学模块以及固体力学模块可模拟超声波在钢-衬层-油膜-钢结构中的传播过程，验证膜厚与衬层磨损同步测量算法，进而分析表面粗糙度对测量结果的影响。

6.3.1 有限元仿真

图 6-4 给出了含衬层滑动轴承结构的声学有限元几何模型及网格划分结果。仿真物理模型如图 6-4a 所示。模型的宽度设定为 30mm，传感器宽度设置为 7mm，传感器中心频率设置为 6.5MHz，钢基体的厚度设置为 10mm，通过改变轴承衬层厚度来模拟不同深度的磨损。有限元仿真步骤和网格划分原则参考第 5 章内容。

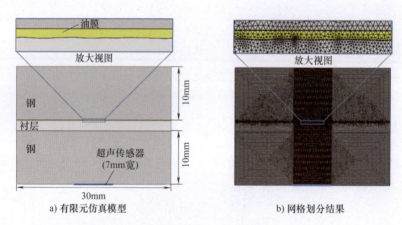

a) 有限元仿真模型   b) 网格划分结果

图 6-4　膜厚与轴承衬层累计磨损同步测量模型的声学有限元仿真模型及网格划分结果

建模过程中通过赋予表面高度函数来考虑表面粗糙程度的影响。一般地，粗糙表面高度分布可采用 Weierstrass-Mandelbrot（WM）分形函数来生成[10-11]

$$Z(x) = G^{(D-1)} \sum_{n_l}^{\infty} \gamma^{-(2-D)n} \cos(2\pi\gamma^n x) \tag{6-14}$$

式中　$Z(x)$——轮廓高度；

x——轮廓高度横坐标；

D——轮廓分形维数，表示每个尺度上 $Z(x)$ 的不规则程度和复杂性，
并在区间 $1<D<2$ 中定义；

G——表面粗糙度的比例系数（G 越大，表面越粗糙）；

γ——常数，对于服从正态分布的随机表面，常取 1.5；

n——空间顺序频率；

γ^n——表面轮廓的空间频率；

n_l——表面轮廓的最低截止频率，满足 $\gamma^{nl}=1/L$，L 为采样长度。

通过调节参数 G 和 D，可计算出不同表面粗糙度，如图 6-5 所示。

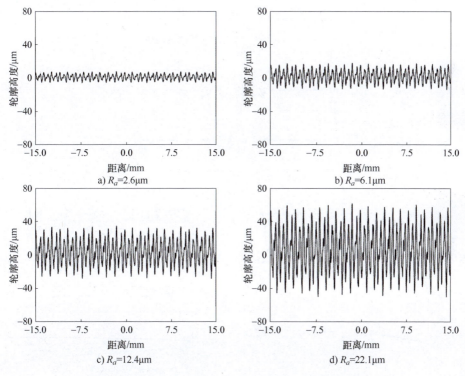

图 6-5　利用 WM 分形函数生成的不同表面粗糙度结果

6.3.2　光滑衬层表面的回波信号分析

6.3.2.1　油膜厚度测量影响分析

图 6-6 给出了油膜厚度分别为 5μm、50μm 和 100μm 时，不同衬层磨损深度的反射回波信号时频域波形图，这三个油膜厚度分别处于弹簧模型区、盲区和共振模型区。由图 6-6a 可知，回波信号会随着衬层磨损深度的增加而逐渐左移，

这也印证了衬层磨损导致回波信号更快地被传感器接收的判断。由图 6-6b 可知，在有效带宽范围内（两条竖直虚线之间），不同磨损深度下相同膜厚的反射系数幅值谱保持一致。由图 6-6c 可知，相同油膜厚度下，反射系数相位随着磨损深度的增加出现整体的下降，并且下降幅度与频率呈线性关系，这是因为信号时移会表现为频域相移，因此衬层磨损后的反射系数相位既包含了油膜厚度信息也包含了磨损深度信息。根据以上分析可知，轴承发生磨损后，基于反射系数幅值的共振模型和弹簧模型依然可以用来计算油膜厚度，但反射系数相位模型无法用于计算油膜厚度。

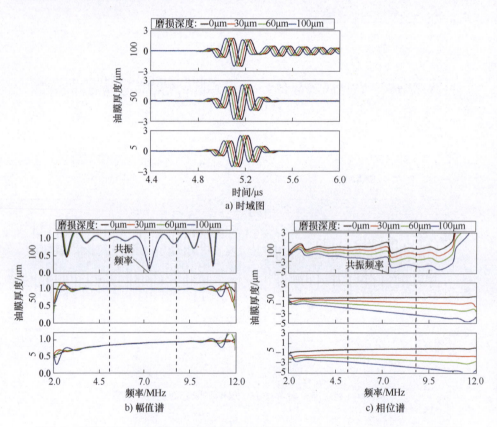

图 6-6　光滑衬层表面条件下不同油膜厚度和磨损深度下的反射回波信号时频域波形

6.3.2.2　磨损深度测量影响分析

图 6-7 给出了衬层磨损深度为 $100\mu m$ 时，不同油膜厚度下的反射回波信号时域图。由图可知，由于衬层磨损和油膜厚度的影响，所有的油膜反射信号相对于参考信号发生了整体的时移。

在共振模型区，油膜信号第一个波峰、波谷之间的波形（绿色点画线框内的信号波形）并不受油膜厚度变化的影响。根据理论分析可知，这部分油膜信号主要为衬层-油膜界面回波 ΔB_1。因此，根据衬层-油膜界面回波信号与参考回波信号的相似性，将绿色点画线框内的部分油膜信号与蓝色点画线框内的部分参考回波信号进行互相关分析，即可确定出由于衬层磨损导致的时移。在盲区，不同油膜厚度下的反射回波波形变化较小，仅存在微小的时移，可采用与共振模型区间相同的互相关分析方法确定出由于衬层磨损导致的时移，此时误差较大。

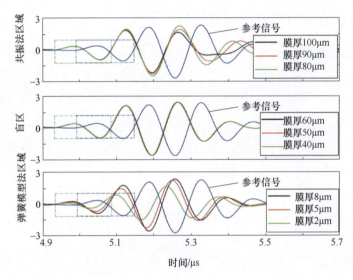

图 6-7　衬层磨损深度为 100μm 时不同测量区域的反射回波信号和参考信号时域图

在弹簧模型区，由于从油膜反射的多次回波严重重叠，整个油膜信号波形会随膜厚减小出现幅值缩小和时移的现象。从图 6-7 可以看出，绿色点画线框的部分油膜信号会随油膜厚度的减小而发生形状变化，与蓝色点画线框的部分参考回波信号形状不再保持一致。因此在弹簧模型区采用上述互相关分析方法计算时移会产生更大的误差。

由此可以总结不同油膜厚度计算模型的区间内磨损深度的计算方法，具体包括：

1）共振模型区。由图 6-6c 可知，在共振频率处，轴承未发生磨损的反射系数相位谱会出现相位突现零点现象，而轴承发生磨损后的反射系数相位谱在共振频率处出现相移。因此，可以先根据衬层磨损后的反射系数幅值谱确定出共振频率的位置，再根据式（6-11）利用共振频率处反射系数的相移计算出衬层磨损深度。

2）盲区。在此区域内，反射系数幅值对油膜厚度和衬层磨损深度的变化都不敏感，且反射系数相位同时包含轴承衬层磨损和油膜厚度信息，因此无法直接求解出衬层磨损深度和油膜厚度。

3）弹簧模型区。可采用弹簧模型法幅值式（6-12）计算出油膜厚度，再利用弹簧模型法相位式（6-13）计算出由于油膜厚度导致的相移，最后利用式（6-10）计算出衬层磨损深度。

6.3.3　衬层表面粗糙时的回波信号分析

表面粗糙度的存在会使声波在衬层-油膜界面发生反射和透射的同时发生散射，导致回波能量减少从而改变回波形状。图 6-8 给出了油膜厚度分别为 $80\mu m$、$50\mu m$ 和 $5\mu m$ 时，不同表面粗糙度下的回波时域信号，特别说明的是，

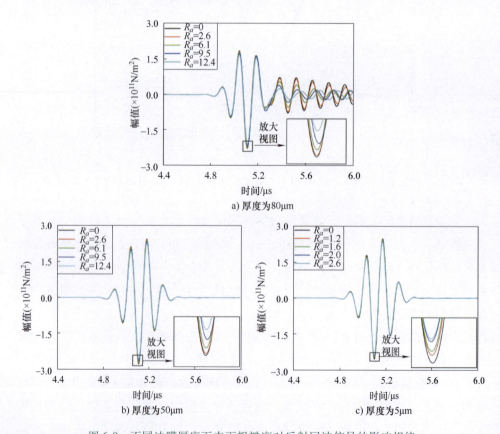

图 6-8　不同油膜厚度下表面粗糙度对反射回波信号的影响规律

这三个膜厚值分别处于共振模型区、盲区和弹簧模型区。从图 6-8a 中可以观察到，在共振模型区，油膜界面多次反射回波的幅值随着粗糙度的增大明显减小，这主要是因为表面越粗糙声波在衬层-油膜界面的散射程度越大，从而导致传感器接收到的回波能量减小，但由于衬层-油膜界面反射回波 B_1 只经历了一次反射，其受散射影响较小，所以回波 B_1 的幅值仅略微的减小。总体而言，粗糙度对回波 B_1 影响程度较小，所以基于时移的磨损计算方法依然适用。

图 6-9 给出了油膜厚度为 $100\mu m$（共振模型区）和 $8\mu m$（弹簧模型区）的反射系数幅值谱。从图中可以看出，在共振模型区内，随着表面粗糙度的增加，极小值点频率逐渐减小，导致实测膜厚值偏大，当 $R_a > 9.5$ 时出现多个极小值点，导致共振模型失效。在弹簧模型区内，随着粗糙度的增加，反射系数幅值整体减小，导致膜厚测量结果偏小。根据式（6-10）~式（6-13）可知，由于弹簧模型区磨损深度计算依赖于膜厚的计算结果，因此随着粗糙度的增大，基于弹簧模型法的磨损深度计算也会存在误差。

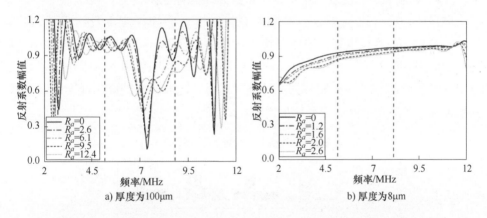

a) 厚度为 $100\mu m$ b) 厚度为 $8\mu m$

图 6-9 不同油膜厚度下表面粗糙度对反射系数幅值谱的影响规律

6.3.3.1 衬层表面粗糙度对膜厚测量结果影响分析

图 6-9 分析了粗糙度对反射回波及反射系数等声波反射特征的影响，进而可以分析粗糙度对油膜厚度计算精度的影响。图 6-10 给出了不同粗糙度下油膜厚度计算值与设置值之间的绝对误差分布规律。整体上，基于反射系数幅值的共振模型和弹簧模型在不同粗糙度和磨损深度下依然可以计算出油膜厚度，但随着表面粗糙度的增大，膜厚计算误差也逐渐增大。此外，从图 6-10b 中可以看出，在油膜厚度 4~6μm 之间出现了计算空缺值，这是因为此时衬层表面的粗糙

度轮廓峰值大于油膜厚度，在仿真模型中衬层-油膜界面与油膜-钢界面位置发生重叠，导致无法完成仿真过程。

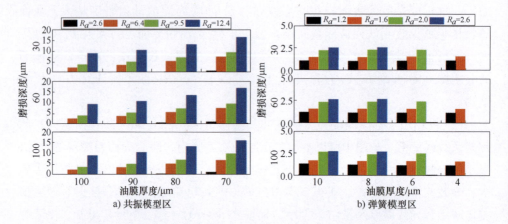

图 6-10 不同粗糙度下油膜厚度计算值与设置值之间的绝对误差分布

6.3.3.2 衬层表面粗糙度对磨损深度测量结果影响分析

同样地，可以进一步分析衬层表面粗糙度对磨损深度测量结果的影响。图 6-11 给出了在共振模型区采用时移法和相移法计算的衬层磨损深度值与设置值之间的误差绝对值。由图可知，在相同粗糙度和相同膜厚下，采用时移方法计算的误差要远小于基于相移方法计算的结果。此外，粗糙度的增大也会使衬层磨损深度计算误差在一定程度上增大。

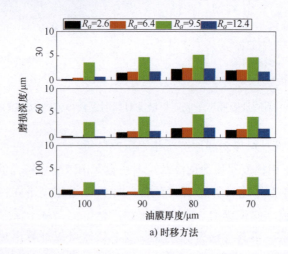

图 6-11 共振模型区磨损深度计算值与设置值之间的绝对误差分布

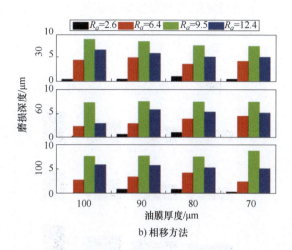

图 6-11　共振模型区磨损深度计算值与设置值之间的绝对误差分布（续）

图 6-12 给出了在盲区采用时移方法计算的衬层磨损深度值与设置值之间的误差绝对值。由图可知，采用时移方法能够有效计算出衬层磨损深度，但计算误差随着膜厚的减小逐渐增大，在膜厚为 $20\mu m$ 时计算误差最大，达到 $8\mu m$。

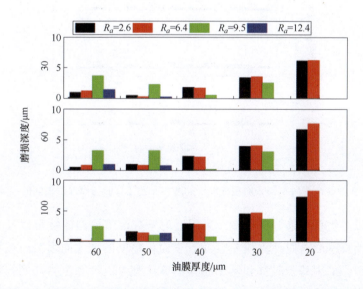

图 6-12　在盲区采用时移法计算的磨损深度值与设置值之间的误差绝对值分布

图 6-13 给出了在弹簧模型区不同表面粗糙度下采用时移法和相移法计算的衬层磨损深度值与设置值之间的误差绝对值。由图可以看出，在弹簧模型区基

于时移进行计算时，在相同衬层磨损深度下，误差随膜厚的增大而增大；在相同膜厚时，无论衬层磨损深度如何变化，误差基本保持不变。在弹簧模型区基于相移进行计算时，误差则较小。

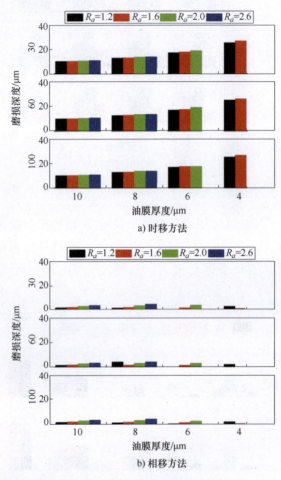

图 6-13　在弹簧模型区不同表面粗糙度下的磨损深度计算值与设置值之间的误差绝对值

根据以上仿真结果分析可知，采用反射系数幅值模型依然可以计算出衬层磨损后的油膜厚度，但计算误差会随着表面粗糙度的增大而增大。在衬层磨损深度测量中，采用基于时移和基于相移的方法都可以计算出衬层磨损深度。在共振模型区，基于时移的方法计算精度高于基于相移的方法；在盲区，仅基于时移的方法能够计算出衬层磨损深度；而在弹簧模型区，基于相移方法的计算精度远高于基于时移的方法。

6.4　膜厚与衬层磨损同步测量模型标定

6.4.1　实验步骤

实验装置采用图 2-11 所示的高精度油膜厚度标定实验台，其固定圆柱上表面加工有一层厚 2mm 的巴氏合金衬层。具体实验步骤如下：

步骤一：采集固定圆柱-空气界面的反射信号作为初始参考信号。

步骤二：用砂纸磨损固定圆柱的巴氏合金衬层来模拟不同的衬层磨损深度，并采集不同磨损深度下的固定圆柱-空气界面反射信号作为磨损后的参考信号。

步骤三：将油滴到固定圆柱表面上，通过调节螺旋测微器使膜厚处于共振模型区，并以共振模型计算得到的膜厚作为基准膜厚值。

步骤四：调节螺旋测微器使油膜厚度从共振模型区逐渐减小到弹簧模型区，步长为 10μm，以螺旋测微器的位移增量和初始油膜厚度的差值作为实际的油膜厚度，并记录不同标定位置处的油膜反射信号。

步骤五：完成一次标定后，进一步磨损巴氏合金衬层，重复以上步骤。

磨损实验共计六次，图 6-14 给出了不同磨损次数下采集的参考信号时域图，实验 0 代表未发生磨损时的情况。

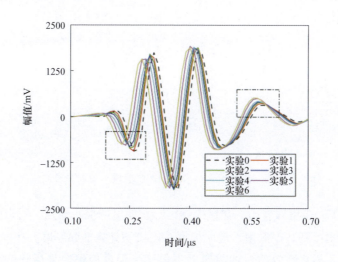

图 6-14　不同磨损实验中从空气界面反射的参考信号时域图

从图 6-14 中可以看出，衬层磨损过程中参考信号发生了整体的时移，且从实验 4 开始，参考信号波形发生了明显的改变。这是因为在用砂纸磨损过程中，无法保证均匀磨损，导致衬层-空气界面和基体-衬层界面不再平行，这种现象同样存在于实际设备摩擦副的磨损中。根据衬层磨损前后参考信号的时移变化，采用传统的飞行时间法计算出衬层磨损深度作为实际值，用于验证油膜信息及衬层磨损信息耦合作用下本章所介绍的膜厚与轴承累计磨损深度同步测量模型的准确性。表 6-1 给出了不同磨损次数下的轴承实际磨损深度。

表 6-1   不同磨损次数下的轴承实际磨损深度

磨损次数	1	2	3	4	5	6
磨损深度/μm	3.21	8.90	17.33	30.56	43.67	56.97

6.4.2   油膜厚度测量结果

具体地，通过快速傅里叶变换可以计算出衬层磨损后油膜反射信号的幅值谱和相位谱，将衬层磨损后的油膜反射信号幅值谱除以轴承无磨损时的参考信号幅值谱计算得到衬层磨损后反射系数幅值谱。根据表 6-1 的实验设置，图 6-15 给出了第一次磨损实验后不同膜厚下的反射系数幅值谱。

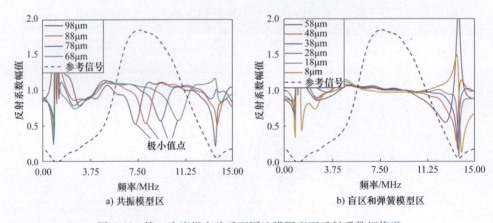

a) 共振模型区   b) 盲区和弹簧模型区

图 6-15   第一次磨损实验后不同油膜厚度下反射系数幅值谱

从图 6-15a 中可以看出，共振模型区存在明显的极小值点，可以通过识别极小值点的频率得到共振频率，进而根据共振模型计算油膜厚度。在图 6-16b 所示的盲区中，反射系数幅值对油膜厚度不敏感，很难用幅值来反映油膜厚度的变化。在弹簧模型区，随着油膜厚度的减小，幅值逐渐减小，可以根据弹簧模型法公式利用中心频率处反射系数的幅值计算油膜厚度。

图 6-16 显示了六次衬层磨损实验下的油膜厚度标定结果。从图中可以看出，在不同衬层磨损深度下，共振模型和弹簧模型的计算结果与设置值基本一致。但受衬层表面粗糙度和表面倾斜不可控等因素的影响，测量的误差大于未磨损时的误差。总之，在衬层磨损后，基于反射系数幅值谱的共振模型和弹簧模型依然可以准确计算油膜厚度。

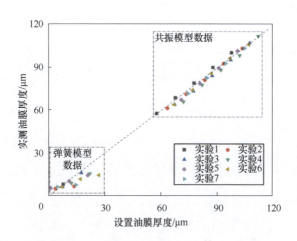

图 6-16　实测油膜厚度与设置油膜厚度对比图

6.4.3　衬层磨损深度测量结果

图 6-17 给出了在共振模型区衬层磨损深度的测量结果。不同形状的符号分别代表着轴承不同磨损深度实验下的测量结果，以及不同颜色的水平虚线分别代表着轴承不同磨损深度实验下衬层磨损深度的实际值，另外空心符号和实心符号分别代表同一磨损深度下采用相移法和时移法计算的结果。可以看出，在前四次磨损实验中，时移法和相移法测量结果与实际磨损值基本一致，但整体要比实际磨损值偏大。在第五次实验中相移法的计算结果与实测结果高度一致，而第六次实验中却出现了较大偏差，这可能是由于衬层表面磨损后出现了严重的偏斜现象，导致相移法无法反映出衬层磨损深度的变化。此外，第五次和第六次实验中时移法的测量结果与实际值的误差较大，但不同膜厚下测量误差恒定，依然可以反映轴承衬层整体磨损深度的变化趋势。因此，在共振模型区内，时移法的有效性优于相移法。

图 6-18 给出了在盲区采用时移法计算得到的衬层磨损深度。可以看出，当衬层磨损深度较小时，测量值与实际值基本吻合。然而，随着衬层磨损深度的

增加，磨损表面相对于基体-衬层界面发生倾斜，测量值与实际值之间的偏差逐渐增大。此外，在相同磨损深度下，油膜厚度越薄，误差越大。这是因为随着油膜厚度变薄，回波信号重叠严重，油膜信号的第一个波峰和波谷部分将含有油膜多次反射回波成分，使得回波信号 ΔB_1 形状发生改变，从而在与参考回波信号进行互相关分析时产生计算误差。但整体而言，时移法能够有效地反映盲区衬层磨损深度的变化。

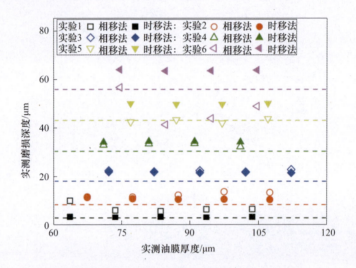

图 6-17　共振模型区衬层磨损深度测量结果

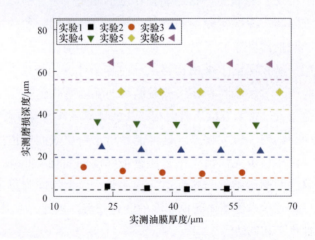

图 6-18　盲区衬层磨损深度测量结果

图 6-19 给出了弹簧模型区的衬层磨损深度测量结果。不同形状的符号代表着不同磨损深度实验下的测量结果，空心符号和实心符号分别代表同一磨损深度下采用相移法和时移法计算的结果。可以看出，在前四次实验中，相移法测量结果与实际磨损值基本一致，而时移法出现了较大偏差。根据理论分析可知，这是因为在弹簧模型法区域内，油膜回波信号重叠现象严重，衬层-油膜界面的回波信号 ΔB_1 受到多次回波信号（$B_2, \cdots, B_n$）的影响进而导致通过互相关求解时移的方法存在较大误差。在第五次和第六次磨损过程中，由于磨损表面的倾斜，相移法的计算偏差增大。整体而言，在弹簧模型区中，相移法比时移法的磨损深度测量结果更加准确。

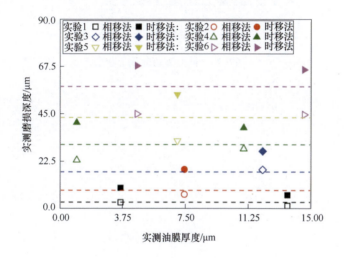

图 6-19　弹簧模型区衬层磨损深度测量结果

6.5　算例

由 6.2.1 节的分析可知，衬层磨损前后油膜反射回波信号与参考回波信号的幅值比不变，即反射系数幅值谱中不包含衬层磨损信息，因此可以通过基于反射系数幅值的弹簧模型和共振模型计算油膜厚度。在第 3 章中已有具体过程，本章不再赘述。在本节中主要介绍基于相移法计算如图 6-20 所示的推力滑动轴承的衬层磨损深度的具体步骤。

步骤一：采集衬层磨损前原衬层-空气界面的参考信号以及衬层磨损后磨损衬层-油膜界面的反射信号，对其作 FFT 运算，分别得到对应的幅值谱后，将油膜反射信号与参考信号的幅值做除法运算，可得反射系数幅值谱，如图 6-21 所示，提取共振频率为 $f_m = 4.43\text{MHz}$。

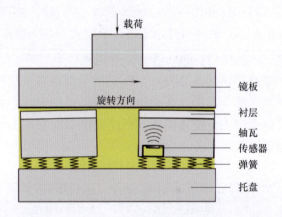

图 6-20　推力滑动轴承示意图

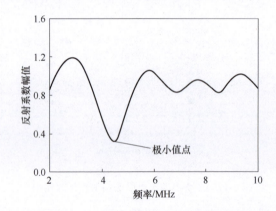

图 6-21　衬层磨损后反射系数幅值谱

步骤二：对步骤一所采集到的参考信号与油膜反射信号作 FFT 运算，得到参考信号相位谱和油膜反射信号相位谱如图 6-22 所示。

步骤三：利用步骤一所得的共振频率，与步骤二所得的参考信号相位谱和油膜反射信号相位谱，提取共振频率处所对应的相位值，可得 $\theta_a(f_m) = -12.8\text{rad}$，$\theta_{ow}(f_m) = -6.3\text{rad}$。

步骤四：将提取到的共振频率，以及在共振频率处所提取到的参考回波信号相位和油膜反射回波信号的相位，以及声波在衬层中的速度等物理量带入公式（6-11）中，即可求得磨损衬层深度 $\Delta d_w = 0.385\text{mm}$。

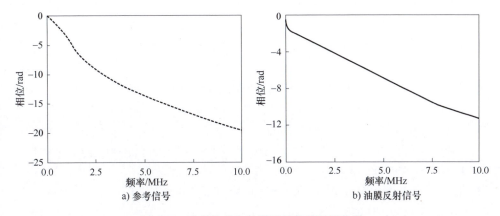

图 6-22　参考信号和油膜反射信号的相位谱

6.6　本章小结

无论是润滑失效或正常启停，摩擦副的磨损都是不可避免的，因此表面磨损也是摩擦学状态的重要组成部分，而恰恰这也是状态监测中常被忽略的重要信息。本章从摩擦学状态信息的完备性描述出发，特别介绍了一种润滑膜厚度和衬层磨损深度的同步测量模型，试图推动摩擦学状态监测这一技术的研究与应用。

本章以典型的含衬层滑动轴承为对象，首先介绍了声波在简化的四层结构中的传播原理，进而推导了衬层磨损以及油膜厚度的同步测量方法；其次，通过有限元仿真技术对同步测量方法进行了验证，获得了表面粗糙度对该方法的影响规律；然后，完成了同步测量的静态标定实验，从物理试验角度验证了方法的有效性和边界性。最后，以某推力滑动轴承为算例，介绍了基于相移法计算其衬层磨损深度的具体步骤及实现方法。

参 考 文 献

［1］DWYER-JOYCE R S, REDDYHOFF T, ZHU J. Ultrasonic measurement for film thickness and solid contact in elastohydrodynamic lubrication ［J］. Journal of Tribology, 2011, 133 （3）: 407-411.

［2］李猛，田桂斌，刘意等. 圆柱滚子轴承混合润滑状态下的超声法膜厚测量 ［J］. 振动与冲击, 2020, 39 （10）: 279-284.

［3］BRUNSKILL H, HARPER P, LEWIS R. The real-time measurement of wear using ultrasonic reflectometry [J]. Wear, 2015, 332: 1129-1133.

[4] BREKHOVSKIKH L. Waves in layered media [M]. Amsterdam: Elsevier, 2012.

[5] 窦潘. 滑动轴承润滑油膜厚度的超声测量方法的关键问题研究 [D]. 西安: 西安交通大学, 2022.

[6] ZHANG J, DRINKWATER B W, DWYER-JOYCE R S. Calibration of the ultrasonic lubricant-film thickness measurement technique [J]. Measurement Science and Technology, 2005, 16 (9): 1784.

[7] 李响, 马希直, 张步高. 油膜厚度超声测量声反射系数理论及数值计算 [J]. 润滑与密封, 2018, 43 (9): 13-18.

[8] 王建磊, 王晓虎, 张琛, 等. 机械密封润滑膜分布的超声检测技术 [J]. 中国机械工程, 2019, 30 (6): 684-689.

[9] HUNTER A, DWYER-JOYCE R S, HARPER P. Calibration and validation of ultrasonic reflection methods for thin-film measurement in tribology [J]. Measurement Science and Technology, 2012, 23 (10): 105605.

[10] MAJUMDAR A, BHUSHAN B. Role of fractal geometry in roughness characterization and contact mechanics of surfaces [J]. 1990, 112 (2): 205-216.

[11] FALCONER K. Fractal geometry: mathematical foundations and applications [M]. New Jersey: John Wiley and Sons, 2004.

第 7 章　超声测量参考信号的在机标定方法

作为一种在线实时测量方法，超声油膜厚度测量方法要求能够具备实际工况的实时跟随能力。但是也能看到，这种实时跟随能力还是受到初始参考信号的约束，主要体现在：初始参考信号的标定一般采用离线标定方式，且认为运行中参考信号不再发生改变。然而，实际中参考信号随着工况发生改变，作为入射信号近似代替的参考信号则无法准确反映实时的入射信号。为了保证这种替代的准确性，参考信号需要实时获取、更新，这就是参考信号在线标定的意义所在。

具体地，从第 3 章介绍的超声测量原理及计算模型可知，以反射系数为基础的计算模型是油膜厚度计算的关键，而反射系数是反射信号与入射信号的比值。实际测量中，反射信号可以通过传感器实时获得，而入射信号即参考信号，则利用固体-空气界面全反射原理获得。随着工况的改变，原来的参考信号可能发生改变，因此能够在不拆卸零部件情况下实现参考信号的在线更新是工程应用的瓶颈难题。本章以滑动轴承为对象，介绍一种入射信号的间接重构方法[1]，为解决类似工况下的技术应用提供新思路。

7.1　基于声波反射原理的参考信号重构方法

根据第 3 章测量模型的介绍可以知道实际测量的反射系数幅值和相位可分别通过油膜反射信号 $B(f)$ 和入射信号 $I(f)$ 的幅值比与相位差获得：

$$|R(f)| = \frac{|B(f)|}{|I(f)|} \tag{7-1}$$

$$\Phi(f) = \theta_B(f) - \theta_I(f) \tag{7-2}$$

式中　$|R(f)|$——油膜反射系数幅值；

$\Phi(f)$——油膜反射系数相位（单位为 rad）；

$|B(f)|$——油膜回波信号幅值（单位为 V）；

$\theta_B(f)$——油膜回波信号相位（单位为 rad）；

$|I(f)|$——入射波幅值（单位为 V）；

$\theta_I(f)$——入射波相位（单位为 rad）。

入射信号本质上是超声波在固体界面引入的应力波，这个应力波一旦开始传播就会受到固体材料的影响，尤其是在不同声阻抗界面会改变其入射和透射波形。由于这些波的传播都在介质内部，入射信号 $I(f)$ 在实际中无法直接采集得到，所以需通过已知界面的反射信号来近似估计。

由于声阻抗的差异性，金属中（以钢为例）的应力波在金属-空气界面几乎发生全部反射而不发生透射，所以反射系数幅值一般可近似为 1，而反射系数相位近似为 0，所以通常采集金属-空气界面的反射回波作为参考信号近似估计入射信号。根据这种原则，为获取设备中目标部件的参考信号，需要在油膜厚度测量前拆卸摩擦副以获得金属-空气界面的反射信号，这就限制了超声膜厚测量技术的实际应用。此外，即便解决了拆解标定难题，还会遇到更普遍的问题，即参考信号随工况的漂移问题。大部分机器在运行工况下，摩擦副的温度会升高，温度变化会带来介质材料声速、密度等参数变化，从而影响声波的传播，其中也包括入射信号 $I(f)$。获取参考信号的本源需求就是为了代替入射信号 $I(f)$，而实际工况下初始拆解标定的参考信号已经偏离真实入射信号 $I(f)$ 的情况下，后续的计算会引入计算误差。为此，众多学者进行了在机参考信号标定方法的研究，并提出了一系列的参考信号重构方法。

7.1.1 利用反射信号极小值点采集入射信号相位方法[2]

由第 3 章中三层结构模型的相位公式可以知道，共振频率 f_m 处的反射系数相位为 0，这就意味着入射信号相位与油膜反射信号相位在共振频率 f_m 处相等，即

$$\theta_B(f_m) = \theta_I(f_m) \tag{7-3}$$

Hunter 等[2]已在实验中证明：共振模型区的极小值点现象既会发生在反射系数幅值谱中也会发生在油膜反射信号幅值谱中。这意味着：如果反射信号幅值谱中的极小值点频率与共振频率 f_m 相等，共振模型就可以直接应用于油膜反射信号幅值谱中，并能够根据式（7-3）提取共振频率处的相位作为入射信号相

位，采用相位模型计算一阶共振频率以下的油膜厚度。此外，Zhang 等[3] 还认为反射信号幅值谱和反射系数幅值谱中的极小值点频率相同，均等于共振频率[3]，但并未给出严格的理论证明和分析。

7.1.2　基于最小均方拟合的自动标定方法

根据第 3 章弹簧模型油膜厚度式（3-18）和式（3-23）有

$$\sqrt{\frac{|R|^2}{1-|R|^2}}=\frac{1}{\tan\varPhi_K} \tag{7-4}$$

利用三角函数关系式，式（7-4）可以转换为

$$|R|=\cos\varPhi_K \tag{7-5}$$

将式（7-5）代入式（7-1）和式（7-2），可以得到反射信号幅值 $|B(f)|$ 和相位 $\theta_B(f)$ 与参考信号幅值 $|I(f)|$ 和相位 $\theta_I(f)$ 的关系为

$$|B(f)|=|I(f)|\cos(\theta_B(f)-\theta_I(f)) \tag{7-6}$$

基于上式，Tom Reddyhoff 等[4] 提出了一种基于最小均方拟合的自动标定方法，方法的标点结果如图 7-1 所示。具体地，通过一系列已知膜厚下获得的反射信号幅值 $|B(f)|$ 和相位 $\theta_B(f)$ 的数据点，可以利用式（7-6）拟合得到参考信号幅值 $|I(f)|$ 和相位 $\theta_I(f)$，从而重构出参考信号。从图中给出的重构结果可以看出，该方法通过实验获得了准确度很高的参考信号幅值谱，但是该方法的拟合准确度与输入数据的范围、平均值以及数量有关，尤其是在线测量中需要油膜稳定地运行在一定范围内从而获得足够的数据点，这些条件限制了该方法的实际应用。

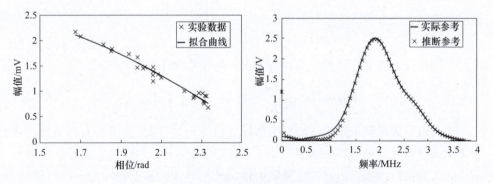

图 7-1　利用反射信号幅值和相位拟合出的参考信号[4]

7.1.3　基于卡尔曼滤波的参考信号自适应重构方法

卡尔曼滤波算法在控制工程以及系统辨识中运用广泛，其主要思想是根据理论推导先验估计待求量，再以误差协方差最小为目标构造卡尔曼增益以修正先验估计值，最后再对误差协方差进行更新。该方法采用迭代算法，以残差最小为收敛条件，属于一种自适应算法[5]，具体实现过程论述如下。

基于脉冲信号在三层结构中的反射特性，可以推导出反射信号 $y(t)$ 和入射信号 $u(t)$ 的非线性回归方程[5]为

$$y^2(t) = \left(\frac{2K_c}{K_a} y(t)^T - \frac{K_b}{K_a} u(t)^T \right) u(t) \tag{7-7}$$

式中

$$K_a = 1 - R_1^2 R_2^2 \tag{7-8}$$

$$K_b = R_1^2 - R_2^2 \tag{7-9}$$

$$K_c = R_1 (1 - R_2^2) \tag{7-10}$$

其中，R_1 和 R_2 分别为三层结构上、下两界面的反射系数。

卡尔曼滤波算法分为预测、校正和更新三步。首先将入射信号 $u(t)$ 表达为一中间函数 $v(t)$ 的函数。在预测阶段，根据式（7-7）预测先验 $v(t)^*$，以及先验误差的协方差 $P(t)^*$。在校正阶段，计算卡尔曼增益为

$$K(t) = \frac{P(t)^* C(t)^T}{C(t) P(t)^* C(t)^T + 1} \tag{7-11}$$

根据卡尔曼增益校正先验估计值为

$$v(t) = v(t)^* + K(t) \left(y^2(t) - \left(\frac{2K_c}{K_a} y(t)^T - \frac{K_b}{K_a} v(t)^{*T} \right) v(t)^* \right) \tag{7-12}$$

最后，对误差协方差矩阵进行更新

$$P(t) = (I - K(t) C(t)) P(t)^* \tag{7-13}$$

重复预测、校正和更新过程，直到残差收敛到误差允许范围之内

$$\text{Res} = y^2(t) - \left(\frac{2K_c}{K_a} y(t)^T - \frac{K_b}{K_a} u(t)^T \right) u(t) \tag{7-14}$$

迭代收敛后得到卡尔曼滤波算法估计的信号 $v(t)$ 即为重构的入射信号。基于重构入射信号计算的膜厚结果（EKF）如图 7-2 所示，尽管该方法可以实现自适应的入射信号构造，但是实际测量中稳定性很差，容易受到外部干扰的影响，测量膜厚结果波动较大且存在较大偏差。

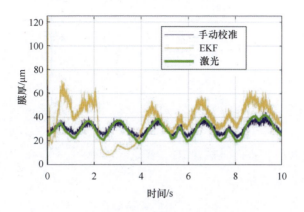

图 7-2　基于重构入射信号计算膜厚结果[5]

7.2　基于极值点现象的参考信号重构方法

根据 Hunter 提出的方法[2]，可以从反射信号极小值点中提取到共振频率，从而获得入射信号的相位信息。实际中，油膜在共振模型区的反射回波在时域内具有近似无限长的持续时间，在混叠其他杂波的干扰下，往往只能提取部分回波进行计算。因此，在分析共振模型时，需要考虑反射信号仅包含部分回波情况下，对极值点提取精度的影响。本文将从这一视角分析上述方法的原理及适用性。

7.2.1　回波个数对共振模型的影响

考虑到回波个数 n 是有限的，直接从第 2 章的式（2-32）中提取幅值和相位：

$$|R(f)| = \sqrt{\mathrm{Re}^2 + \mathrm{Im}^2}$$

$$= \left\{ \gamma_1^2 + \gamma_2^2 + \gamma_3^2 + \cdots + \gamma_n^2 + 2(\gamma_1\gamma_2 + \gamma_2\gamma_3 + \cdots + \gamma_{n-1}\gamma_n)\cos\left(\frac{4\pi f d}{c_2}\right) + \right.$$

$$\left. 2(\gamma_1\gamma_3 + \cdots + \gamma_{n-2}\gamma_n)\cos\left(\frac{8\pi f d}{c_2}\right) + \cdots + 2\gamma_1\gamma_n\cos\left[\frac{4(n-1)\pi f d}{c_2}\right] \right\}^{\frac{1}{2}} \quad （7-15）$$

$$\Phi(f) = \mathrm{atan}\frac{\mathrm{Im}}{\mathrm{Re}}$$

$$= \frac{\gamma_2\sin\left(\dfrac{4\pi fd}{c_2}\right)+\gamma_3\sin\left(\dfrac{8\pi fd}{c_2}\right)+\cdots\gamma_n\sin\left(\dfrac{4(n-1)\pi fd}{c_2}\right)}{\gamma_2\cos\left(\dfrac{4\pi fd}{c_2}\right)+\gamma_3\cos\left(\dfrac{8\pi fd}{c_2}\right)+\cdots\gamma_n\cos\left(\dfrac{4(n-1)\pi fd}{c_2}\right)} \tag{7-16}$$

式中

$$\gamma_i=\begin{cases} V_{12}, & i=1 \\ \vdots \\ W_{12}V_{23}^{n-1}V_{21}^{n-2}W_{21}, & i=n \end{cases} \tag{7-17}$$

对式（7-15）求导可得

$$|R(f)|'=-\frac{4\pi dA(f)}{c|R(f)|} \tag{7-18}$$

式中

$$A(f)=(\gamma_1\gamma_2+\gamma_2\gamma_3+\cdots+\gamma_{n-1}\gamma_n)\sin\left(\frac{4\pi fd}{c_2}\right)+2(\gamma_1\gamma_3+\gamma_2\gamma_4+\cdots+\gamma_{n-2}\gamma_n)\sin\left(\frac{8\pi fd}{c_2}\right)+\cdots+$$

$$(n-1)\gamma_1\gamma_n\sin\left(\frac{4(n-1)\pi fd}{c_2}\right) \tag{7-19}$$

根据式（7-18）和式（7-19），在共振频率 $f_m=mc_2/2d$ 处有

$$|R(f_m)|'=0 \tag{7-20}$$

可以看出，无论反射回波个数 n 是多少，式（7-20）恒成立。这意味着反射回波个数 n 并不影响反射系数幅值谱中极小值点频率和反射系数相位谱中过零点频率的位置，即共振频率的大小。

根据式（7-1）及式（7-19），从油膜反射的回波可以表示为

$$|B(f)|=|I(f)||R(f)| \tag{7-21}$$

对式（7-21）求导可得

$$|B(f)|'=|I(f)|'|R(f)|+|I(f)||R(f)|' \tag{7-22}$$

在共振频率 f_m 处，$|R(f_m)|'=0$，则式（7-22）可以化简为

$$|B(f_m)|'=|I(f_m)|'|R(f_m)| \tag{7-23}$$

在钢-油-钢三层典型结构中，当回波个数 n 趋于无穷大时，$|R(f_m)|_{n\to\infty}=0$，此时反射信号幅值谱中的极小值点频率恒等于共振频率。但当回波个数 n 有限时，根据式（7-15）可知，$|R(f_m)|\neq 0$，此时反射回波幅值谱 $|B(f_m)|\neq 0$。而反射回波幅值谱的导数 $|B(f_m)|'$ 在极小点处一定为 0。由式（7-23）可知，$|R(f_m)|\neq 0$，$|B(f_m)|'$ 是否为 0 将取决于 $|I(f_m)|'$ 是否为 0，即反射信号幅值谱

中的极小值点频率是否等于共振频率取决于$|I(f_m)|'$是否为 0。因此，为了对比不同回波个数下，反射信号幅值谱中的极小值点频率和共振频率的关系，利用第 4 章中回波的数学方法来构造高斯回波 $I(\theta,t)$ 以模拟入射信号。

图 7-3 给出了参数为 $\theta=[\alpha,\tau,f_c,\Phi,\beta]=[92.4,0.4,6.8,4.5,-2091]$ 的高斯模型时域图。

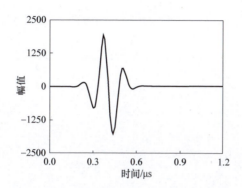

图 7-3　参数为 $\theta=[92.4,0.4,6.8,4.5,-2091]$ 的高斯模型时域图

其中，标准化（$\beta=1$）和零相位（$\Phi=0$）的高斯回波幅值谱可通过高斯回波模型的傅里叶变换得到[6-7]

$$|I(f)|=\frac{1}{2}\sqrt{\frac{\pi}{\alpha}}\left(\mathrm{e}^{\frac{-\pi^2(f-f_G)^2}{\alpha}}+\mathrm{e}^{\frac{-\pi^2(f+f_G)^2}{\alpha}}\right) \tag{7-24}$$

将油膜信号幅值谱中的极小值点频率记为 f_{minB}，结合式（7-21）和式（7-24）可以得出以下结论：

$$\begin{cases} f_{minB}\equiv f_m, & n=\infty \\ f_{minB}=f_m, & n\neq\infty\ \&\ f_m=f_G \\ f_{minB}\neq f_m, & n\neq\infty\ \&\ f_m\neq f_G \end{cases} \tag{7-25}$$

表 7-1　不同材料的声学特性参数

材料	密度 $\rho/(\mathrm{kg\cdot m^{-3}})$	声速 $c/(\mathrm{m\cdot s^{-1}})$	声阻抗 $z/(10^6\mathrm{kg\cdot m^{-2}\cdot s^{-1}})$
油	886	1467	1.30
钢	5818	7810	45.4
铝	2650	6220	16.5

由式（7-25）可知，当油膜反射回波个数 n 有限时，在传感器中心频率处，油膜反射信号幅值谱中的极小值点频率才等于共振频率。根据表 7-1 中材料参数

值，结合式（7-15）、式（7-21）以及式（7-24）可计算出不同膜厚下的油膜反射信号幅值谱，如图7-4所示。

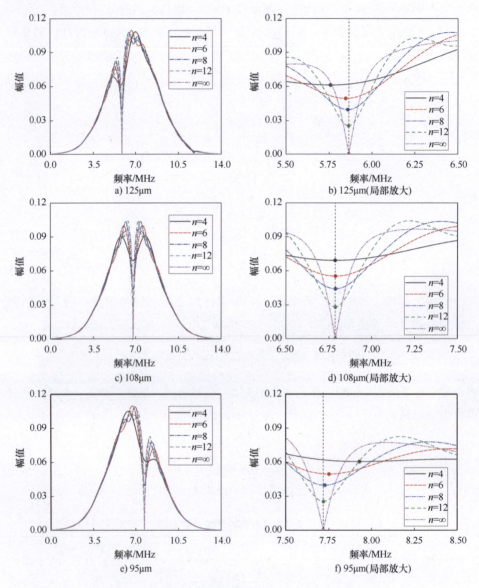

图7-4 不同膜厚下的油膜反射信号幅值谱及局部放大图
（局部放大图中虚线代表共振频率位置）

从图7-4可以看出，当极小值点频率靠近传感器中心频率时，极小值点频率趋近于共振频率；当极小值点频率大于中心频率时，极小值点频率高于共振频率；相反，当极小值点频率低于中心频率时，极小值点频率低于共振频率。且对于后两种情况，极小值点频率与共振频率的偏差随着回波个数的减小而增大。根据以上分析可以得出以下结论：

1）当提取到的油膜反射信号只包含部分回波时，油膜信号幅值谱中的极小值点频率并不恒等于共振频率，如果直接将油膜信号幅值谱中的极小值点频率应用于共振模型会导致膜厚计算结果出现误差。

2）在油膜反射信号幅值谱中，出现在中心频率处的极小值点频率总是等于共振频率。同时，在共振频率 f_m 处，油膜反射信号相位等于入射信号相位。因此，可以提取此时极小值点频率对应的相位作为入射信号相位。

3）出现在反射系数幅值谱中的极小值点频率并不受回波个数 n 的影响。因此，为准确使用共振模型，需要获取入射信号幅值谱来计算出反射系数幅值谱。

7.2.2　重构算法

由上一节分析可知，在油膜反射信号幅值谱中，出现在中心频率处的极小值点频率总是等于共振频率。同时，在共振频率 f_m 处，油膜反射信号相位等于入射信号相位。因此，当油膜厚度在共振模型范围内变化过程中，共振频率恰好等于中心频率时，可通过提取中心频率的油膜反射信号相位来估计该频率下的入射信号相位。

当油膜厚度处于盲区部分时，理论反射系数幅值谱基本保持不变（参考第 3 章的图 3-5a），由反射系数幅值谱的定义可知，可以通过盲区部分的油膜反射信号幅值谱来计算入射信号幅值谱：首先，调整油膜厚度使反射信号幅值谱的极小值点出现在传感器中心频率处，求解该频率对应的油膜反射信号相位作为入射信号相位；然后基于入射信号相位，提取盲区内的油膜反射信号，利用相位模型[8-9]（见式（3-22））计算对应的油膜厚度 d，根据式（3-6）计算该油膜厚度 d 的理论反射系数幅值谱。最后，根据式（7-21），入射信号幅值谱的计算公式如下：

$$|I(f)| = \frac{|B_d(f)|}{|R(f)_{n \to \infty}|} \tag{7-26}$$

式中　　$B_d(f)$——油膜厚度为 d 时的反射信号；
$|R(f)_{n \to \infty}| = 0$——油膜厚度为 d 时的理论反射系数幅值谱。

入射信号相位和幅值谱重构方法要求油膜厚度可以在大范围内变化（至少在盲区和共振模型区变化），这一要求可以通过调节机器的启动过程或者精确地控制载荷和转速来实现。相应的入射信号重构流程如图 7-5 所示，具体包括：

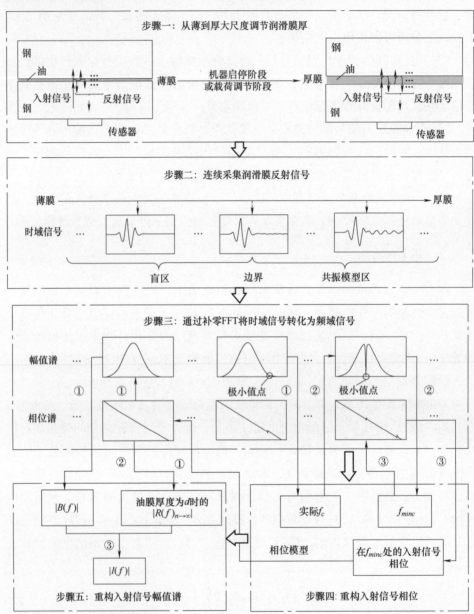

图 7-5　入射信号重构算法流程图

步骤一： 调节载荷使膜厚从弹簧模型区逐渐增加到共振模型区。

步骤二： 连续采集存储油膜的反射回波信号。

步骤三： 采用 FFT 算法将时域反射信号转换到频域，并根据幅值谱中的极小值点现象将反射信号分为共振模型区和非共振模型区。

步骤四：在共振模型区，搜索并提取幅值谱中出现在中心频率处的极小值点频率f_c，然后在相位谱中提取对应的相位值作为入射信号相位。

步骤五：利用提取到的入射信号相位，基于相位模型计算非共振模型区的油膜厚度，并根据式（7-26）计算入射信号幅值谱。

7.2.3　算法验证

为了验证重构入射信号方法的准确性，需要采集静态钢柱-空气界面的反射信号作为实测参考信号进行对比验证。然而根据以上分析，由于脉冲发生接收器的不稳定性、电噪声等原因，实测参考信号在一定范围内会随着测量次数的增加而存在固有的波动，为减小该误差，可采集 100 组参考信号进行平均处理作为最终测量信号。

7.2.3.1　入射信号相位重构

调节螺旋测微器使膜厚从 $80\mu m$ 增加到 $200\mu m$，同时连续采集油膜的反射回波信号。图 7-6 给出了共振模型区油膜信号的幅值谱和相位谱。为了提高频率分辨率，在进行信号快速傅里叶变换时进行了补零处理，同时利用抛物线插值算法进一步精确提取极小值点频率。

如图 7-6a、c 和 e 所示：由于共振现象，油膜信号幅值谱中出现极小值点现象，从对应厚度的相位谱中可以看出，共振频率处反射信号与实测参考信号相位基本相等，如图 7-6b、d 和 f 所示。

逐一提取不同极小值点频率处的反射信号相位，图 7-7 给出了其相对于实测参考信号相位的绝对误差，阴影部分代表参考信号在 100 次测量中由于噪声导致的信号相位波动范围。可以看出，中心频率处的绝对误差最小并且限制在噪声波动的范围内。这是因为，在中心频率处，极小值点频率与共振频率相等，此时反射信号相位等于入射信号相位；当极小值点频率小于或大于中心频率时，极小值点频率低于或高于共振频率，此时绝对误差向负方向和正方向逐渐增大。由于在实际中无法直接提取到与中心频率绝对相等的极小值点频率，因此提取与中心频率最接近的极小值点频率处的相位作为重构入射信号相位。

7.2.3.2　入射信号幅值谱重构

首先基于重构入射信号相位和相位模型计算出一阶共振频率以下的油膜反射信号的油膜厚度，然后根据式（7-26）重构入射信号幅值谱。图 7-8 给出了重构入射信号幅值谱及其与实测参考信号幅值谱的相对误差。

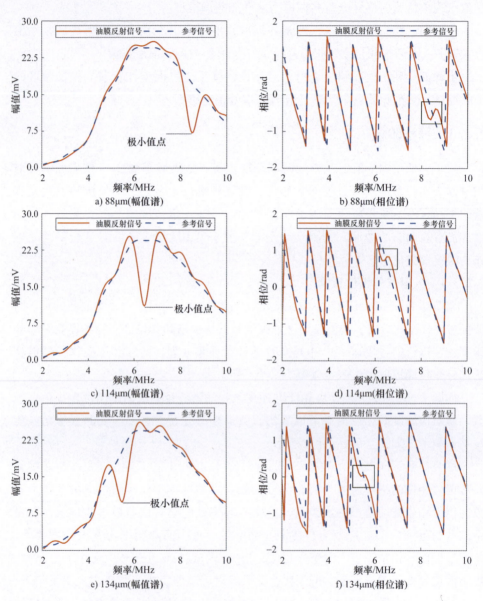

图 7-6 不同油膜厚度下的参考信号与反射信号幅值谱及相位谱

　　从图 7-8 可以看出，重构入射信号与实测参考信号的幅值谱在盲区（油膜厚度为 15.86~56.16μm）基本吻合，误差相对最小，误差基本在噪声的波动范围内，而在共振模型区（油膜厚度为 65.91μm）和弹簧模型区（油膜厚度为 5.11μm）存在较大误差。这是因为，在共振模型区，反射信号时域较宽，

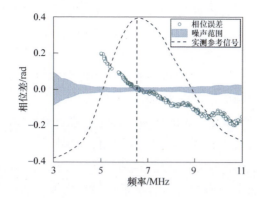

图 7-7　不同极小值点频率处相位与实测参考信号相位之间的绝对误差
（竖直虚线代表传感器实际中心频率位置）

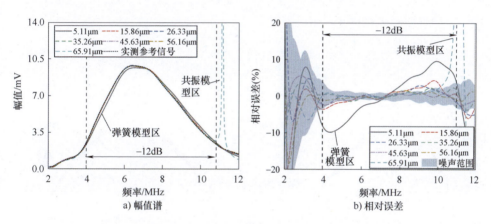

a) 幅值谱　　　　　　　　　　　　　　b) 相对误差

图 7-8　重构入射信号与实测参考信号幅值谱的相对误差
（阴影区域代表仪器噪声的波动范围）

且存在介质周围反射杂波的干扰[10]，无法提取到所有的回波信号计算幅值谱，使得理论反射系数幅值谱的计算存在误差，进而导致重构入射信号幅值谱出现误差，其误差在共振频率（11.1MHz）附近达到最大；在弹簧模型区，由于反射系数幅值对表面粗糙度非常敏感，所以重构的入射信号幅值谱也会存在较大误差。

7.2.3.3　入射信号重构的油膜厚度测量验证

为了验证入射信号重构算法的有效性，调节螺旋测微器使膜厚从薄到厚变化，模拟轻载条件下摩擦副的分离过程，并连续采集油膜的反射回波信号。当膜厚处于共振模型区时，提取最靠近中心频率的极小值点频率处的反射信号相位作为入射信号相位。然后使用重构入射信号相位确定存储油膜信号的盲区范围，提取盲区内的油膜反射信号幅值谱计算入射信号幅值谱。再调节螺旋测微器改变膜厚从厚到薄，利用重构的入射信号相位和幅值计算油膜厚度，同时采用实测参考信号计算油膜厚度作为对比。

图 7-9 给出了四次重复实验的结果。红色曲线代表采用实测参考信号常规测量的结果，蓝色曲线代表使用重构入射信号自动测量的结果，三角形和正方形分别表示重构入射信号相位和幅值的时刻。可以看出，这四次实验中采用重构入射信号测量的结果与实测参考信号测量的结果高度吻合；在共振模型区和弹簧模型区，测量结果具有较高的一致性；相比较而言，测量结果在盲区范围存在一定的误差和不稳定性。这是因为相位模型对电子噪声敏感，而重构的入射信号相位在噪声范围内不可避免地存在一定的波动，从而导致盲区测量结果存在一定的误差和不稳定性。

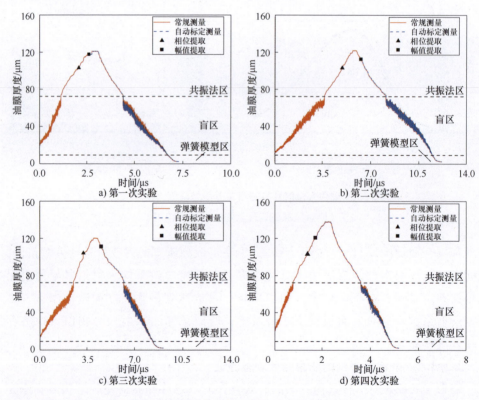

图 7-9　采用实测参考信号与重构入射信号进行膜厚测量的实验结果

7.3 算例

本章以某风电齿轮箱行星轮径向滑动轴承油膜厚度测量数据作为计算案例。风电变速器的"滚改滑"项目主要是将滚动轴承改为滑动轴承支撑，从而实现降本增效。由于风电变速器运行速度低、负载大导致滑动轴承无法工作在良好的润滑状态，尤其是受到风力的影响，通常在停止和运转之间反复变化。这种速度的大范围变化会在滑动轴承中产生油膜厚度的大范围变化。本章介绍的入射信号重构算法需要采集到滑动轴承油膜厚度在大范围内变化时的油膜反射信号，而风电变速器滑动轴承恰好符合算法的工况要求，这也是本算例的选取原则。

如图 7-10 所示，超声传感器布置在轴承正下方。在静止状态下，轴颈受重力影响停留在测点正上方，理论油膜厚度极薄，如图 7-10a 所示。随后，根据滑动轴承流体动压润滑原理，滑动轴承从启动到运行阶段，会受压力影响而产生一定偏心，致使测点区域内的油膜厚度由零逐渐增大，如图 7-10b 所示。因此，测点区域内的油膜厚度经历弹簧模型区、共振区，进而传感器能够采集到油膜厚度大范围内变化的油膜反射信号。

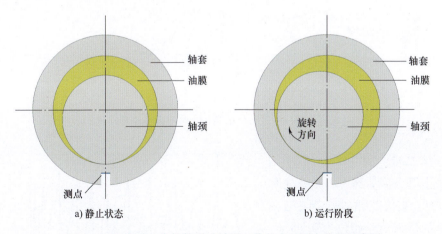

图 7-10　风电减速齿轮箱滑动轴承工作状态及测点位置示意图

根据 7.2.2 节介绍的入射信号重构算法流程，计算入射信号，具体流程如下：

第一步：调节轴承载荷使得油膜厚度由弹簧模型区过渡到共振模型区，搜索并提取幅值谱中出现在中心频率处的极小值点频率f_c，然后在相位谱中提取对应的相位值作为入射信号相位。如图 7-11 所示，随着膜厚增加，极值点逐渐移动到中心频率处。

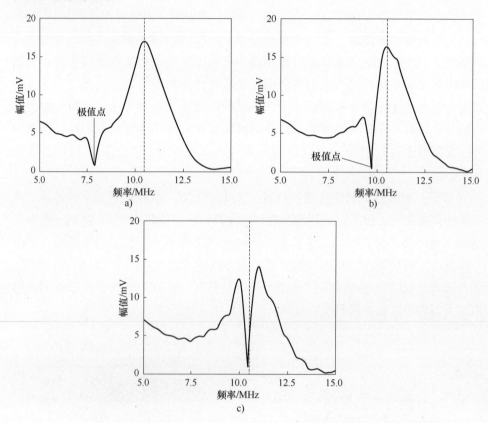

图 7-11　共振区油膜反射系数幅值谱极小值点随频率移动过程示意图

第二步：图 7-12 是图 7-11c 中极小值点移动到中心频率处时对应的反射信号相位谱，其中心频率处的反射信号相位为 0.118rad，即为入射信号的重构相位。

第三步：采集非共振区反射信号幅值谱和相位谱，如图 7-13 所示。图 7-13a 即为式（7-26）中的反射信号幅值谱$|B_d(f)|$。

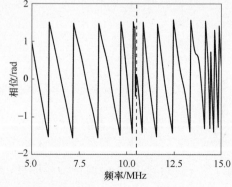

图 7-12　极小值点位于中心频率处时对应的反射信号相位谱

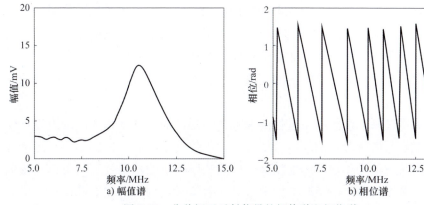

图 7-13　非共振区反射信号的幅值谱和相位谱

　　第四步：利用提取到的入射信号相位，基于相位模型计算非共振模型区的油膜厚度，得到特定膜厚下的理论反射系数。并根据式（7-26）计算得到入射信号幅值谱，如图 7-14 所示。已知材料性能参数见表 7-2。

表 7-2　相关材料性能参数

材料	声速/(m·s^{-1})	密度/(kg·m^{-3})	声阻抗/(10^6kg·m^{-2}·s^{-1})
油	886	1467	1.27
钢	5818	7810	45.4

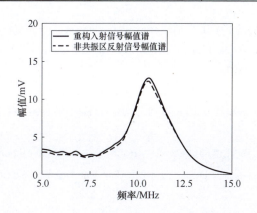

图 7-14　重构入射信号的幅值谱

7.4　本章小结

　　本章针对超声油膜厚度测量方法应用于工程实际遇到的参考信号标定难题，

介绍从变化的油膜信号中重构入射信号的方法。首先，分析了三种典型的重构方法，介绍了不同方法的优缺点，并针对采用共振模型极值点的方法进行详细讨论；其次，分析了极值点方法的基本原理及适用性，给出了回波个数对极值点选取的影响规律；最后给出了通过改变油膜厚度实现入射信号特征提取的重构算法。

该方法通过调节机器启动过程或者载荷作用使油膜厚度在大范围内连续变化，同时提取共振模型区油膜信号幅值谱中最接近中心频率的极小值点频率处的相位作为入射信号相位，并根据盲区内的油膜信号幅值谱计算入射信号幅值谱。此外，采用高精度油膜厚度标定台对入射信号重构方法的准确性进行了验证。实验结果表明，重构的入射信号与实测的参考信号高度吻合，误差基本在仪器的固有噪声波动范围内，且采用重构入射信号与实测参考信号测量膜厚的结果基本保持相同精度。最后，本章以风电变速器径向滑动轴承的测试数据为基础，介绍了入射信号重构算法的计算流程，为该方法的工程应用奠定基础。

参 考 文 献

[1] DOU P, JIA Y, WU T, et al. High-accuracy incident signal reconstruction for in-situ ultrasonic measurement of oil film thickness [J]. Mechanical Systems and Signal Processing, 2021, 156: 107669.

[2] HUNTER A, DWYER-JOYCE R, HARPER P. Calibration and validation of ultrasonic reflection methods for thin-film measurement in tribology [J]. Measurement Science and Technology, 2012, 23 (10): 105605.

[3] ZHANG J, DRINKWATER B W, DWYER-JOYCE R S. Calibration of the ultrasonic lubricant-film thickness measurement technique [J]. Measurement Science and Technology, 2005, 16 (9): 1784.

[4] REDDYHOFF T, DWYER-JOYCE R S, ZHANG J, et al. Auto-calibration of ultrasonic lubri-cant-film thickness measurements [J]. Measurement Science and Technology, 2008, 19 (4): 045402.

[5] KAESELER R L, JOHANSEN P. Adaptive ultrasound reflectometry for lubrication film thickness measurements [J]. Measurement Science and Technology, 2020, 31 (2): 25108.

[6] DEMIRLI R, SANIIE J. Model-based estimation of ultrasonic echoes. Part Ⅱ: nondestructive evaluation applications [J/OL]. IEEE Transactions on Ultrasonics, Ferroelectrics, and Frequency Control, 2001, 48 (3): 803-811.

[7] DEMIRLI R, SANIIE J. Model-based estimation of ultrasonic echoes. Part Ⅱ: nondestructive evaluation applications [J]. IEEE Transactions on Ultrasonics, Ferroelectrics, and Frequency

Control，2001，48（3）：803-811.

［8］ELIAS V，PER J. A comparison of adaptive ultrasound reflectometry calibration methods for use in lubrication films ［J］. Energies，2022，15（9）：3240.

［9］LI N，CHEN Z，ZHU J，et al. Measuring sound velocity based on acoustic resonance using multiple narrow band transducers ［J］. Heliyon，2023，9（3）：e14227.

［10］YU M，SHEN L，TAPIWA M，et al. Exact analytical solution to ultrasonic interfacial reflection enabling optimal oil film thickness measurement ［J］. Tribology International，2020，151：106522.

第8章　超声测量模型的温度补偿方法

第7章介绍参考信号在机标定方法中提到，初始参考信号与实际参考信号的偏移主要是由于摩擦发热改变了材料的声学传播特性，因此考虑实际摩擦工况下的超声信号的温度补偿是必要的。第7章的参考信号在机标定本质上也可以归纳为温度补偿的范畴，但是由于仅仅采用了共振区间的波形特征，不具有全尺度范围的补偿效果，因此本章着重介绍不同测量模型适用区间下的补偿方法。

由于材料声学特性及压电传感器的性能等都具有较强的温度依赖性，直接影响超声法在实际应用中的准确性和可靠性。因此，针对超声膜厚测量方法实施有效的温度补偿策略，成为提升测量精度、确保测量数据有效性的关键研究课题。本章将分析温度效应对超声润滑膜厚度测量的影响机理，并介绍三层及四层结构下的参考信号及润滑膜厚度温度补偿方法，为润滑膜厚度在线精确测量奠定基础。

8.1　温度效应机理分析

温度对超声润滑膜厚度测量模型的影响主要包括两方面：对声波传播介质的声学参数的影响以及对参考信号的影响。

8.1.1　温度对声波传播介质的影响

一般而言，温度升高，介质内部分子间距离增加、相互作用力减小，从而导致其密度和弹性模量的变化，进而影响超声波的传播速度。声速及密度进一步影响介质的声阻抗及界面反射系数，最终影响膜厚计算结果。因此，润滑膜厚度测量中温度对声波传播介质的本质影响可归因于其声速及密度的改变。

8.1.2　温度对参考信号的影响

设备运行过程中，实际参考信号可能会受到热效应的影响，包括被测结构的热膨胀、声波传播速度的改变、压电元件（Piezoelectric，PZT）及胶粘剂特性的热相关性等，从而偏离标定的初始参考信号。温度波动引起的参考信号的任何变化均会导致反射系数幅值和相位的错误计算，直接引入膜厚计算误差[1]。因此，为了保证测量结果的准确性，必须根据实际运行情况对参考信号进行温度补偿。

8.1.2.1 参考信号的传播机理

为了明确参考信号的传播机理，需考虑整个传播过程：包括声波的激发、传播与接收。如图 8-1 所示，在激发阶段，交流激励电压 V_{exc} 被施加在压电元件表面并基于逆压电效应在压电元件厚度方向（即图 8-1 中所示 z 方向）产生应力波 σ_3；该应力波通过胶粘剂耦合传递给待测部件，形成 σ_{3adh}；随后在被测结构中传播并在到达空气界面时发生全反射，该过程为参考的传播过程；传播至胶粘剂上表面的应力波 σ'_{3adh} 再次通过胶粘剂层耦合传递至压电元件，形成 σ'_3，最后基于压电效应输出电压 V_{out}。

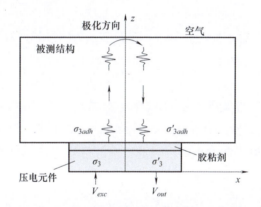

图 8-1　参考信号的激发-传播-接收过程示意

1. 激发模型

超声波的激发表现出典型的机电耦合特性。如图 8-1 所示，极化方向平行于电压激励方向。对于常用的直径为 7mm，厚度为 0.2mm 的薄圆片压电元件，高频激励下较大的直径-厚度比使得厚度伸缩振动成为主导。此外，激励电压方向平行于 PZT 的厚度方向，且 PZT 作为一种具有良好绝缘性能、无自由移动电荷的理想介电材料，电位移仅存在于 PZT 厚度方向且 $\partial D_3/\partial z = 0$。为了便于求解运动微分方程，选择 h 型压电方程组来描述其机电耦合特性[2]

$$\sigma_3 = c_{33}^D \varepsilon_3 - h_{33} D_3 \tag{8-1}$$

$$E_3 = -h_{33}\varepsilon_3 + \beta_{33}^\varepsilon D_3 \tag{8-2}$$

式中　σ_3、ε_3、E_3、D_3——分为极化方向上的应力（单位为 Pa）、应变、电场强度（单位为 V·m^{-1}）及电位移（单位为 C·m^{-2}）；

　　　　c_{33}^D——开路弹性劲度常数（单位为 N·m^{-2}）；

　　　　h_{33}——压电劲度系数（单位为 N·C^{-1}）；

　　　　β_{33}^ε——夹持介电隔离率（单位为 m·F^{-1}），是夹持介电常数 κ_{33}^ε 的倒数。

当电极上施加电压 $V_{exc} = V_3 e^{j\omega t}$ 时，PZT 产生一维厚度振动，其输出位移可表示为

$$w(z,t) = \frac{w_0 \sin k(d_{PZT} - z) + w_d \sin kz}{\sin k d_{PZT}} \tag{8-3}$$

式中　$w(z,t)$——PZT 振动方向位移（单位为 m）；

　　　　d_{PZT}——PZT 的厚度（单位为 mm）；

　　　　w_0、w_d——PZT 上、下表面的位移（单位为 m）；

　　　　$k = \omega / c_{33}^D$。

根据式（8-1），输出应力 $\sigma_3(z,t)$ 可以表示为

$$\sigma_3(z,t) = c_{33}^D \frac{\partial w}{\partial z} - h_{33} D_3 = c_{33}^D \frac{\partial w}{\partial z} - h_{33} \left[\frac{\kappa_{33}^\varepsilon V_{exc}}{d_{PZT}} + \frac{\kappa_{33}^\varepsilon h_{33}}{d_{PZT}} (w_0 + w_d) \right] \tag{8-4}$$

因此，参考信号的激励受到开路弹性劲度常数 c_{33}^D、压电劲度常数 h_{33}、夹持介电常数 κ_{33}^ε、压电元件的厚度 d_{PZT} 及激励电压 V_{exc} 的影响。除激励电压外，其他参数都具有一定的温度相关性[3]。因此，参考信号的激励，即应力输出响应于温度波动而发生变化，需进行补偿。

2. 传播模型

压电元件激励的应力波 $\sigma_3(t)$ 经过胶粘剂层耦合后形成应力波 $\sigma_{3adh}(t)$。较高的弹性模量、较薄的厚度及 PZT、被测结构之间的弹性模量的良好匹配性均有利于声波的传输。此外，胶粘剂内发生的任何微小变化都可能导致频率响应的轻微改变。随后，$\sigma_{3adh}(t)$ 在空气界面处反射，进一步传播至胶粘剂上表面，其回波可表示为 $\sigma_{3adh}'(t)$

$$\sigma_{3adh}'(t) = V_{ij} \sigma_{3adh}(t - 2t_s) = V_{ij} \sigma_{3adh}\left(t - 2\frac{d_{str}}{c_{str}}\right) \tag{8-5}$$

式中　V_{ij}——声波在介质 i-介质 j 界面的反射系数，当介质 j 为空气时，$V_{ij} = 1$；

　　　　t_s——声波在待测部件中的传播时间（单位为 s）；

　　　　d_{str}——待测部件厚度（单位为 mm）；

c_{str}——待测部件中的纵波传播速度（单位为 m·s^{-1}）。

最后，$\sigma'_{3adh}(t)$ 再次经过胶粘剂层耦合传递至压电元件表面，形成应力波 $\sigma'_3(t)$。由此可见，需综合考虑胶粘层，被测结构的厚度和声速，以及三种介质弹性模量的温度依赖性，才能精确补偿声波在传输过程中的改变。

3. 接收模型

如图 8-1 所示，应力波 $\sigma'_3(t)$ 到达压电元件，经压电效应输出的电压 V_{out} 可表示为

$$V_{out} = \frac{Q}{C} = \frac{d_{33}\sigma'_3 d_{pzt}}{\kappa^\sigma_{33}} \tag{8-6}$$

式中　Q——输出电荷（单位为 C）；

　　　C——压电元件的等效电容（单位为 F）。

综上，参考信号的接收受到压电常数 d_{33}、夹持介电常数 κ^σ_{33} 和压电元件厚度 d_{pzt} 的影响，这些参数的温度依赖性在确定接收信号能量的大小方面起着决定性作用。

8.1.2.2　参考信号变化特征的有限元仿真分析

采用 COMSOL Multiphysics 仿真软件，通过压力声学、固体力学、静电、电路、声-结构耦合及压电效应模块模拟声波在结构中的激励-传播-接收过程。具体仿真过程如下[4]：

1. 几何模型建立

为简化求解，将三维模型简化为二维轴对称模型，分别建立压电元件-胶粘剂层-钢-空气-钢结构及压电元件-胶粘剂层-钢-油-钢结构，获取参考信号及不同厚度的润滑膜反射信号。

2. 材料参数设置

本次仿真中用到的材料为 PZT-5 压电材料、钢、环氧树脂胶、油、空气。

3. 物理场及边界条件设置

仿真物理场的设置如图 8-2 所示。压力声学模块赋予空气或油层，其边界设置为平面波辐射；固体力学模块赋予压电元件、胶粘剂层及钢介质，设置低反射边界以抑制边界反射；静电模块赋予压电元件，通过接地及终端电路模块施加电压激励；压电效应耦合模块赋予压电元件，通过正、逆压电效应实现声波的激励及传感；声-结构耦合模块赋予钢-空气/钢-油边界，以模拟声波在不同介质界面的反射及透射行为[3]。为激发压电元件产生超声信号，可对其施加高斯脉冲电压激励。高斯脉冲激励的表达式参考本书第 4 章。

189

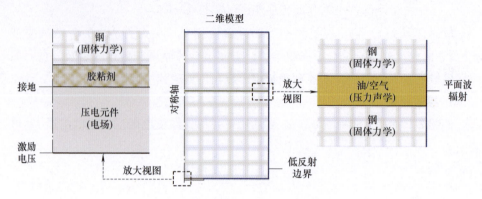

图 8-2　仿真模型及其多场耦合机制示意

4. 网格划分

选用三角形网格对仿真模型进行自适应划分，为了避免波形失真，网格划分的最大尺寸设置为介质中超声波波长的 1/6。

5. 求解器设置

通过瞬态分析研究结构中声波传播过程，其时间步长 Δt 与 CFL 数（一般取 0.2）、声速 c 及最小网格尺寸 $h_{\min}$ 有关[5]

$$\Delta t \leqslant \frac{\mathrm{CFL}h_{\min}}{c} \tag{8-7}$$

6. 温度载荷设置

仿真中设置材料参数的温度相关函数有助于探究在单因素独立作用及多因素耦合作用下参考信号随温度的变化模式。

参考信号的激发和接收受到开路弹性刚度常数、压电劲度常数、夹持介电常数、压电常数、夹持介电常数及 PZT 厚度的影响。然而，COMSOL 中采用了应变-电荷本构关系来模拟压电效应，基于四类压电方程组之间的可替代性，上述参数可以用 4 类参数代替，即短路弹性柔度常数、压电常数、夹持介电常数及 PZT 厚度。由于 PZT 厚度较小，仅为 0.2mm，可合理忽略温度引入的厚度变化。

对于胶粘剂层及钢介质中的声波传播，关键参数包括这两种介质的弹性模量和厚度，以及钢介质中的纵波传播速度。在固体力学模块中，弹性模量、密度和泊松比可以取代声波的传播速度。考虑到胶粘剂层的厚度小、泊松比随温度的变化也很小，因此可以合理地忽略它们的影响。仿真中的温度相关参数及其关系见表 8-1，其中 ΔT 是相对于 20℃的温差。

表 8-1　声场仿真模型所需的温度相关参数

介质	温度相关参数
压电元件	短路弹性顺服常数 $s_{11}^E = 1/(0.7+0.0016\Delta T)$ $s_{12}^E = -0.3/(0.7+0.0016\Delta T)(\times 10^{-11}\,\mathrm{m^2/N})$ $s_{33}^E = 18.8-0.019\Delta T$
	压电常数 $d_{31} = -168-0.5\Delta T$ $d_{33} = 374+0.9\Delta T$ $(\times 10^{-12}\mathrm{C/N})$
	夹持介电常数 $\kappa_{33}^\sigma = 15+0.14\Delta T(\times 10^{-9}\mathrm{F/m})$
胶粘剂	弹性模量 $E_{adh} = 3.2-0.013\Delta T(\mathrm{GPa})$
钢	弹性模量 $E_{str} = 205-0.063\Delta T(\mathrm{GPa})$ 热膨胀系数 $\alpha = 12.3\mathrm{e}^{-6}$ 密度 $\rho = 7955/(1+3\alpha(293+\Delta T))(\mathrm{kg/m^3})$

7. 结果与分析

1）单因素作用分析

采用控制变量法研究单一参数随温度变化导致的参考信号变化。具体而言，将 20℃下的材料参数输入至仿真模型中，仿真得到基准参考信号。随后，在保持其他参数恒定的前提下，调整单一目标参数使其对应 50℃下的材料数值，重新仿真参考信号并与基准信号进行对比。压电元件的相关参数随温度变化导致的参考信号变化如图 8-3 所示。由图可知，参考信号的幅值、波形及频谱中心频率均发生改变，且不同参数的影响效果不同。例如，压电常数 d_{33} 的增大导致信号幅值和中心频率的增大，而介电常数 κ_{33}^σ 则表现出相反的影响。由图 8-3c 及图 8-3d 可知，单一参数影响下，有效带宽内不同频率处的幅值变化比例及相位偏移量呈现复杂的非单调变化。

同理，胶粘剂及钢介质参数的影响如图 8-4 及图 8-5 所示。由表 8-1 及图 8-4 可知，温度升高，胶粘剂弹性模量的降低导致了参考信号幅值及中心频率的降低。此外，与压电元件的影响结果一致，有效带宽内不同频率处的幅值变化比例并非恒定，相位偏移量并非单调变化。由表 8-1 及图 8-4 可知，温度升高，钢介质弹性模量降低，声波传播速度随之减小；同时，材料的热膨胀导致声波传播距离的增加，二者共同作用导致声波传播时间的增加，表现为参考信号在时域上的整体滞后及其频域相移的线性增加。值得注意的是，钢介质的参数随温度的变化并未影响参考信号的幅值。

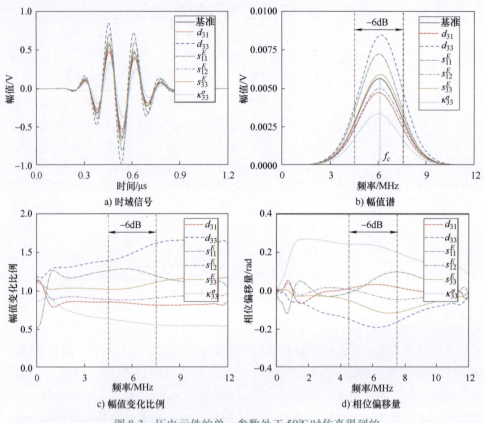

图 8-3　压电元件的单一参数处于 50℃时仿真得到的
参考信号及其与基准参考信号（20℃下）的对比

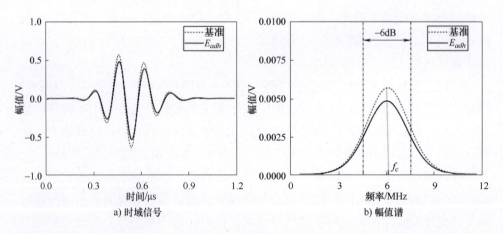

图 8-4　胶粘剂的单一参数处于 50℃时仿真得到的
参考信号及其与基准参考信号（20℃下）的对比

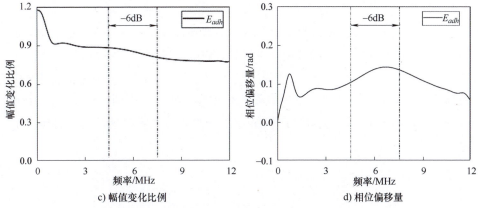

c) 幅值变化比例

d) 相位偏移量

图 8-4　胶粘剂的单一参数处于 50℃时仿真得到的
参考信号及其与基准参考信号（20℃下）的对比（续）

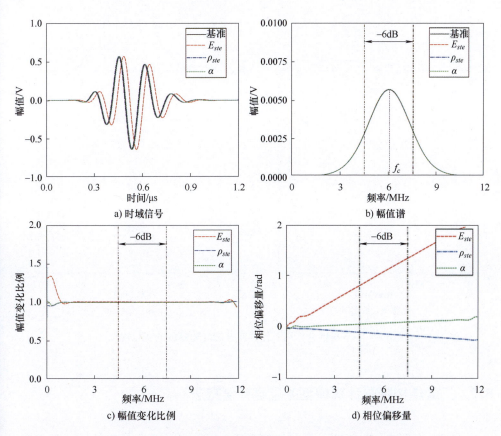

a) 时域信号

b) 幅值谱

c) 幅值变化比例

d) 相位偏移量

图 8-5　钢介质的单一参数处于 50℃时仿真得到的参考信号
及其与基准参考信号（20℃下）的对比

2）多因素耦合作用

为了明确压电元件、胶粘剂及钢介质多因素耦合作用下参考信号随温度的变化情况，同步改变所有变量的数值。各参数对应的温度变化范围为 20~70℃，仿真结果如图 8-6 所示。由图可知，多因素耦合作用下，时域参考信号幅值衰减且信号整体滞后，频域表现为幅值的降低及相位偏移。此外，由图 8-6b 可知，中心频率随着温度的升高单调递减，由傅里叶变换的伸缩性质反推可得，时域参考信号存在波形伸缩。

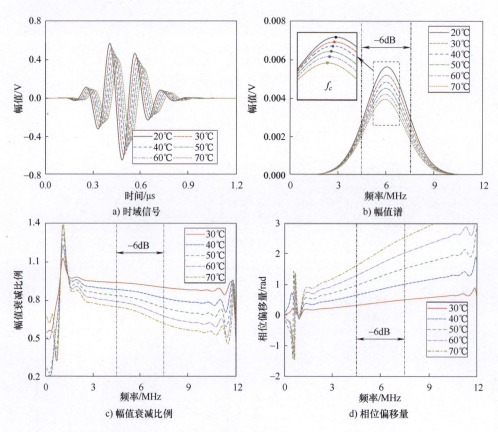

a) 时域信号　　　　　　　　　　b) 幅值谱

c) 幅值衰减比例　　　　　　　　d) 相位偏移量

图 8-6　多因素耦合作用下仿真参考信号随温度的变化规律

8.2　三层结构膜厚计算模型的温度补偿方法

上述对机理的分析表明，润滑油的声速、密度以及参考信号是保证基于超声的膜厚测量模型准确性的 3 个关键因素。因此，本节首先提出各单因素的补偿模型，在此基础上，综合考虑这三个因素，实现超声测量的多因素温度补偿。

8.2.1 润滑油声速和密度的补偿

1. 声速补偿

对于润滑油的声速补偿，可采取预标定的方法，即通过共振模型预先获取不同温度下的润滑油声速，基于数值拟合方法获取温度-声速拟合公式。声速计算的具体步骤包括：

1）调整润滑膜厚度至共振模型区，记录该膜厚下的共振频率 f_1。

2）调整膜厚增量为 Δh，记录共振频率 f_2。

3）计算润滑油声速 c，其计算公式为

$$c = \frac{2\Delta h f_1 f_2}{f_1 - f_2} \tag{8-8}$$

2. 密度补偿

对于润滑油密度的补偿可以借鉴 Dowson 和 Higginson 在轴承弹流润滑中提出的考虑热效应的密压密温公式[6]为

$$\rho = \rho_0 \left[1 + C_1 p / (1 + C_2 p) - C_3 (T - T_0) \right] \tag{8-9}$$

式中　ρ_0——润滑油在室温下的密度（单位为 $kg \cdot m^{-3}$）；

C_1、C_2——密压系数，$C_1 = 0.6 \times 10^{-9} Pa^{-1}$，$C_2 = 1.7 \times 10^{-9} Pa^{-1}$；

C_3——密温系数，$C_3 = 0.00065 K^{-1}$；

T_0——室温；

T——润滑油实际温度/℃。

8.2.2 参考信号补偿

参考信号的补偿是基于超声的膜厚测量技术的温度补偿的关键。由 8.1.2 节的机理及仿真分析可知，参考信号随温度波动呈现复杂的改变，其补偿难度较大。目前补偿方法主要包括参考标定法、在线参考法及拟合标定法。具体介绍如下：

8.2.2.1 参考标定法

参考标定法需要在测量前将部件拆开，采集不同温度下的参考信号并形成参考信号基准库，实测过程中根据实时温度索引相应的参考信号。为保证补偿精度，参考信号热标定过程中应保证温度采集间隔足够小。然而，润滑膜厚度实测与参考信号热标定过程中轴承组件的温度分布情况难以保持一致，导致补

偿结果存在一定误差[7-8]。

8.2.2.2　在线参考法

与参考标定不同的是，在线参考法旨在通过实时采集、更新参考信号，以消除温度的影响。该方法依赖于非润滑区域的存在，例如径向轴承的空化区域或滚动轴承中滚子远离传感器的区域。以径向轴承为例，Beamish 等[9]在应用超声法测量径向轴承周向润滑膜厚度时发现，径向轴承发散区某一范围内反射系数幅值趋于 1，相位趋于 0，这一现象可归因于空化（气穴）现象，如图 8-7 中空化区所示，此时轴-润滑膜-轴瓦结构变为轴-空气-轴瓦结构，该区域的反射信号被采集作为实时参考信号。然而，在线参考法的有效性取决于运行条件，空化程度及空化前沿的精确位置随工况变化，难以确定。此外，非润滑区域残留润滑油的存在进一步限制了这种方法的稳定性。

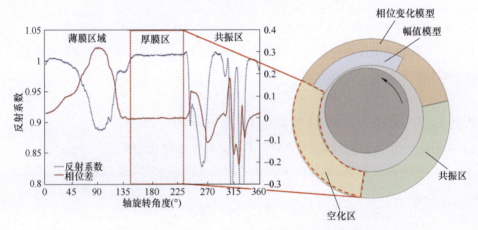

图 8-7　轴承气穴区在线参考法的适用区域示意图[9]

8.2.2.3　拟合校准法

由 8.1.2 节分析可知，温度对时域参考信号的影响可归纳为信号时移、幅值衰减和波形伸缩。因此，可通过对初始温度下的参考信号 $x_{T_0}(t)$ 进行相应变换，构造实际温度下的参考信号 $x_T(t)$ [10]为

$$x_T(t) = a x_{T_0}\left(\frac{1}{b}t - \Delta t\right) \tag{8-10}$$

式中　a——幅值衰减因子；

　　　b——波形伸缩因子；

　　　Δt——时移因子。

定义初始温度下参考信号的幅值和相位分别为 $|x_{T_0}(f)|$、$\varphi_{T_0}(f)$，则实际温度 T 下参考信号的幅值 $|x_T(f)|$ 和相位 $\varphi_T(f)$ 分别为

$$|x_T(f)| = a |x_{T_0}(bf)| \tag{8-11}$$

$$\varphi_T(f) = \varphi_{T_0}(bf) - 2\pi f \Delta t \tag{8-12}$$

若已知实测温度下的各补偿因子，则可通过式（8-10）~式（8-12）获取实际参考信号及其频域特征。补偿因子通过前期标定获取，即在测量前采集不同温度下的参考信号，以标准室温下的参考信号为基准，提取其他温度下参考信号相对于基准信号的变化特征及各变化因子，并通过最小二乘拟合或其他拟合算法得到各补偿因子随温度的变化关系。实测过程中基于该变化关系及实测温度获取相应的补偿因子。

以 8.1.2 节仿真得到的不同温度下的参考信号（见图 8-6）为例进行分析，基于最小二乘拟合得到的校准结果如图 8-8 所示。其中时移仅由钢介质引入；波形伸缩因子定义为 20℃下参考信号的中心频率与其他温度下信号的中心频率的比值；幅值衰减因子为波形伸缩补偿后的两个信号的中心频率处的幅值的倒数。

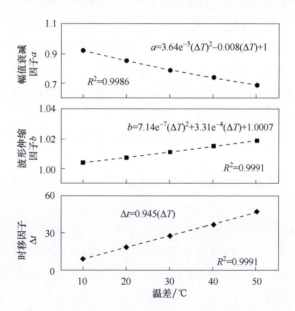

图 8-8　仿真参考信号的幅值衰减因子、波形伸缩因子及时移因子随温差的变化。

为了验证上述补偿模型的有效性，以仿真得到的 20℃下的参考信号为基准，通过图 8-8 所示的补偿因子及式（8-11）和式（8-12）补偿得到其他温度下的参考信号。补偿后的结果与相应温度下的仿真信号进行对比，图 8-9 所示为二者之

间的误差，在-6dB 有效带宽内，幅值误差小于±2%，而相位误差高达±0.06rad。

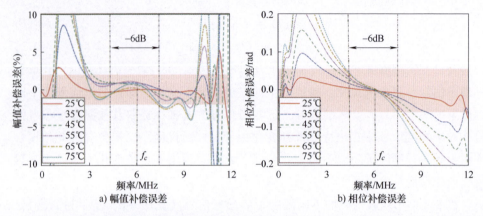

图 8-9　相同温度下补偿得到的参考信号与仿真参考信号之间的幅值和相位补偿误差

由图 8-9b 可知，通过中心频率获取波形伸缩因子并对参考信号的所有频率成分进行单一伸缩补偿的方法仅能保证中心频率处的相位补偿误差较小。此外，信号频率小于中心频率时，相位补偿误差大于 0，即该频率下信号的伸缩并未得到完全补偿；信号频率大于中心频率时，相位补偿误差小于 0，即该频率下信号被过度伸缩。因此，为了减小整个有效带宽内参考信号的补偿误差，需对式（8-11）和式（8-12）进行修正，即对参考信号的不同频率成分进行不同的伸缩补偿，修正后的补偿模型为

$$|x_T(f)| = aB(f)|x_{T_0}(fB(f))| \tag{8-13}$$

$$\varphi_T(f) = \varphi_{T_0}(fB(f)) - 2\pi f\Delta t \tag{8-14}$$

式中　$B(f)$——与频率相关的波形伸缩因子，可进一步表示为

$$B(f) = b + b'(f_c - f) \tag{8-15}$$

式中　b'——波形伸缩因子的一次项。

通过仿真得到的不同温度下的参考信号可以获取修正模型中波形伸缩因子 b' 随温差的变化规律，拟合结果如图 8-10 所示。波形伸缩因子 b' 随温差的增大呈非线性增大趋势。

为了验证修正后的补偿模型的准确性，以 20℃ 下的参考信号为基准，通过图 8-8 和图 8-10 所示的补偿因子及式（8-13）、式（8-14）及式（8-15）补偿得到 25~75℃ 下的参考信号，并与该温度下的仿真信号进行对比。图 8-11 所示为补偿与仿真得到的参考信号之间的幅值及相位补偿误差，有效带宽内幅值补偿误差在±2% 以内，相位补偿误差小于±0.02rad。

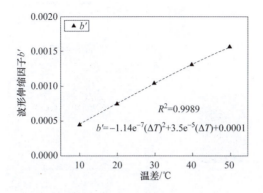

图 8-10　波形伸缩因子的一次项随温度的变化

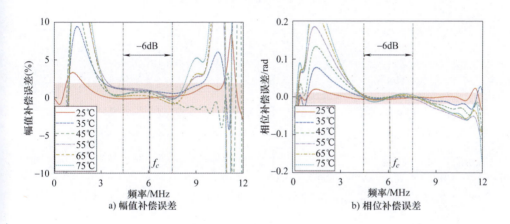

a) 幅值补偿误差

b) 相位补偿误差

图 8-11　通过修正模型补偿得到的参考信号与相应温度下仿真得到的
参考信号之间的幅值及相位补偿误差

8.2.3　实验验证

8.2.3.1　参考信号的补偿验证

如图 8-12 所示，将粘有压电元件的钢试块置于温控箱中进行热校准。在 25~75℃的温度范围内，以 5℃的间隔收集参考信号。为了确保均匀加热，在达到设定温度并保持恒定温度一小时后收集信号。

图 8-13 所示为采集的参考信号及其频域特征。由图可知，实验结果与仿真结果一致，时域参考信号随着温度的升高呈现幅值降低、信号滞后的变化，其频谱中心频率降低，即时域波形呈现伸缩变换。

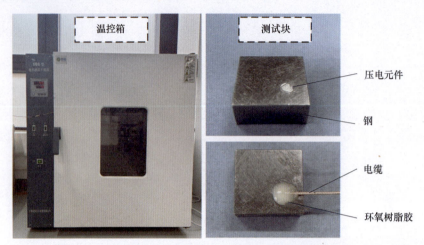

图 8-12　温度标定实验所需的硬件及试件

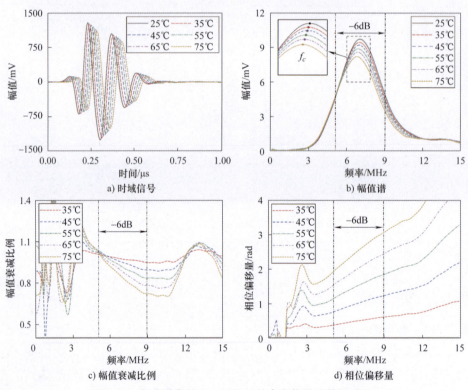

图 8-13　实验采集的 25~75℃下的参考信号及其相对于
基线参考（25℃）的幅值衰减比例及相位偏移量

图 8-14 所示为通过热校准获得的幅值衰减因子、波形伸缩因子及时移因子

的变化,结果体现了这些因素对温度上升的不同响应。具体地,幅度减小及波形伸缩的程度呈现非线性增加、而时移线性增加。

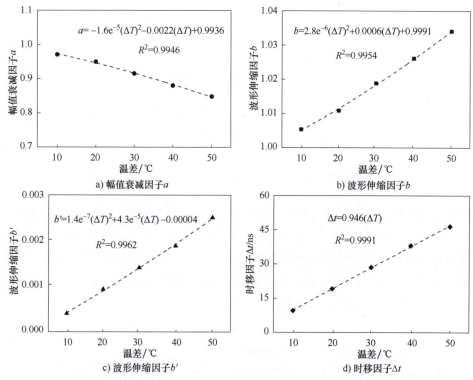

图 8-14　实验标定参考信号幅值衰减因子、波形伸缩因子和时移因子随温差的变化[11]

为了验证修正模型的有效性,以 25℃下的信号为基准,补偿获得 30~70℃的信号。补偿结果与相应温度下实测信号之间的频域比较如图 8-15 所示。由图可知,修正后的模型有效地减小了幅值补偿误差和相位差,分别限制在±2%和±0.02rad,达到了预期的精度。

8.2.3.2　润滑膜厚度测量实验验证

采用第 2 章 2.3 节描述的标定装置进行润滑膜厚度标定验证。将标定台置于恒温箱中加热,并由热电偶记录温度,达到设定温度后恒温。将油滴到固定盘的表面上,使用千分尺使控制固定平面和移动平面接触,并以此时的润滑膜厚度作为基础零点。调节千分尺,控制润滑膜厚度从小到大,步长为 $10\mu m$,在这个过程中,通过千分尺的位移增量和初始润滑膜厚度来构造实际的润滑膜厚度。为了验证提出的综合温度补偿策略对所有超声模型的有效性,设置的膜厚范围覆盖弹簧模型法到共振法区域。记录不同厚度的油层反射信号,并根据参

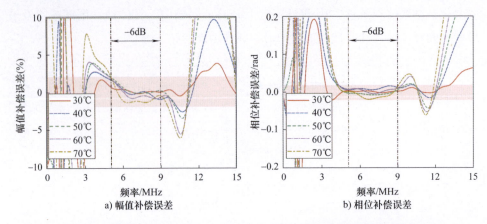

a) 幅值补偿误差 b) 相位补偿误差

图 8-15 补偿得到的参考信号与实测参考信号之间的幅值及相位补偿误差

考信号补偿模型对参考信号进行补偿。将润滑膜信号的幅值谱和补偿的参考信号的幅值谱相除得到反射系数幅值谱，将补偿的参考信号的相位谱和润滑膜信号的相位谱相减得到反射系数相位谱。

此外，基于共振模型对实验所用的润滑油声速进行标定，基于密-温公式获取润滑油密度随温度变化公式为

$$c_2 = 1540 - 3.13T \qquad (8\text{-}16)$$

$$\rho = 897 - 0.576T \qquad (8\text{-}17)$$

图 8-16 所示为在 40℃及 60℃下分别进行 3 次实验，对润滑油声速、密度和参考信号补偿后，通过超声模型计算的润滑膜厚度与真实膜厚的比较。对于弹簧模型、相位模型和复合模型，为了减小噪声的干扰，以 -6dB 带宽内油膜厚度计算值的均值作为最终的结果。由图可知，大尺度范围内油膜厚度的补偿结果与设置值高度一致。

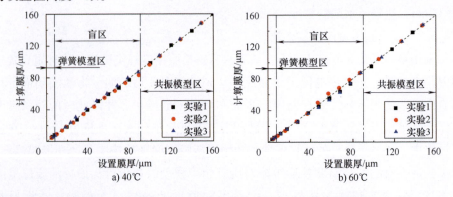

a) 40℃ b) 60℃

图 8-16 温度补偿后油膜厚度计算结果与设置值之间的对比

综上所述，本章介绍的考虑润滑油声速、密度及参考信号的多因素膜厚补偿策略在三层结构的超声润滑膜测厚中具有良好的补偿效果，适用范围广，涵盖了弹簧模型、共振模型、相位模型和复合模型等区域。

8.3 四层结构膜厚计算模型的温度补偿方法

厚衬层滑动轴承结构可简化为衬层-油-钢三层结构，因此，其膜厚测量依赖于三层结构频域模型，其声速和密度补偿方法与三层结构一致。不同的是，得益于厚衬层结构中声波传播的特殊性，其参考信号补偿相较于三层结构更为简单。

8.3.1 厚衬层结构中参考信号的补偿策略

对于具有厚衬层的轴承，衬层上下表面的超声回波彼此分离。图 8-17 所示为传感器安装在轴瓦基体背面时，温度变化前后基体-衬层-空气结构中的声波传播示意图。变温过程中，基体-衬层界面的反射信号受到温度的影响，其原理与参考信号相同。因此，该变化可用于补偿参考信号。

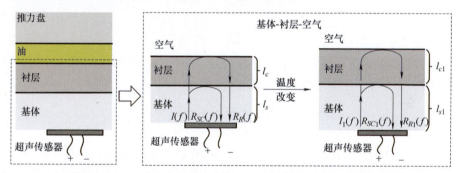

图 8-17 温度变化前后声波在基体-衬层-空气结构中传播的示意图

假设温度变化前后传感器输出的信号，也就是入射到基体介质中的信号分别为 $I(f)$ 和 $I_1(f)$，根据波的叠加原理，则温度变化前后基体-衬层界面的反射信号 $R_{SC}(f)$ 和 $R_{SC1}(f)$ 可以表示为[12]

$$R_{SC}(f) = V_{SC}I(f)\exp(\mathrm{i}\phi_S(f)) = V_{SC}\,|I(f)\,|\exp(\mathrm{i}\phi_I(f) + 2\mathrm{i}\pi f t_s) \quad (8\text{-}18)$$

$$R_{SC1}(f) = V_{SC}I_1(f)\exp(\mathrm{i}\phi_{S1}(f)) = V_{SC}\,|I_1(f)\,|\exp(\mathrm{i}\phi_{I1}(f) + 2\mathrm{i}\pi f t_{S1}) \quad (8\text{-}19)$$

式中　　　V_{SC}——基体-衬层的界面反射系数；

$\phi_S(f)$、$\phi_{S1}(f)$——温度改变前后基体引入的相移（单位为 rad）；

$|I(f)|$、$|I_1(f)|$——温度改变前后入射信号的幅值（单位为 V）；

$\phi_I(f)$、$\phi_{I1}(f)$——温度改变前后入射信号的相位（单位为 rad）；

t_S，t_{S1}——温度改变前后，声波在基体介质中的传播时间（单位为 s）。

同理，则温度变化前后参考信号 $R_R(f)$ 和 $R_{R1}(f)$ 可以表示为

$$R_R(f) = W_{SC}W_{CS}I(f)\exp(\mathrm{i}\phi_S(f) + \mathrm{i}\phi_C(f)) \tag{8-20}$$

$$= W_{SC}W_{CS}\,|I(f)|\exp(\mathrm{i}\phi_I(f) + 2\mathrm{i}\pi ft_S + 2\mathrm{i}\pi ft_C)$$

$$R_{R1}(f) = W_{SC}W_{CS}I_1(f)\exp(\mathrm{i}\phi_{S1}(f) + \mathrm{i}\phi_{C1}(f))$$

$$= W_{SC}W_{CS}\,|I_1(f)|\exp(\mathrm{i}\phi_{I1}(f) + 2\mathrm{i}\pi ft_{S1} + 2\mathrm{i}\pi ft_{C1}) \tag{8-21}$$

式中 W_{SC}、W_{CS}——基体-衬层及衬层-基体的界面透射系数；

$\phi_C(f)$、$\phi_{C1}(f)$——温度改变前后衬层引入的相移/rad；

t_C、t_{C1}——温度改变前后，声波在衬层中的传播时间/s。

由于温度效应，基体-衬层界面的反射信号与参考信号的幅值衰减比例 $K_{SC}(f)$ 和 $K_R(f)$ 可表达为

$$K_{SC}(f) = \frac{|R_{SC1}(f)|}{|R_{SC}(f)|} = \frac{V_{SC}\,|I_1(f)|}{V_{SC}\,|I(f)|} = \frac{|I_1(f)|}{|I(f)|} \tag{8-22}$$

$$K_R(f) = \frac{|R_{R1}(f)|}{|R_R(f)|} = \frac{W_{SC}W_{CS}\,|I_1(f)|}{W_{SC}W_{CS}\,|I(f)|} = \frac{|I_1(f)|}{|I(f)|} \tag{8-23}$$

由式（8-22）及式（8-23）可知，基体-衬层界面的反射信号和参考信号相对于温度以相同的比例衰减。因此，该信号的幅值衰减比例可用于补偿温度变化后的参考信号幅值。同理，由于温度效应，基体-衬层界面的反射信号的相位增量 $\Delta\phi_{SC}(f)$ 与参考信号的相位增量 $\Delta\phi_R(f)$ 为

$$\Delta\phi_{SC}(f) = \phi_{I1}(f) - \phi_I(f) + 2\pi f(t_{S1} - t_S) \tag{8-24}$$

$$\Delta\phi_R(f) = \phi_{I1}(f) - \phi_I(f) + 2\pi f(t_{S1} - t_S) + 2\pi f(t_{C1} - t_C) = \Delta\phi_{SC}(f) + \Delta\phi_C(f) \tag{8-25}$$

式中 $\Delta\phi_C(f)$——温度改变前后衬层引入的相移增量，可进一步表达为

$$\Delta\phi_C(f) = 2\pi f(t_{C1} - t_C) = 2\pi f\left(\frac{2l_{C1}}{c_{C1}} - \frac{2l_C}{c_C}\right)$$

$$= 2\pi f\left(\frac{2l_C(1 + \alpha\Delta T)}{c_C - c(\Delta T)} - \frac{2l_C}{c_C}\right) = 4\pi f l_C\left(\frac{1 + \alpha\Delta T}{c_C - c(\Delta T)} - \frac{1}{c_C}\right) \tag{8-26}$$

式中 l_C、l_{C1}、c_C、c_{C1}——温度改变前后衬层厚度及声波在衬层中的传播速度；

α——衬层的热膨胀系数；

ΔT——温差；

$c(\Delta T)$——温差为 ΔT 时，声速的改变量。

由式（8-25）可知，对于变温工况下厚衬层滑动轴承的润滑膜厚度在线监测，若衬层部分的相移增量可实时获取，则可结合基体-衬层界面反射信号的相位增量对参考信号的相位进行补偿。为此，需进行前期标定，即将附着有相同

衬层的标定块置于温控箱中加热，采集不同温度下的信号。以室温下的信号为基准，提取衬层在传感器有效带宽内某一频率 f_b 处引入的相移增量，并通过最小二乘拟合得到相移增量随温差的变化关系 $\Delta\phi_{Cb}(\Delta T)$，由式（8-26）可知，$\Delta\phi_{Cb}(\Delta T)$ 亦可表达为

$$\Delta\phi_{Cb}(\Delta T) = 4\pi f_b l_{Cb}\left(\frac{1+\alpha\Delta T}{c_C - c(\Delta T)} - \frac{1}{c_C}\right) \tag{8-27}$$

式中　l_{Cb}——标定块附着的衬层厚度/mm。

通过标定获得的 $\Delta\phi_{Cb}(\Delta T)$ 可用于确定变温工况下厚衬层滑动轴承中衬层引入的相移增量为

$$\Delta\phi_c(f) = 4\pi f l_C\left(\frac{1+\alpha\Delta T}{c_C - c(\Delta T)} - \frac{1}{c_C}\right) = \frac{f l_C}{f_b l_{Cb}}\Delta\phi_{Cb}(\Delta T) \tag{8-28}$$

综上，对于厚衬层滑动轴承，考虑温度补偿的润滑膜厚度在线测量程序如图 8-18 所示，其中，虚线为温度改变前采集的信号，实线为实时信号。膜厚测

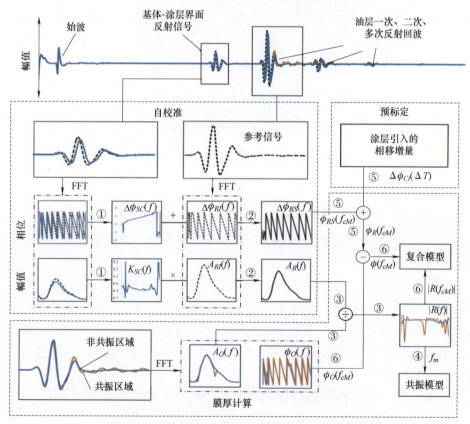

图 8-18　厚衬层滑动轴承润滑膜厚度在线测量流程图

量具体步骤为：①自校准，即通过监测基体-衬层界面的反射信号对参考信号幅值进行补偿，并对参考信号相位中由基体压电元件、胶黏剂引入的相位变化进行补偿；②预标定：通过式（8-28）对衬层引入的相移增量进行补偿；③膜厚计算：获取反射系数幅值谱及相位谱，通过共振模型或复合模型计算润滑膜厚度。

8.3.2 实验验证

8.3.2.1 实验装置

实验装置采用高精度润滑膜厚度标定台，静态圆柱表面附着 2mm 的巴氏合金衬层，如图 8-19 所示。超声压电元件粘贴在静态圆柱背面，采集基体-巴氏合金界面的反射信号及初始参考信号。由第四章可知，基体-巴氏合金界面的反射信号及初始参考信号彼此分离，基体-巴氏合金界面的反射信号可用于变温情况下参考信号的自校准，衬层引入的相移增量需进行前期标定。

巴氏合金衬层

图 8-19　静态标定用圆柱的实物图

8.3.2.2 标定

为了标定由于热效应导致的巴氏合金涂层相移的增量，将带有 2mm 巴氏合金衬层的小型试块置于温控箱中加热。在热标定过程中，将温控箱调整至设定温度并保持恒定一小时，以确保试块受热均匀。

采集室温（25℃）至 75℃范围内基体-衬层界面的反射信号以及参考信号，并对其进行快速傅里叶变换，提取其中心频率（6MHz）处的相位。以室温下的信号为基准，获取不同温度下基体-衬层界面的反射信号以及参考信号的相位增量，如图 8-20a 所示。二者之间的偏差即为衬层引入的相移增量，其与温度之间的关系如图 8-20b 所示。

根据式（8-28），膜厚测量过程中，由于巴氏合金衬层受温度影响引入的相移增量为

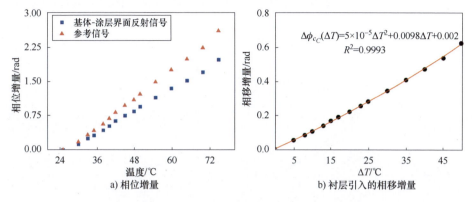

a) 相位增量

b) 衬层引入的相移增量

图 8-20　基体-衬层界面的反射信号和参考信号在
不同温度下的相位增量及衬层引入的相移增量

$$\Delta\phi_c(f) = \frac{fl_c}{12}(5\times10^{-5}\Delta T^2 + 0.0098\Delta T + 0.002) \qquad (8-29)$$

8.3.2.3　参考信号的补偿验证

将另一个厚涂层巴氏合金试块加热以验证参考信号自校准-预标定方法的有效性。25～65℃范围内的部分基体-衬层界面的反射信号如图 8-21a 所示，该时域信号呈现明显的时移及幅值衰减。为了验证，还记录了相应温度下的参考信号，如图 8-21b 所示。

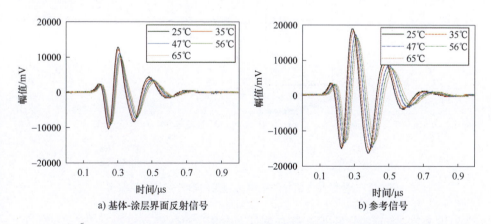

a) 基体-涂层界面反射信号

b) 参考信号

图 8-21　25～65℃范围内的部分基体-衬层界面的反射信号及参考信号

对图 8-21a 所示的信号进行 FFT 变换，获取其幅值谱，如图 8-22a 所示。由图可知，传感器的中心频率为 5.4MHz，有效带宽（−12dB）为 3.5～12MHz。相对于 25℃

下的基准信号，各温度下基体-衬层界面反射信号的幅值衰减比例如图 8-22b 所示。

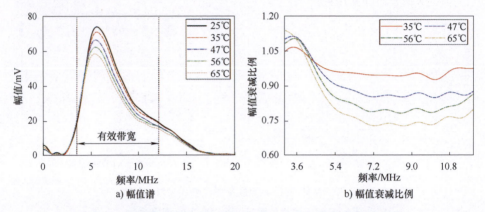

a) 幅值谱

b) 幅值衰减比例

图 8-22　基体-衬层界面反射信号的幅值谱及其幅值衰减比例

　　基于图 8-22b 所示的幅值衰减比例及图 8-21b 中 25℃下参考信号的幅值谱，补偿得到的其他温度下的参考信号幅值谱，如图 8-23a 所示。此外，给出相应温度下实测的参考信号幅值谱，二者之间的相对误差如图 8-23b 所示。由图可知，补偿结果与实测结果高度一致，且在有效带宽内相对误差小于 6%，在中心频率处相对误差小于 2%。此外，9.5~12MHz 的较大误差主要是由低信噪比造成的。

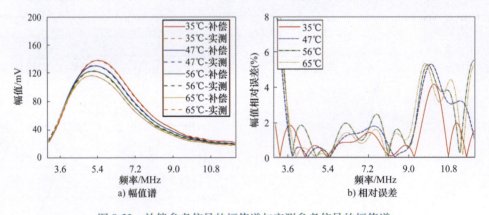

a) 幅值谱

b) 相对误差

图 8-23　补偿参考信号的幅值谱与实测参考信号的幅值谱

　　对图 8-21a 所示的信号进行 FFT 变换，获取其相位谱及相对于 25℃下信号的相位增量，结合式（8-29）补偿得到参考信号中心频率处的相位增量。如图 8-24a 所示为补偿值与实测值之间的对比及二者之间的相对误差。由图可知，针对厚衬层结构的参考信号相位补偿方法具有较好的有效性，相对误差小于 3%。

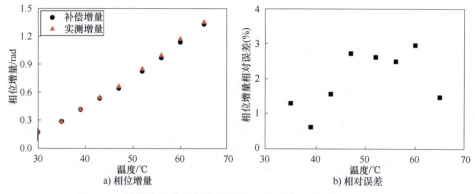

图 8-24　补偿参考信号的相位增量与实测参考信号的相位增量

8.3.2.4　润滑膜厚度补偿方法验证

膜厚标定前，采集室温（25℃）下基体-衬层界面的反射信号作为初始参考信号。随后，通过加热片加热油浴并在设定温度下保持稳定，构造不同的环境温度。恒温环境下调节千分尺以构造不同厚度的润滑膜，通过前述的自校准-预标定法及衬层引入的相移对初始参考信号进行补偿，进而通过补偿后的参考信号及润滑膜反射信号获取反射系数幅值谱及相位谱。

通过前述的声速、密度补偿方法对润滑油声学参数进行补偿，进而通过共振模型或复合模型计算润滑膜厚度。此外，采集恒温环境下的实际参考信号并通过该信号计算润滑膜厚度，计算结果作为膜厚膜厚的真实值。45℃和65℃下的膜厚计算结果如图 8-25 所示。可以看出，实际膜厚与补偿膜厚在共振模型高度吻合，在复合模型区存在一定的误差和不稳定性，这是因为复合模型对电子噪声的高敏感性导致的。

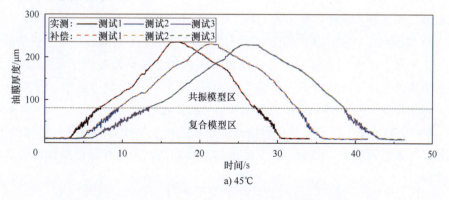

图 8-25　45℃和65℃下实际膜厚与补偿膜厚的对比

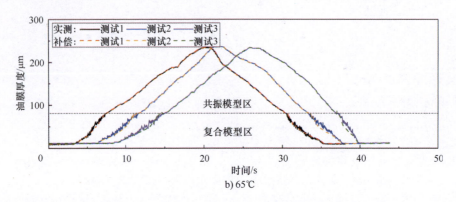

图 8-25　45℃和65℃下实际膜厚与补偿膜厚的对比（续）

8.4　算例

以第 3 章算例为例，随着运行时间的增加，温度传感器测得轴承温度升高到了 45℃，只考虑测点 1，为了降低温度对测量结果的影响，需要进行温度补偿。

具体步骤如下：

1）对 45℃下的润滑油声速进行补偿，需要在测试前做好预标定。在不同的温度下，根据式（8-8）计算得到声速，使用最小二乘拟合得到声速随温度的拟合公式，带入温度，得 318.15K（45℃）下的润滑油声速。

2）对 45℃下的润滑油密度进行补偿。在不同的温度下，根据式（8-9）得到密温公式，带入温度，得 318.15K（45℃）下的润滑油密度。

3）对参考信号进行热标定，采集温度间隔为 10℃，获取各补偿因子随温度的变化关系。带入实测温度，得到幅值衰减因子、波形伸缩因子及时移因子，并对初始参考信号进行补偿，获取 318.15K（45℃）下的参考信号。图 8-26 所示为初始参考信号和 45℃补偿后的参考信号的频域对比。

4）以 45℃下，实测油膜反射信号的幅值谱比上补偿后的参考信号幅值谱，得到反射系数幅值谱，取中心频率处反射系数幅值，带入弹簧模型计算公式得到膜厚。

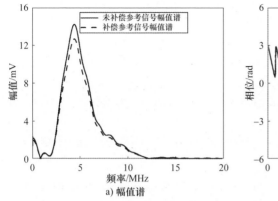
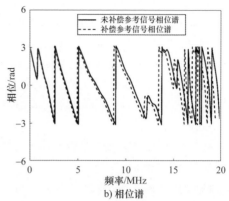

a) 幅值谱   b) 相位谱

图 8-26　初始参考信号和 45℃ 补偿参考信号频域对比

8.5　本章小结

　　针对实际工况中温度对超声测量信号的影响及其补偿机制，本章从材料参数和参考信号两个方面，详细介绍了温度效应对超声润滑膜厚度测量的影响机理，提出了考虑润滑油声速、密度及参考信号的综合补偿策略，并针对三层模型和四层模型介绍了不同的参考信号补偿模型，实验验证了上述方法的有效性。本章最后对温度变化工况下的第 3 章算例进行了参考信号温度补偿，介绍了温度补偿方法的计算流程，为温度补偿方法的工程应用奠定了基础。

参 考 文 献

［1］HUNTER A，DWYER-JOYCE R，HARPER P. Calibration and validation of ultrasonic reflection methods for thin-film measurement in tribology ［J］. Measurement Science and Technology，2012，23（10）：105605.

［2］BURFOOT J C，TAYLOR G W. Polar dielectrics and their applications ［M］. London：The MacMillan Press Ltd，1979.

［3］SABAT R G，MUKHERJEE B K，REN W，et al. Temperature dependence of the complete material coefficients matrix of soft and hard doped piezoelectric lead zirconate titanate ceramics ［J］. Journal of Applied Physics，2007，101（6）：121-126.

［4］ LIU J, XU G C, REN L, et al. Simulation analysis of ultrasonic detection for resistance spot welding based on COMSOL multiphysics ［J］. International Journal of Advanced Manufacturing Technology, 2017, 93 (5-8): 2089-2096.

［5］ DOU P, WU T H, LUO Z P, et al. A finite-element-aided ultrasonic method for measuring central oil-film thickness in a roller-raceway tribo-pair ［J］. Friction, 2022, 10 (6): 944-962.

［6］ SUZUKI H, MOTORS H, DWYER-JOYCE R S. Ultrasonic determination of lubricant film thickness in an automotive transmission journal bearing ［J］. Tribology Transactions, 2015, 30: 78-88.

［7］ 李响. 基于 AlN 压电薄膜的超声油膜厚度测量系统关键技术研究 ［D］. 南京: 南京航空航天大学, 2018.

［8］ WEI S J, WANG J R, CUI J, et al. Online monitoring of oil film thickness of journal bearing in aviation fuel gear pump ［J］. Measurement, 2022, 204: 112050.

［9］ BEAMISH S, LI X, BRUNSKILL H, et al. Circumferential film thickness measurement in journal bearings via the ultrasonic technique ［J］. Tribology International, 2020, 148: 106295.

［10］ JIA Y P, WU T H, DOU P, et al. Temperature compensation strategy for ultrasonic-based measurement of oil film thickness ［J］. Wear, 2021, 476: 203640.

［11］ JIA Y P, DOU P, ZHENG P, et al. High-accuracy ultrasonic method for in-situ monitoring of oil film thickness in a thrust bearing ［J］. Mechanical Systems and Signal Processing, 2022, 180: 109453.

［12］ JIA Y P, DOU P, YANG P, et al. The influence of temperature on ultrasonic signals in online measurement of oil film thickness ［J］. Friction, 2025, 13: 9440962.

第9章 燃油齿轮泵滑动轴承的润滑膜厚度测量应用

发动机是飞机的心脏，而燃油泵是发动机的心脏[1]。燃油齿轮泵作为一种燃油控制系统的动力来源组件，常态化地工作在高温、低粘润滑的环境中，其转速和压力随着发动机功率密度的提升而不断提升，同时对可靠性也有着极其苛刻的要求。为了适应高转速、高负载、长寿命的需求，燃油齿轮泵一般采用组合式滑动轴承作为关键支撑，并将燃油作为滑动轴承的润滑介质，这种低粘介质通常形成极薄的油膜，无疑成为轴承可靠性的薄弱环节[2-4]。尽管这类轴承的润滑设计依然符合常规动压润滑规律，但是受限于测试手段缺乏，极端工况下关键润滑参数及行为并未获得实证，故而限制了燃油齿轮泵滑动轴承的润滑优化设计及功率密度提升。

本章基于超声膜厚测量技术在燃油齿轮泵滑动轴承膜厚测量中的工程应用案例，介绍超声膜厚测量技术在燃油泵产品台架测试中的实验方法、测量方案和数据分析，为此类典型应用场景提供参考。

9.1 燃油齿轮泵滑动轴承摩擦副简介

燃油齿轮泵的基本结构如图 9-1a 所示，其依靠齿轮啮合旋转形成的负压吸入燃油，再通过齿轮旋转带动燃油至出口区泵出燃油。由于齿轮旋转是典型的转子运动，必须使用轴承来支撑和减少摩擦力，如图 9-1b 是轴承和齿轮轴安装的相对位置图。结构上，燃油泵采用齿轮轴的形式，齿轮轴的轴颈和齿轮端面与轴承分别形成径向支撑和端向支撑。此外，由于采用燃油作为润滑介质，滑动轴承完全依赖轴颈和轴承之间一层极薄的润滑油膜进行润滑，而且由于燃油泵工作温度达到100℃以上，燃油黏度降低导致油膜厚度进一步减小，所以对于燃油齿轮泵而言，滑动轴承的润滑膜厚是反映齿轮泵运行状态的重要参数。

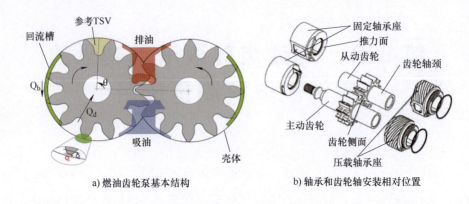

a) 燃油齿轮泵基本结构   b) 轴承和齿轮轴安装相对位置

图 9-1   燃油齿轮泵内部主要结构示意图

为了增强轴承的耐磨性和混合润滑性能，通常在轴承轴套的内表面制备一层薄涂层，主要应对润滑油膜破裂时产生的短时摩擦与磨损。这种结构形成了轴套（基体）/涂层/油膜/齿轮轴的四层摩擦副结构，所以对于这种工况应采用四层结构油膜厚度测量模型进行油膜厚度的测量计算。

本章围绕燃油齿轮泵中滑动轴承膜厚测量实验，分别从信号处理、测量方案、测试结果分析等五个方面介绍燃油齿轮泵滑动轴承油膜厚度测量实验研究，分析膜厚测量结果随工况的变化规律，为超声油膜厚度测量在燃油齿轮泵滑动轴承中的工程应用奠定技术基础。

9.2   滑动轴承油膜测试信号处理方法

燃油齿轮泵滑动轴承轴套基体内部有一层极薄的衬层，因此需要采用第 4 章介绍的四层结构超声膜厚测量模型进行信号处理。

如图 9-2 所示，燃油齿轮泵滑动轴承膜厚测量中传感器相对衬层的安装位置属于第 4 章中介绍的钢-衬层-油-钢结构，其油膜厚度计算公式为

$$d_3 = \frac{1}{2k_3}\mathrm{Arg}\left[\frac{(Z_{eq}^{(3)}-Z_3)(Z_{eq}^{(4)}+Z_3)}{(Z_{eq}^{(3)}+Z_3)(Z_{eq}^{(4)}-Z_3)}\right] \qquad (4\text{-}40)$$

式中 $Z_{eq}^{(2)}$、$Z_{eq}^{(3)}$ 和 $Z_{eq}^{(4)}$ 计算流程可参考本书第 4 章式（4-41）~ 式（4-45）。

此外，在超声频率与油膜共振频率相匹配时，基于反射系数的测量方法可能会失效，因为共振时超声波会直接穿过油膜，这在反射系数幅值谱中会形成极小值点。此时，极小值点的频率和油膜的共振频率是相同的，参考传统的共

振模型[5-6]，油膜厚度仍然可以通过识别反射系数幅值谱中极值点的频率来计算。油膜厚度的计算公式如下：

$$h = \frac{c_2 m}{2 f_m} \qquad (3\text{-}8)$$

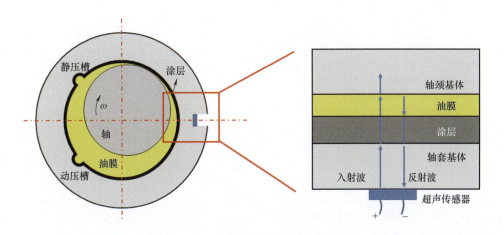

图 9-2　燃油齿轮泵滑动轴承四层结构超声传播路径示意图

综上所述，制定了滑动轴承油膜厚度测量的超声反射信号处理流程，如图 9-3 所示，具体的步骤如下：

步骤一： 对采集到的参考信号和反射信号进行快速傅里叶变换（FFT），得到相应的幅值谱和相位谱。

步骤二： 提取与参考信号幅值谱中最大幅值对应的超声频率作为中心频率 f_c，然后通过反射信号幅值谱除以参考信号幅值谱获得反射系数幅值谱，根据反射信号相位谱减去参考信号相位谱获得反射系数相位谱。

步骤三： 检测反射系数幅值谱中是否存在极小值点；如果存在极小值点，则执行步骤四；否则，执行步骤六。

步骤四： 提取反射系数幅值谱中极小值点处对应的超声频率 f_m。

步骤五： 将超声频率 f_m 代入式（3-8）求解油膜厚度 h。

步骤六： 从不存在极小值点的反射系数幅值谱和相位谱中提取中心频率 f_c 处的反射系数幅值和相位。

步骤七： 将步骤六中提取到的反射系数幅值和相位代入式（4-40）求解油膜厚度 h。

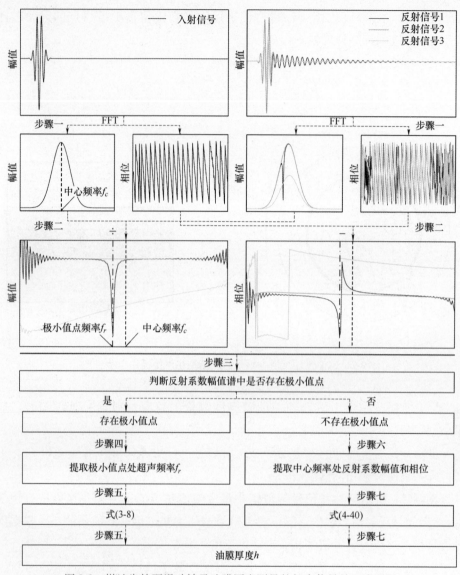

图 9-3　燃油齿轮泵滑动轴承油膜厚度测量的超声信号处理流程图

9.3　滑动轴承润滑膜厚度测量方案

9.3.1　测点布置方案

测试采用的是压电陶瓷贴片传感器，通过耦合剂和固定胶直接安装在轴承外表面，解决了嵌入式安装的难题。尽管操作简单，但是需要考虑滑动轴承在燃油泵壳体内的标准化安装问题，所以需要对测点位置谨慎选择。

1. 测点布置原则

测点布置的原则主要有以下几方面：

1）为布置测点对轴承补充加工的孔、槽等结构不能影响齿轮泵的功能。

2）测点能真实检测到齿轮泵轴承油膜厚度及轴承温度。

3）所有的测点传感器安装、引线应该考虑齿轮泵装配的可达性。

2. 测点位置分布

滑动轴承的测点分布情况如图 9-4 所示，考虑油膜分布特征，在外圆表面的圆周上设置 4 个油膜厚度测点，遵循最大程度接近轴承承载区以及实现轴承周向油膜厚度分布测量的原则。从静压槽下游（按照轴转向判断）的主要承载区开始，结合轴承结构空间，在径向分布了 1、2、3 号共 3 个测点，其中 1 号测点主要用于测量承载区油膜厚度，2、3 号测点用于油膜厚度周向分布测量。另外，在轴承的端向布置了 4 号测点用于测量端面的油膜厚度。最后，为了对测量结果进行温度补偿，在测点 3 位置附近布置了 1 个温度传感器以监测轴承温度。

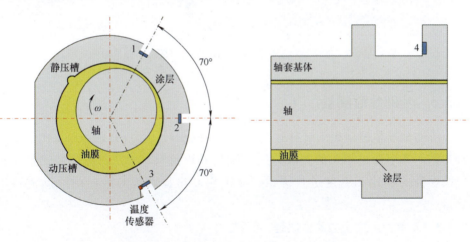

图 9-4 燃油齿轮泵滑动轴承测点分布示意图

9.3.2 实验台及测量系统

实验在燃油齿轮泵产品性能测试台上进行，实验系统的基本组成如图 9-5 所示，主要包括安装产品级齿轮泵、液压及转速控制系统、超声油膜厚度测量系统三个部分。齿轮泵滑动轴承结构可参照图 9-4。实验转速由电机控制，泵的进油和排油压力由溢流阀控制，进口压力固定在 0.5MPa 左右，油温变化通过调节油箱温度来实现。超声波油膜厚度测量系统在第 2 章内容的基础上增加了温度数据采集卡处理温度传感器数据。

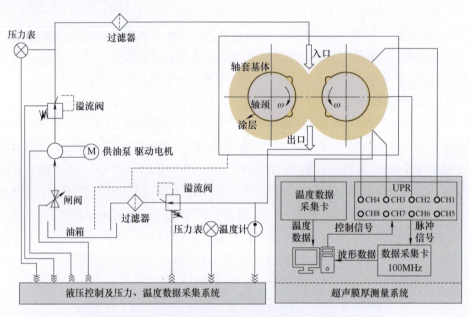

图 9-5　燃油齿轮泵滑动轴承油膜厚度测量实验台示意图

9.3.3　基础参数测量

　　滑动轴承摩擦副相关材料的声速和密度以及衬层厚度是油膜厚度测量的基础参数。本节通过相关的方法分别对轴套基体材料、涂层材料、齿轮轴材料以及燃油的声速和密度进行测量，并采用光学显微镜对涂层的厚度进行了测量。

9.3.3.1　声速和密度的测量原理

　　（1）材料密度测量原理

　　由物体属性可知，待测物品的密度为物品质量与其体积之比，计算公式为

$$\rho = \frac{m}{V} \tag{9-1}$$

式中　ρ——密度（单位为 kg/m³）；

　　　m——质量（单位为 kg）；

　　　V——体积（单位为 m³）。

（2）材料声速测量原理

根据第 3 章飞行时间法的油膜厚度计算公式可得声速计算公式为

$$c_s = \frac{2h}{\Delta t} \qquad (9\text{-}2)$$

式中　c_s——试样声速（单位为 m/s）；

　　　Δt——两次反射回波之间时间间隔（单位为 s）；

　　　h——试样高度（单位为 m）。

（3）油液声速测量原理

通过第 2 章所述的油膜厚度标定实验台进行测量。将油膜厚度调整至共振法范围内，即油膜反射信号幅值谱中出现极值点，记录此时一阶共振频率 f_1；调节千分尺，精确控制油膜厚度增量为 Δh_{oil}，并记录此时的一阶共振频率 f_2，则油液中超声的传播速度计算公式如下所示：

$$c_{oil} = 2\Delta h_{oil}\frac{f_1 f_2}{f_1 - f_2} \qquad (9\text{-}3)$$

式中　h_{oil}——油膜厚度（单位为 m）；

　　　c_{oil}——超声波在油液中的声速（单位为 m/s）；

　　　f——一阶共振频率（单位为 MHz）。

9.3.3.2　声速和密度的测量结果

采用本书介绍的密度、声速的测量方法分别对轴承基体材料、涂层材料、齿轮轴材料和燃油进行测量，其结果见表 9-1~表 9-4。

表 9-1　轴承基体材料的声速和密度

测量次数	1	2	3	4
声速/（m/s）	4167	4064	4095	4109
密度/（kg/m³）	8981.3	8972.3	8960.9	8971.5

表 9-2　涂层材料的声速和密度

测量次数	1	2	3	4
声速/（m/s）	6582.1	6306.9	6569.4	6501.2
密度/（kg/m³）	2575.2	2536.9	2854.2	2605.6

表 9-3　齿轮轴材料的声速和密度

测量次数	1	2	3	平均
声速/（m/s）	6330	6333	6318	6327
密度/（kg/m³）	6854.3	6862.6	6858.9	6858.6

表 9-4　燃油的声速和密度

测量次数	1	2	3	平均
声速/(m/s)	1303.5	1311.4	1308.2	1307.7
密度/(kg/m³)	779	778	777	778

9.3.3.3　涂层厚度的测量结果

为了获得涂层的厚度，在另一个轴承上通过机械加工获取轴承断面，采用光学显微镜观察并测量横断面上的涂层厚度，共采集了断面上三个位置处的图像进行分析，如图 9-6 所示。以三个位置处测量结果的平均值作为最终的结果，涂层厚度为 28.4μm。

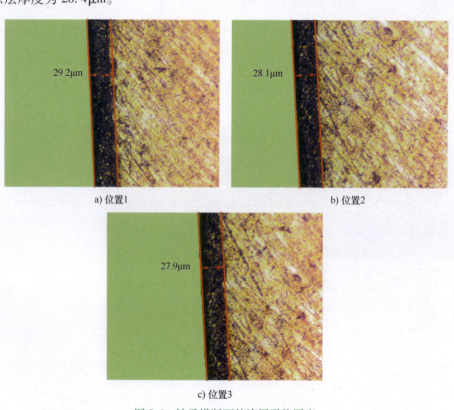

a) 位置1　　　　　　　　　　　　　b) 位置2

c) 位置3

图 9-6　轴承横断面的涂层平均厚度

9.4　油膜厚度动态测试结果与分析

分别在进口介质温度为 25℃、50℃、75℃、100℃、125℃时进行了变转速和变出口压力的实验，试验工况设置见表 9-5。

表 9-5　动态试验工况参数表

序号	转速 $n/(r/min)$	进口压力 P_i/MPa	出口压力 P_o/MPa
1	1000	0.5	1.5
2			2.5
3	2000	0.5	2.5
4			4.5
5	3000	0.5	2.5
6			4.5
7			6.5
8	4000	0.5	2.5
9			4.5
10			6.5
11	5000	0.5	2.5
12			4.5
13			6.5
14			8.5
15	6000	0.5	2.5
16			4.5
17			6.5
18			8.5
19			10.5
20	7000	0.5	4.5
21			6.5

　　试验过程中，按照表 9-5 中设定值调整工况，待采集数据基本稳定后保存实时油膜反射信号，然后，结合温度补偿方法[7-10]和 9.2 节的信号处理流程进行油膜厚度计算。图 9-7~图 9-10 所示为不同进口介质温度下不同测点区域的油膜厚度测量结果。对于所有测点，以轴承稳定运行后一段时间内的油膜厚度平均值作为该工况下的油膜厚度。

9.4.1　进口温度为 25℃下的膜厚测量结果

　　整体上，随着转速的增大，3 个径向测点的油膜厚度均呈现减小趋势；相同转速下，出口压力越大油膜厚度越厚。对于端向油膜厚度，当出口压力相同时，随着转速的增大，4#测点油膜厚度缓慢增大；而出口压力对油膜厚度的影响不明显。进口压力 0.5MPa，温度分别为 25° 时，不同转速和出口压力下 4 个点的

221

测量结果如图 9-7 所示。

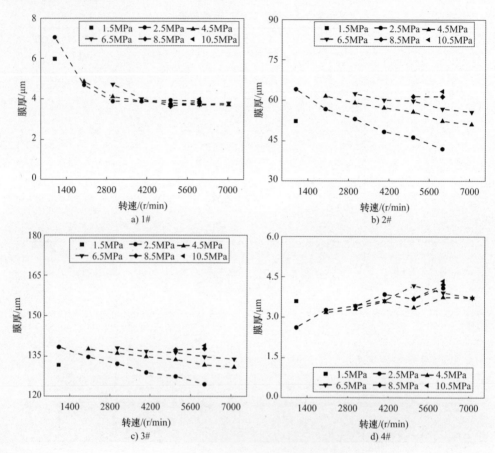

图 9-7　进口温度为 25℃，进口压力 0.5MPa 时，不同转速和出口压力下 4 个测点的测量结果

　　对于径向油膜厚度，1#测点的测量值在 2500r/min 之后变化趋缓，且不同出口压力的影响也不明显，油膜厚度值约处于 4μm 以下；2#和 3#测点则表现出随着转速、出口压力持续变化的趋势，2#测点测量值变化范围为 65~40μm，3#测点测量值的变化范围为 140~125μm。单独分析出口压力的影响可知，1#测点油膜厚度对出口压力不敏感，2#和 3#测点油膜厚度随着出口压力增大而增大，但是变化梯度呈现减小趋势。

　　结合轴承润滑理论分析可知，当出口压力大于进口压力，齿轮轴被推向进口方向，因此可以判断各测点处油膜厚度应该具有 3#，2#，1#依次减小的趋势，这与实测结果相符。当出口压力相同，随着转速的增加，由于动压效应以及静压槽的压力导致轴向右方移动，从而导致 1#测点处的油膜厚度减小，

2#和3#测点处的油膜厚度亦明显的减小，这个现象与实测结果相符。另外，由于出口压力的影响，轴的位置并未显著偏离载荷方向，因此1#测点处的油膜厚度变化不会比2#和3#测点的油膜厚度变化更为显著，这点也符合实测规律。

当转速相同时，随着出口压力的增加，1#测点处的油膜厚度在小范围内波动，而2#、3#测点处的油膜厚度明显增加。根据流体动压效应，当出口压力增大时，轴被压向进口区，所以2#和3#测点油膜厚度呈现增大趋势，而当轴被压向进口区过程中，最小膜厚位置经过1#测点，就会导致1#测点处油膜厚度出现波动。当然，应该综合转速和压力作用才能对轴心轨迹给出更严格的解释，尤其值得注意的是，载荷对膜厚变化的贡献远远小于转速，这点也可以从实测数据中得到印证。

9.4.2 进口温度为50℃下的膜厚测量结果

整体上，径向膜厚与端向膜厚的变化规律与常温工况一致，主要区别在于随着温度升高膜厚的波动变大。

对于径向油膜厚度，在高转速时（5000r/min以上），随着出口压力的增加，1#测点处的油膜厚度略有增大，而2#、3#测点处的油膜厚度明显增大。这是因为当出口压力增大时，轴被压向进口区，所以2#和3#测点处油膜厚度呈现增大趋势，而此时最小膜厚位置一直在1#测点左侧，所以在轴被压向进口区时，1#测点处的油膜厚度略有增大。进口温度为50℃时，3个测点的测量结果如图9-8所示。

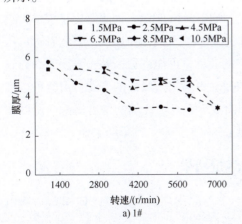

a) 1#

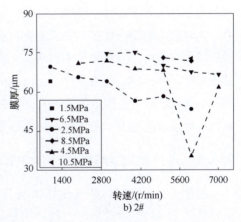

b) 2#

图9-8 进口温度为50℃、进口压力0.5MPa时，不同转速和出口压力下4个测点的测量结果

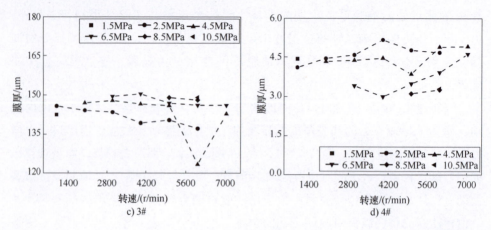

图 9-8 进口温度为 50℃、进口压力 0.5MPa 时，不同转速和出口压力下 4 个测点的测量结果（续）

对于端向油膜厚度，当出口压力相同时，随着转速的增大，4#测点油膜厚度缓慢增大。当转速相同时，随着出口压力的增大，4#测点膜厚有减小趋势。

9.4.3 进口温度为 75℃下的膜厚测量结果

整体上，径向膜厚的变化规律与常温工况基本一致，而端向膜厚则出现较大的波动。

从图 9-9 中可以看出，1#测点处的油膜厚度在 2500r/min 以下基本上保持不变，超过此转速后继续呈现下降趋势；而 2#和 3#测点处的油膜厚度随着转速保持下降趋势。随着出口压力的增加（以 6000r/min 为例），1#测点处的油膜厚度整体呈现了增大的趋势，但存在一定的波动；而 2#和 3#测点处的油膜厚度明显增大，表明当出口压力增大时，轴被压向进口区，所以 2#和 3#测点油膜厚度呈现增大趋势，此时最小膜厚一直在 1#测点左侧。理论上 1#测点的油膜厚度应该随着进口压力的增大而增大，但实测结果出现了一定的波动，可能的原因是：温度升高导致油液黏度下降，承载能力下降，此时轴的振动更易引起膜厚的变化。因此可以推测，1#测点油膜厚度的变化是轴的位置和油液承载能力变弱的综合影响，所以在轴被压向进口区时 1#点处的油膜厚度出现了一定的波动。测量结果如图 9-9 所示。

9.4.4 进口温度为 100℃下的膜厚测量结果

整体上，径向膜厚的变化规律与上一个工况规律基本一致，1#测点表现出波动性，而 2#和 3#两个测点规律明显。端向膜厚测点由于异常无法获得信号，故未做分析。测量结果如图 9-10 所示。

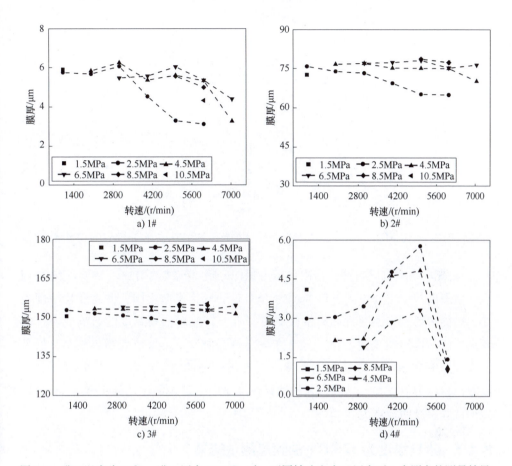

图 9-9 进口温度为 75℃，进口压力 0.5MPa 时，不同转速和出口压力下 4 个测点的测量结果

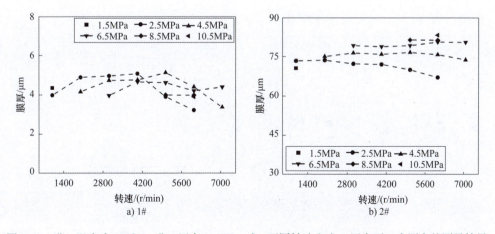

图 9-10 进口温度为 100℃、进口压力 0.5MPa 时，不同转速和出口压力下 3 个测点的测量结果

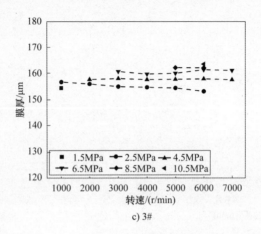

c) 3#

图 9-10 进口温度为 100℃、进口压力 0.5MPa 时，不同转速和出口压力下 3 个测点的测量结果（续）

从图 9-10 中可以发现，当出口压力相同，随着转速的增加，2#测点和 3#测点油膜厚度的变化规律同进口温度为 75℃时的变化规律相同，但是变化幅度缩小，可能原因是当温度升高时油液黏度降低，转速对油膜厚度的影响变小。1#测点不随转速出现规律变化，只是在一定范围内波动，这也表明：高温、低黏工作环境下油膜承载规律发生改变，表现出较强的波动特征。当转速相同时，随着出口压力的增加，1#测点处的油膜厚度呈现了显著的波动性，而 2#和 3#测点处油膜厚度明显增大。

9.4.5 进口温度为 125℃下的膜厚测量结果

当进口介质温度为 125℃时，测量结果如图 9-11 所示，变化规律与进口介质温度为（100±10）℃时的规律基本一致。

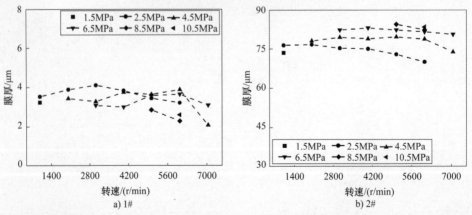

a) 1#
b) 2#

图 9-11 进口温度为 125℃、进口压力 0.5MPa 时，不同转速和出口压力下 3 个测点的测量结果

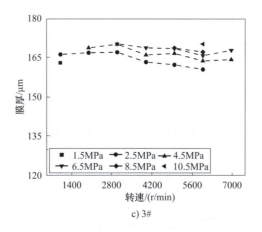

c) 3#

图 9-11　进口温度为 125℃、进口压力 0.5MPa 时，不同转速和出口压力下 3 个测点的测量结果（续）

9.5　最小油膜厚度及其位置

对于径向滑动轴承，最小油膜厚度决定了轴承的承载能力。探究不同工况下最小油膜厚度的大小和位置对轴承结构的优化设计和工程应用具有重要的意义。在忽略轴承变形和涡流效应的情况下，根据极坐标系中周向三个位置的油膜厚度测量值，可确定轴心位置和最小油膜厚度。以载荷方向为起点，轴的旋转方向为正方向，通过圆拟合确定最小膜厚点的位置及大小，如图 9-12 所示。

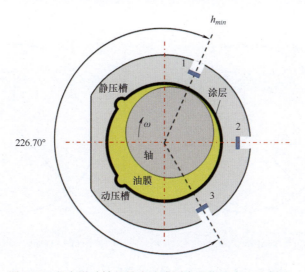

图 9-12　径向滑动轴承最小油膜厚度及位置表达示意图

227

当进口温度分别为 25℃、50℃、75℃、100℃、125℃ 时，所有工况下的最小油膜厚度位置及大小的分析对比结果如图 9-13～图 9-17 所示。由于进口压力 P_i 小于出口压力 P_o，最小油膜厚度的位置出现在 1#测点附近。在进口压力 P_i 和出口压力 P_o 一定的情况下，最小油膜厚度随着转速的增加在一定范围内波动。在进口温度较低时，其位置随着转速的增加逐渐远离静压槽。但是在进口温度较高时，最小油膜厚度位置在小范围内波动，且转速对其影响不大。在进口压力 P_i 和转速一定的情况下，最小油膜厚度随出口压力的增加而减小，且逐渐接近静压槽，这是由于当出口压力增大时，轴被压向进口区。

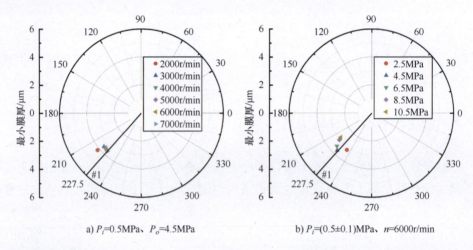

a) P_i=0.5MPa、P_o=4.5MPa   b) P_i=(0.5±0.1)MPa、n=6000r/min

图 9-13　进口温度为 25℃ 时，最小油膜厚度及其位置随转速和出口压力的变化规律

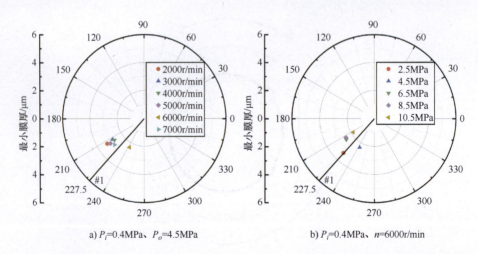

a) P_i=0.4MPa、P_o=4.5MPa   b) P_i=0.4MPa、n=6000r/min

图 9-14　进口温度为 50℃ 时，最小油膜厚度及其位置随转速和出口压力的变化规律

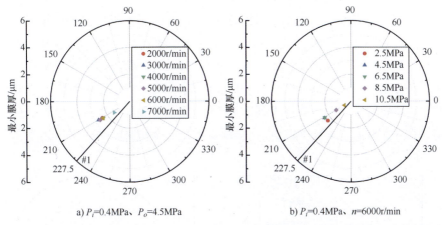

a) P_i=0.4MPa、P_o=4.5MPa

b) P_i=0.4MPa、n=6000r/min

图 9-15　进口温度为75℃时，最小油膜厚度及其位置随转速和出口压力的变化规律

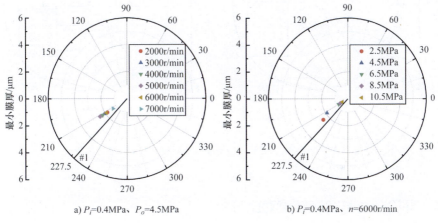

a) P_i=0.4MPa、P_o=4.5MPa

b) P_i=0.4MPa、n=6000r/min

图 9-16　进口温度为100℃时，最小油膜厚度及其位置随转速和出口压力的变化规律

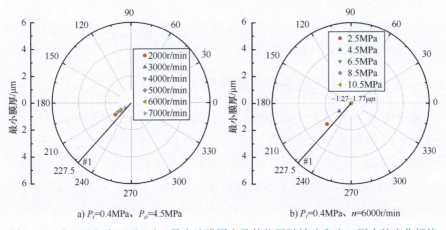

a) P_i=0.4MPa、P_o=4.5MPa

b) P_i=0.4MPa、n=6000r/min

图 9-17　进口温度为125℃时，最小油膜厚度及其位置随转速和出口压力的变化规律

对不同进口温度下的最小油膜厚度分析结果进行比较，如图 9-18 所示。最小油膜厚度随着温度的升高而减小，且位置逐渐接近静压槽，这是因为随着温度升高油液的黏度下降，承载能力下降。在 125℃时，拟合的最小膜厚在转速为 6000r/min，出口压力为 8.5MPa 和 10.5MPa 时出现负值，可能的原因是拟合最小膜厚时忽略轴承变形。当温度到达 125℃时，油液黏度变低，油膜的承载能力变弱，在 8.5MPa、10.5MPa 的高出口压力下，轴承和轴出现接触形变。

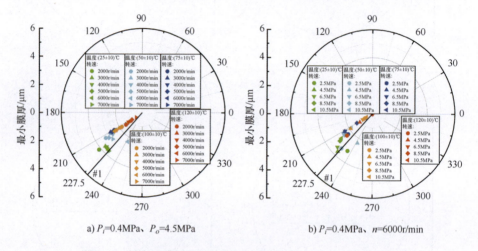

a) P_i=0.4MPa、P_o=4.5MPa　　　　b) P_i=0.4MPa、n=6000r/min

图 9-18　最小油膜厚度及其位置的随转速和出口压力变化规律

9.6　理论分析与实测结果对比分析

为了表明燃油齿轮泵滑动轴承油膜厚度测量结果的有效性，通过滑动轴承润滑油膜仿真分析模型计算了滑动轴承的理论油膜厚度，并将其与测量结果进行对比以验证测量结果的准确性。

9.6.1　径向滑动轴承润滑膜计算模型

忽略不必要的因素，将滑动轴承-齿轮轴简化为图 9-19 所示的结构。在图 9-19 中，O_j 和 O_b 分别为齿轮轴与轴承的圆心，r_j、r_b 和 R_b 分别为齿轮轴半径、轴承内半径和轴承外半径，$l = r_b - r_j$ 为滑动轴承的半径间隙，L 为滑动轴承的长度，e 和 θ 分别为齿轮轴相对轴承的偏心距和偏位角，F 为作用在齿轮轴上的径向载荷，ω 为齿轮轴的旋转速度，φ 和 ϕ 分别为以最大油膜位置和轴承顶点位置为起点的滑动轴承周向坐标。此外，x、y 和 z 分别表示轴承-齿轮轴的水平、轴线与垂直方向。

基于平均流量模型，轴承与齿轮轴间处于流体润滑区域的压力分布将通过平均 Reynolds 方程给出。其中，柱坐标系下的滑动轴承平均 Reynolds 方程为

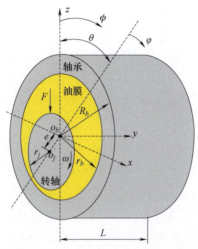

图 9-19　滑动轴承-齿轮轴润滑示意图

$$\frac{1}{r_j^2}\frac{\partial}{\partial\phi}\left(\varphi_\phi\frac{h^3}{12\eta}\frac{\partial p}{\partial\phi}\right)+\frac{\partial}{\partial y}\left(\varphi_y\frac{h^3}{12\eta}\frac{\partial p}{\partial y}\right)=\varphi_c\frac{U}{2}\frac{\partial h}{r_j\partial\phi}+\sigma\frac{U}{2}\frac{\partial\varphi_s}{r_j\partial\phi} \qquad (9\text{-}4)$$

式中　y——滑动轴承轴线方向位置；

　　　η——润滑油黏度（单位为 Pa·s）；

　p、h——轴承间润滑油压力与名义膜厚分布（单位分别是 Pa 和 m）；

　　　σ——轴承内表面与齿轮轴外表面的综合粗糙度，$\sigma=\sqrt{\sigma_j^2+\sigma_b^2}$，其中，$\sigma_j$ 和 σ_b 分别表示齿轮轴外表面粗糙度和轴承内表面粗糙度（单位为 m）；

φ_ϕ、φ_y——压力流量因子，φ_s 表示剪切流量因子，φ_c 表示接触因子，这四个流量与接触因子的具体计算方法请参见文献 [11,12]。

为了求解平均 Reynolds 方程，设置油膜压力边界条件为

$$\begin{cases} p=0 & y=z,L \\ \dfrac{\partial p}{\partial\phi}=0 & \phi=0,\vartheta \end{cases} \qquad (9\text{-}5)$$

式中　ϑ——滑动轴承中润滑油膜破裂的周向位置。

作为滑动轴承润滑性能与润滑状态重要指标，滑动轴承与转轴间名义润滑膜厚 h 可以表达为

$$h = l(1 + \varepsilon\cos\varphi) + \delta_E + \delta_T \tag{9-6}$$

式中　l——轴承半径间隙（单位为 m）；

　　　ε——偏心率，$\varepsilon = e/l$；

　　　φ——从最大膜厚处开始算起的轴承角位置；

δ_E 和 δ_T——轴承与齿轮轴的弹性变形与热变形（单位为 m）。

滑动轴承与齿轮轴间的油膜与接触压力将导致轴承与齿轮轴表面产生弹性变形，而轴承与齿轮轴的温升又将引起它们的表面产生热变形。对此，采用影响系数法和有限元法相结合的方法计算滑动轴承-齿轮轴系统的热弹性变形，具体实施过程如下：

对于轴承系统的弹性变形，轴或轴承的表面径向弹性变形影响系数是指在固体内（轴或轴承）指定点 (θ_ξ, z_η) 处的单位压力，引起其附近点 (θ_j, z_k) 的表面法向弹性变形，将其用 $\tau_E(\theta_j, z_k, \theta_\xi, z_\eta)$ 表示，并利用有限元方法提前获得。因此，在轴或轴承表面指定点 (θ_ξ, z_η) 处，由油膜动压效应提供的油膜压力 $p_h(\theta_\xi, z_\eta)$ 以及它们表面上粗糙峰提供的接触压力 $p_{asp}(\theta_\xi, z_\eta)$，引起其附近点 (θ_j, z_k) 的径向弹性变形可通过下式获得

$$\delta_{B(J)E}(\theta_j, z_k) = \sum_\xi \sum_\eta \tau_E(\theta_j, z_k, \theta_\xi, z_\eta)\left[p_h(\theta_\xi, z_\eta) + p_{asp}(\theta_\xi, z_\eta)\right] \tag{9-7}$$

同理，轴承热变形，可通过热影响系数方法求得。热影响系数是指在轴承内指定点 $(r_\xi, \theta_\xi, z_\eta)$ 处的单位温升，引起其附近点 (θ_j, z_k) 的表面径向变形，假设其用 $\tau_T(\theta_j, z_k, \theta_\xi, z_\eta)$ 表示，通过有限元方法提前获得。那么，轴承表面指定点 $(r_\xi, \theta_\xi, z_\eta)$ 处的温升 $\Delta T(r_\xi, \theta_\xi, z_\eta)$ 引起其附近点 (θ_j, z_k) 的热变形便可通过下式计算得到

$$\delta_{BT}(\theta_j, z_k) = \sum_\zeta \sum_\xi \sum_\eta \tau_T(\theta_j, z_k, r_\zeta, \theta_\xi, z_\eta)\Delta T(r_\zeta, \theta_\xi, z_\eta) \tag{9-8}$$

需要注意的是，对于转轴旋转的轴承-转轴系统，由于转轴处于旋转过程中，其内部温升分布相对均匀，引起转轴的热变形可通过热膨胀方程近似计算

$$\delta_{JT}(\theta_j, \Delta T_J) = \alpha_J \Delta T_J r_j\left[1 + \varepsilon\cos(\phi_j - \theta)\right] \tag{9-9}$$

式中　α_J——转轴材料的热膨胀系数；

　　　ΔT_J——转轴平均温升（单位为℃）；

　　　ε——偏心率，$\varepsilon = e/l$ 为转轴相对轴承的偏心率。

因此，滑动轴承内表面的总变形 δ_B 与转轴外表面的总变形 δ_J 为

$$\delta_B(\theta, z, \Delta T, p) = \delta_{BE}(\theta, z, p) + \delta_{BT}(\theta, z, \Delta T) \tag{9-10}$$

$$\delta_J(\theta, z, \Delta T, p) = \delta_{JE}(\theta, z, p) + \delta_{JT}(\theta, \Delta T) \tag{9-11}$$

式中 δ_{BT} 与 δ_{JT}——轴承热变形与转轴热变形（单位为 m）。

关于滑动轴承-转轴系统热弹性变形的计算过程，参见文献 [13]。

在任意给定初始偏心率和偏位角下，滑动轴承压力、温度和载荷平衡先后迭代计算，导致偏心率和偏位角不停更新，从而使得滑动轴承系统的润滑膜厚处于动态变化，如图 9-20 所示。

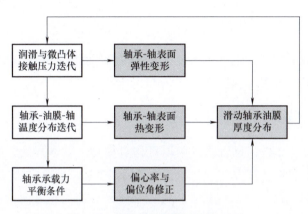

图 9-20　轴承润滑膜厚度调整过程

滑动轴承压力分布与温度分布已给出，根据计算得到的油膜压力和粗糙峰接触压力分布等，可以得到滑动轴承的油膜承载力 W_h、粗糙峰接触承载力 W_c 以及轴承总承载力 W。进而通过高精度数值积分方法计算滑动轴承水平方向油膜（润滑）承载力 $W_{h,x}$、粗糙峰接触承载力 $W_{c,x}$，和水平方向总承载力 W_x，即

$$\begin{cases} W_x = W_{h,x} + W_{c,x} \\ W_{h,x} = \int_0^L \int_0^{2\pi} \left[p_h(j,k) R\sin\varphi_j + \tau_h R\cos\varphi_j \right] \mathrm{d}\varphi \mathrm{d}y \\ W_{c,x} = \int_0^L \int_0^{2\pi} \left[p_c(j,k) R\sin\varphi_j + \tau_c R\cos\varphi_j \right] \mathrm{d}\phi \mathrm{d}y \end{cases} \tag{9-12}$$

式中 τ_h——流体剪切力（单位为 N）。

通过数值积分计算滑动轴承竖直方向油膜（润滑）承载力 $W_{h,y}$、粗糙峰接触承载力 $W_{c,y}$ 和竖直承载力 W_y，即

$$\begin{cases} W_y = W_{h,y} + W_{c,y} \\ W_{h,y} = \int_0^L \int_0^{2\pi} \left[p_h(j,k) R\cos\varphi_j + \tau_h R\sin\varphi_j \right] \mathrm{d}\varphi \mathrm{d}y \\ W_{c,y} = \int_0^L \int_0^{2\pi} \left[p_c(j,k) R\cos\varphi_j + \tau_c R\sin\varphi_j \right] \mathrm{d}\phi \mathrm{d}y \end{cases} \tag{9-13}$$

式中 τ_c——粗糙峰接触产生的剪切力（单位为 N）。

从而可以得到滑动轴承的总承载力、油膜承载力 W_h 与粗糙峰接触承载力 W_c，即

$$\begin{cases} \text{总承载力} & W = \sqrt{W_x^2 + W_y^2} \\ \text{润滑承载力} & W_h = \sqrt{W_{h,x}^2 + W_{h,y}^2} \\ \text{粗糙峰承载力} & W_c = \sqrt{W_{c,x}^2 + W_{c,y}^2} \end{cases} \tag{9-14}$$

基于上述建立的滑动轴承多场多尺度流固耦合模型，并结合载荷平衡方程，可以实现滑动轴承润滑油膜仿真计算。

9.6.2 理论计算与实测结果对比

基于第 9.6.1 节的滑动轴承油膜厚度仿真模型，对本案例中滑动轴承的理论油膜厚度进行计算。膜厚测点与油膜仿真模型坐标系的对应情况如图 9-21a 所示，以径向载荷加载方向为起始点，齿轮轴转动方向为正方向，建立油膜仿真模型的圆周方向坐标系。#1、#2 和#3 测点在仿真模型周向坐标系中的角坐标分别为 352.5°、62.5°和 132.5°。根据 3 个测点的角位置，并结合测点距离轴向一端为 12.0mm 的附加条件，提取仿真膜厚值。在测点范围内，选择了圆形超声传感器圆心处的油膜厚度，如图 9-21b 所示，"前"与"后"与油膜仿真模型中周向坐标相对应，"前"表示周向角坐标相对较小，"后"表示周向角坐标相对较大。此外，仿真采用默认的收敛精度和网格数量。

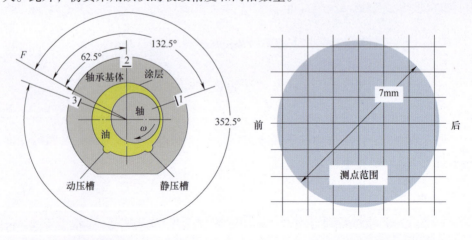

a) 膜厚测点在仿真坐标系中的位置   b) 测点范围内仿真结果取点示意图

图 9-21 膜厚测点位置及仿真结果取点示意图

表 9-6 所示为进口压力恒为 0.4MPa，转速为 6000r/min，进口温度为 25℃时，不同出口压力下，3 个测点测得的油膜厚度与仿真结果的对比。可以直观地观察到实验值与仿真值具有较好的一致性。此外，仿真结果中 3 个测点的油膜厚度均随出口压力的增大逐渐增大，这与实验测量中观察到的规律一致。这些现象佐证了测量结果的有效性。

表 9-6 进口压力 0.4MPa、转速 6000r/min、进口温度 25℃时，不同出口压力下 3 个测点区域内实验测得的油膜厚度与仿真结果的比较

出口压力/MPa	测点 1		测点 2		测点 3	
	测量/μm	理论/μm	测量/μm	理论/μm	测量/μm	理论/μm
2.5	3.79	4.32	42.12	40.39	124.96	120.37
4.5	4.23	6.18	52.39	55.03	132.10	123.99
6.5	4.51	6.88	56.87	62.91	135.16	125.88
8.5	4.92	7.37	61.40	64.92	138.14	127.05
10.5	5.22	7.96	63.34	65.98	139.31	130.48

9.7 本章小结

本章围绕燃油齿轮泵中滑动轴承油膜厚度的动态测量展开研究，通过制定超声信号的处理流程、测量摩擦副相关材料的物性参数等工作，形成了燃油齿轮泵滑动轴承油膜厚度动态测量方案，为通过超声膜厚测量技术进行燃油泵滑动轴承油膜厚度的动态测量奠定基础。在此基础上，在真实的燃油齿轮泵上开展了变进口温度、变转速及变出口压力的多工况动态实验，通过数据处理获得了滑动轴承在不同工况下的膜厚变化规律，并通过几何拟合的方法分析了滑动轴承在不同工况下的最小油膜厚度变化情况，为燃油齿轮泵中滑动轴承的结构优化设计提供了宝贵数据。

参 考 文 献

[1] JACOPO T, SHAHROKH S, ANDREW K, et al. Elasto-hydrodynamic model of hybrid journal bearings for aero-engine gear fuel pump applications [J]. Journal of Tribology, 2022, 144 (3): 031604.

[2] GARG H C, SHARDA H B, KUMARM V. On the design and development of hybrid journal bearings: a review [J]. Tribotest, 2006, 12 (1): 1-19.

［3］LINJAMAA A, LEHTOVAARA A, LARSSON R, et al. Modelling and analysis of elastic and thermal deformations of a hybrid journal bearing ［J］. Tribology International, 2018, 118: 451-457.

［4］ZHANG F, OUYANG W, HONG H, et al. Experimental study on pad temperature and film thickness of tilting-pad journal bearings with an elastic-pivot pad ［J］. Tribology International, 2015, 88: 228-235.

［5］DOU P, WU T, LUO Z, et al. The application of the principle of wave superposition in ultrasonic measurement of lubricant film thickness ［J］. Measurement, 2019, 137: 312-322.

［6］JIA Y, WU T, DOU P, et al. Temperature compensation strategy for ultrasonic based measurement of oil film thickness ［J］. Wear, 2021, 476 : 203640.

［7］ZHENG P, DOU P, WU Q Z, et al. Ultrasonic reflection measured oil film thickness in the slipper bearings of an aviation fuel piston pump ［J］. Signal Process, 2024, 220: 111696.

［8］REDDYHOFF T, DWYER-JOYCE R S, HARPER P. A new approach for the measurement of film thickness in liquid face seals ［J］. Tribology Transactions, 2008, 51: 140-149.

［9］KASOLANG S, DWYER-JOYCE R S. Observations of film thickness profile and cavitation around a journal bearing circumference ［J］. Tribology Transactions, 2008, 51: 231-245.

［10］PATIR N, CHENG H S. An average flow model for determining effects of three-dimensional roughness on partial hydrodynamic lubrication ［J］. Transactions of the ASME, 1978, 100: 12-17.

［11］PATIR N, CHENG H S. Application of average flow model to lubrication between rough sliding surfaces ［J］. Transactions of the ASME, 1979, 101: 220-22.

［12］孟凡明. 水润滑轴承系统三维热弹流性能有限元分析 ［J］. 重庆大学学报, 2013, 36 (02): 125-130.

［13］WANG Y S. Modeling and analyzing the journal-thrust bearing system in rock-drilling bits under mixed-elastohydrodynamic lubrication ［D］. Evanston: Northwestern University, 2003.

第 10 章 燃油柱塞泵摩擦副的润滑膜厚测量应用

柱塞泵是发动机燃油与控制系统的关键组件，主要由若干关键摩擦副构成，且常态化地工作在高温、重载、高转速的工况[1-4]。由于采用了低黏度的燃油作为润滑剂，极易发生润滑失效，引发异常磨损、咬死等故障。柱塞泵中摩擦副油膜的完整性决定了柱塞泵的工作性能和使用寿命，因此油膜厚度是追求高可靠性、高功率密度燃油柱塞泵的关键参数。然而，摩擦副处于封闭空间，已有测量方法无法实现真实产品的油膜厚度在线测量，使得关键摩擦副工作状态下的油膜厚度仍处于信息盲区。因此，迫切需要开展真实燃油柱塞泵中摩擦副的油膜厚度测量实验，探明关键摩擦副油膜厚度随工况的变化规律，为燃油柱塞泵中关键摩擦副的优化设计提供数据支撑。

本章基于超声测量方法开展了某燃油柱塞泵中滑靴副及配流副的油膜厚度测量实验，分析了变转速、变排油压力工况下两类摩擦副油膜厚度随工况的变化规律及分布情况，为超声膜厚测量技术在柱塞泵中的工程应用提供参考依据。

10.1 滑靴副及配流副简介

某燃油柱塞泵的典型结构如图 10-1 所示，主要部件包括缸体、柱塞、斜盘、斜盘支撑、分油盘和传动轴等[5]。基本工作原理为：传动轴带动缸体转动，柱塞在斜盘作用下，在缸体内做往复运动且随缸体做旋转运动，柱塞腔内的容积不断变化，使得柱塞腔内的压力不断变化，进而通过分油盘的配流完成柱塞泵的进排油过程。通过柱塞这种周期性的往复运动及旋转运动，高压燃油可以源源不断地被传输至燃油系统。

上述结构主要包含两类关键摩擦副。分油盘与缸体底面之间的相对运动形成配流副，其主要作用是隔离进油和排油区，实现泵的进排油功能。配流副油膜厚度的大小直接影响柱塞泵的泄漏量，油膜过厚，会导致泄漏量增加，降低泵的效率；反之，如果油膜过薄，则无法形成有效的润滑，导致设备磨损加剧。滑靴与斜盘构成滑靴副，主要是承载排油区柱塞腔高压油产生的负载。滑靴副是柱塞泵高压高速化最关键的部件，也是受力和运动最复杂的摩擦副，其润滑特性直接影响整泵的可靠性和寿命。与常见的平面摩擦副不同，这种柱塞泵的滑靴和缸体底面均存在密封带、支撑带和油槽，如图 10-2 所示。油槽的存在使得配流副和滑靴副形成了台阶状的摩擦副结构，其中密封带、支撑带与斜盘或分油盘之间形成的油膜是减少滑靴副和配流副摩擦磨损的关键。因此，在配流副和滑靴副中测量密封带、支撑带与分油盘或斜盘之间的油膜厚度对于两类摩擦副的润滑设计具有重要意义。

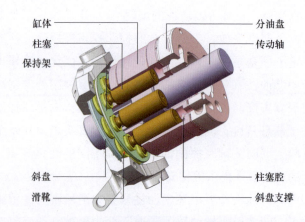

图 10-1　燃油柱塞泵内部结构示意图

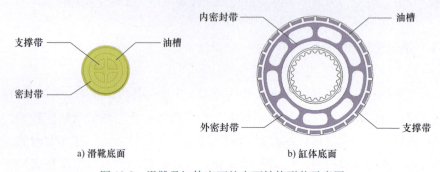

a) 滑靴底面　　　　　　　　　　b) 缸体底面

图 10-2　滑靴及缸体底面的表面结构形状示意图

本章主要介绍针对具有上述结构的燃油泵关键摩擦副，包括密封带、支撑带与分油盘或斜盘之间的油膜厚度测量实验，分析两类摩擦副的油膜厚度随工况的变化规律，为实现燃油柱塞泵中滑靴副和配流副的结构优化设计提供原位数据支撑。

10.2　台阶状摩擦副的超声信号处理方法

10.2.1　台阶状膜厚测量的问题分析

　　经典的超声膜厚测量方法是依据形成油膜的摩擦副上下表面是平面的假设而建立的，而对于配流副和滑靴副，由于滑靴和缸体工作面上的油槽结构，使得配流副和滑靴副形成了台阶状结构。超声波在台阶状摩擦副中的传播情况如图 10-3a 所示。图中，h 为油槽的深度，d 为支撑带或密封带与斜盘或分油盘之间形成的油膜厚度。由于传感器发出的声波可以等效为多个传感器元件发出声波的线性叠加[6-7]，因此超声波 I 可以分为 I_1 和 I_2，分别代表入射向油槽底面和密封带或支撑带表面的超声波。根据声波叠加原理，I_1 和 I_2 在斜盘或分油盘/油膜界面发生反射，共同形成回波 B_l^1。I_1 中的部分声波穿过斜盘或分油盘/油膜界面进入油膜，并在密封带或支撑带表面多次反射，形成多阶回波 B_l^2、B_l^3、$\cdots$、B_l^n，上标表示回波顺序。最后，回波 B_l^2、B_l^3、$\cdots$、B_l^n 与回波 B_l^1 叠加被传感器接收形成回波 B_l。另外，进入油膜的 I_2 部分传播到油槽底面并反射，然后被传感器接收，形成回波 B_g。当油槽深度 h 足够大时，回波 B_l 和 B_g 就会分离，如图 10-3b 所示。

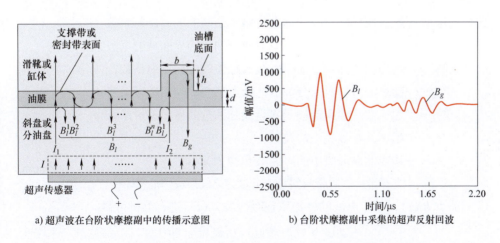

a) 超声波在台阶状摩擦副中的传播示意图　　　　b) 台阶状摩擦副中采集的超声反射回波

图 10-3　超声波在台阶状摩擦副中的传播示意及采集的超声反射回波

　　通过上述的分析可以发现，入射至油膜的超声波由于油槽的存在出现分离，这会影响到超声膜厚测量方法中反射系数的准确提取。传统的反射系数定义为反射回波与入射波的比值，如下所示：

$$R(f) = \frac{\text{FFT}(B)}{\text{FFT}(I)} = \frac{B(f)}{I(f)} \tag{10-1}$$

式中　　　　B——摩擦副上下表面均为平面时的超声反射回波；

　　　　　　I——入射波；

　　　　FFT——快速傅里叶变换；

　　　　$R(f)$——摩擦副上下表面均为平面时的反射系数；

$B(f)$ 和 $I(f)$——B 和 I 在频域的表达形式。

　　然而，当摩擦副表面存在油槽，且槽深足够大时，超声反射回波被分离为 B_l 和 B_g 部分。基于传统的反射系数计算方法，利用回波 B_l 计算反射系数：

$$R_l(f) = \frac{\text{FFT}(B_l)}{\text{FFT}(I)} = \frac{B_l(f)}{I(f)} \tag{10-2}$$

式中　$R_l(f)$——通过反射回波 B_l 所计算的反射系数；

$B_l(f)$ 和 $I(f)$——B_l 和 I 在频域的表达形式。

　　为了对比反射系数 $R(f)$ 和 $R_l(f)$ 之间的差异，对两者进一步的分析。对于上下表面均为平面的摩擦副而言，其反射系数 $R(f)$ 可以被表示为[8]

$$R(f) = V_{12} + \frac{W_{12}V_{23}W_{21}e^{2ik_2d}}{1 - V_{21}V_{23}e^{2ik_2d}} \tag{10-3}$$

式中　V_{12}——超声波从斜盘或分油盘传播至油膜的界面反射系数；

　　　V_{21}——超声波从油膜传播至斜盘或分油盘的界面反射系数；

　　　V_{23}——超声波从油膜传播至滑靴或缸体的界面反射系数；

　　　W_{12}——超声波从斜盘或分油盘传播至油膜的界面透射系数；

　　　W_{21}——超声波从油膜传播至斜盘或分油盘的界面透射系数；

$k_2 = 2\pi f/c_2$——超声波在油膜中的波数；

　　　c_2——超声波在油膜中的声速（单位为 m/s）；

　　　d——支撑带或密封带与斜盘或分油盘之间形成的油膜厚度（单位为 mm）。

　　关于 $R_l(f)$，基于声波的叠加原理对回波 $B_l(f)$ 进行分析可得

$$B_l(f) = B_l^1(f) + B_l^2(f) + B_l^3(f) + \cdots + B_l^n(f) \tag{10-4}$$

式中　$B_l^1(f)$、$B_l^2(f)$、$B_l^3(f)$、$\cdots$、$B_l^n(f)$——分别为 B_l^1、B_l^2、B_l^3、$\cdots$、B_l^n 在频域的表达形式。

　　当 $n \to \infty$ 时，式（10-4）两侧可进一步表示为

$$
\begin{cases}
B_l^1(f) = V_{12}\,|I(f)|\,\mathrm{e}^{\mathrm{i}\varphi_I(f)} \\[4pt]
B_l^2(f) = W_{12}V_{23}W_{21}\mathrm{e}^{2\mathrm{i}k_2 d}\,|I_1(f)|\,\mathrm{e}^{\mathrm{i}\varphi_{I_1}(f)} \\[4pt]
B_l^3(f) = W_{12}V_{23}W_{21}V_{21}V_{23}\mathrm{e}^{4\mathrm{i}k_2 d}\,|I_1(f)|\,\mathrm{e}^{\mathrm{i}\varphi_{I_1}(f)} \\[4pt]
\vdots \\[4pt]
B_l^n(f) = W_{12}V_{23}W_{21}(V_{21}V_{23})^{n-2}(\mathrm{e}^{2\mathrm{i}k_2 d})^{n-1}\,|I_1(f)|\,\mathrm{e}^{\mathrm{i}\varphi_{I_1}(f)} \\[4pt]
B_l(f) = V_{12}\,|I(f)|\,\mathrm{e}^{\mathrm{i}\varphi_I(f)} + |I_1(f)|\,\mathrm{e}^{\mathrm{i}\varphi_{I_1}(f)}\dfrac{W_{12}V_{23}W_{21}\mathrm{e}^{2\mathrm{i}k_2 d}}{1 - V_{21}V_{23}\mathrm{e}^{2\mathrm{i}k_2 d}}
\end{cases}
\tag{10-5}
$$

式中　$|I(f)|$ 和 $\varphi_I(f)$——$I(f)$ 的幅值和相位，单位分别为 V 和 rad；

$|I_1(f)|$ 和 $\varphi_{I_1}(f)$——$I_1(f)$ 的幅值和相位，单位分别为 V 和 rad。

结合式（10-2）和式（10-5）可知，$R_l(f)$ 可表示为

$$
R_l(f) = |I(f)|\,\mathrm{e}^{\mathrm{i}\varphi_I(f)} + \frac{|I_1(f)|}{|I(f)|}\mathrm{e}^{\mathrm{i}\varphi_{I_1}(f)}\frac{W_{12}V_{23}W_{21}\mathrm{e}^{2\mathrm{i}k_2 d}}{1 - V_{21}V_{23}\mathrm{e}^{2\mathrm{i}k_2 d}}
\tag{10-6}
$$

根据式（10-3）和式（10-6）的对比可知，油槽的存在给反射系数 $R_l(f)$ 引入了误差项 $|I_1(f)|/|I(f)|$，从而导致反射系数无法准确提取，影响膜厚测量的精度。

10.2.2　融合双反射回波的反射系数提取方法

为了解决台阶状摩擦副膜厚测量时，反射系数难以准确提取的问题，本节介绍了一种融合双反射回波的反射系数提取方法。从 10.2.1 节中的式（10-6）可知，获取准确反射系数的关键在于消除误差项 $|I_1(f)|/|I(f)|$。

从公式（10-5）可得，误差项来源于回波 B_l^2、B_l^3、$\cdots$、B_l^n 之和，定义回波 B_l^2、B_l^3、$\cdots$、B_l^n 之和为 B_{l-1}，根据声波的叠加原理可知

$$
B_{l-1} = B_l - V_{12}I
\tag{10-7}
$$

对式（10-7）两侧进行傅里叶变化可得

$$
B_{l-1}(f) = B_l(f) - V_{12}I(f)
\tag{10-8}
$$

根据式（10-5）可知，式（10-8）可表示为

$$
B_{l-1}(f) = |I_1(f)|\,\mathrm{e}^{\mathrm{i}\varphi_{I_1}(f)}\frac{W_{12}V_{23}W_{21}\mathrm{e}^{2\mathrm{i}k_2 d}}{1 - V_{21}V_{23}\mathrm{e}^{2\mathrm{i}k_2 d}}
\tag{10-9}
$$

为了构建误差项 $|I_1(f)|/|I(f)|$，通过回波 B_{l-1} 除以 $I(f)$ 可得

$$
\frac{B_{l-1}(f)}{I(f)} = \frac{|I_1(f)|}{|I(f)|}\mathrm{e}^{\mathrm{i}(\varphi_{I_1}(f) - \varphi_I(f))}\frac{W_{12}V_{23}W_{21}\mathrm{e}^{2\mathrm{i}k_2 d}}{1 - V_{21}V_{23}\mathrm{e}^{2\mathrm{i}k_2 d}}
\tag{10-10}
$$

由于超声波 I 看作是入射向支撑带或密封带表面的超声波 I_1 和入射向油槽底面的超声波 I_2 的组合，则有

$$I = I_1 + I_2 \tag{10-11}$$

对式（10-11）两侧进行傅里叶变换可得

$$|I(f)|\,\mathrm{e}^{i\varphi_I(f)} = |I_1(f)|\,\mathrm{e}^{i\varphi_{I_1}(f)} + |I_2(f)|\,\mathrm{e}^{i\varphi_{I_2}(f)} \tag{10-12}$$

式中　$|I(f)|$ 和 $\varphi_I(f)$——$I(f)$ 的幅值和相位，单位分别为 V 和 rad；

$\quad\quad |I_1(f)|$ 和 $\varphi_{I_1}(f)$——$I_1(f)$ 的幅值和相位，单位分别为 V 和 rad；

$\quad\quad |I_2(f)|$ 和 $\varphi_{I_2}(f)$——$I_2(f)$ 的幅值和相位，单位分别为 V 和 rad。

对于同一超声传感器激励的超声波而言，相位存在如下关系

$$\varphi_I(f) = \varphi_{I_1}(f) = \varphi_{I_2}(f) \tag{10-13}$$

将式（10-13）代入式（10-10）可得

$$\frac{B_{l-1}(f)}{I(f)} = \frac{|I_1(f)|}{|I(f)|}\frac{W_{12}V_{23}W_{21}\mathrm{e}^{2ik_2 d}}{1 - V_{21}V_{23}\mathrm{e}^{2ik_2 d}} \tag{10-14}$$

对式（10-14）两侧进行变换可得

$$\frac{|I(f)|}{|I_1(f)|}\frac{B_{l-1}(f)}{I(f)} = \frac{W_{12}V_{23}W_{21}\mathrm{e}^{2ik_2 d}}{1 - V_{21}V_{23}\mathrm{e}^{2ik_2 d}} \tag{10-15}$$

从式（10-15）可以发现，通过修正回波 $B_{l-1}(f)$ 可以消除式（10-6）中反射系数的误差项。在油膜厚度测量领域，中心频率 f_c 处的反射系数常用于计算油膜厚度，故主要对中心频率处的反射系数进行修正。在中心频率处，$|I(f_c)|/|I_1(f_c)|$ 为常数。将回波 B_{l-1} 与 $|I(f_c)|/|I_1(f_c)|$ 相乘并叠加回波 B_l^1 可得修正后的回波 B_l^* 为

$$B_l^* = B_l^1 + \frac{|I(f_c)|}{|I_1(f_c)|}B_{l-1} \tag{10-16}$$

根据修正后的回波 B_l^* 求解修正后中心频率处的反射系数 $R^*(f_c)$ 为

$$R^*(f_c) = \frac{\mathrm{FFT}(B_l^*)}{\mathrm{FFT}(I)} = \frac{B_l^1(f) + \dfrac{|I(f_c)|}{|I_1(f_c)|}B_{l-1}(f)}{|I(f_c)|} = V_{12} + \frac{W_{12}V_{23}W_{21}\mathrm{e}^{2ik_{2c}d}}{1 - V_{21}V_{23}\mathrm{e}^{2ik_{2c}d}} \tag{10-17}$$

式中　$k_{2c} = 2\pi f_c/c_2$——中心频率处超声波在油膜中的波数。

对比式（10-17）和式（10-5）可以发现，修正后的回波 B_l^* 可以准确获取反射系数。但是，式（10-17）中的系数 $|I_1(f_c)|$ 仍旧是未知项。结合式（10-12）和式（10-13）可得

$$|I_1(f_c)| = |I(f_c)| - |I_2(f_c)| \tag{10-18}$$

其中 $|I(f_c)|$ 为已知项，通过实验前采集的参考信号可以获取。而 $|I_2(f_c)|$ 与回波

$B_g(f)$ 有关，基于声波的叠加原理对回波 $B_g(f)$ 分析可得[8]

$$B_g(f) = W_{12}V_{23}W_{21}\,|I_2(f)|\,\left|e^{i\varphi_{I_2}(f)}\right|e^{2ik_2(d+h)} \tag{10-19}$$

则中心频率处 $B_g(f_c)$ 的幅值为

$$|B_g(f_c)| = W_{12}V_{23}W_{21}\,|I_2(f_c)| \tag{10-20}$$

故而可得 $|I_1(f_c)|$ 为

$$|I_1(f_c)| = |I(f_c)| - \frac{|B_g(f_c)|}{W_{12}V_{23}W_{21}} \tag{10-21}$$

将式（10-7）和式（10-21）代入式（10-15）可得

$$B_l^* = \left(1 - \frac{W_{12}V_{23}W_{21}\,|I(f_c)|}{W_{12}V_{23}W_{21}\,|I(f_c)| - |B_g(f_c)|}\right)V_{12}I + \frac{W_{12}V_{23}W_{21}\,|I(f_c)|}{W_{12}V_{23}W_{21}\,|I(f_c)| - |B_g(f_c)|}B_l \tag{10-22}$$

进而式（10-17）可以被表示为

$$R^*(f_c) = \frac{\mathrm{FFT}\left(\left(1 - \dfrac{W_{12}V_{23}W_{21}\,|I(f_c)|}{W_{12}V_{23}W_{21}\,|I(f_c)| - |B_g(f_c)|}\right)V_{12}I + \dfrac{W_{12}V_{23}W_{21}\,|I(f_c)|}{W_{12}V_{23}W_{21}\,|I(f_c)| - |B_g(f_c)|}B_l\right)}{\mathrm{FFT}(I)} \tag{10-23}$$

通过上述的数学推导可知，在测量台阶状摩擦副的油膜厚度时，综合入射波 I、反射回波 B_l 和 B_g 可以实现对超声反射系数的准确提取，进而可结合典型的膜厚测量模型[9-10]计算油膜厚度。图 10-4 所示为测量台阶状摩擦副中油膜厚度的超声信号处理流程图，其中入射信号 I 通过斜盘或分油盘/空气界面的反射回波来进行获取，具体的实现步骤如下：

1）提取反射回波 B_l 和入射信号 I，并通过 B_l 减去 I 与界面反射系数 V_{12} 的乘积获取回波为 B_{l-1}。

2）对入射信号 I 和油槽底面反射回波 B_g 进行 FFT 获取 $|I(f)|$ 和 $|B_g(f)|$，取 $|I(f)|$ 中中心频率 f_c 处的幅值 $|I(f_c)|$，通过 $|I(f_c)|$ 减去 $|B_g(f_c)|$ 与 $W_{12}V_{23}W_{21}$ 的比值获得 $|I_1(f_c)|$。

3）通过 B_{l-1} 乘以 $|I(f_c)|$ 与 $|I_1(f_c)|$ 的比值获得回波 B_{l-1}^*。

4）叠加回波 B_{l-1}^* 跟入射信号 I 与界面反射系数 V_{12} 的乘积构建修正后的油膜回波 B_l^*。

5）对回波 B_l^* 和入射信号 I 进行 FFT 获得幅值谱 $|B_l^*(f)|$、$|I(f)|$，对幅值谱相除获得反射系数幅值谱 $|R^*(f)|$。

6）取中心频率 f_c 处的反射系数幅值 $|R^*(f_c)|$ 代入弹簧模型计算油膜厚度。

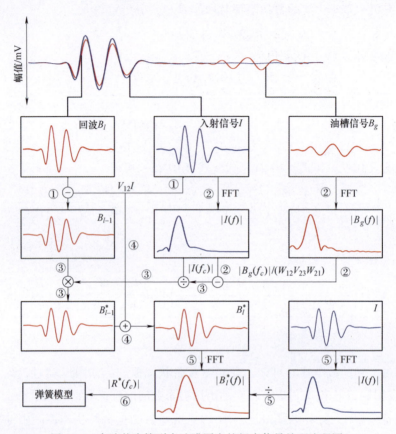

图 10-4　台阶状摩擦副中油膜厚度的超声信号处理流程图

10.3　燃油泵的油膜厚度测量方案

10.3.1　测量方案设计

　　为了研究滑靴副和配流副两类摩擦副的油膜厚度随工况的变化规律，在某燃油柱塞泵上开展实验。图 10-5 所示为燃油柱塞泵试验台架及油膜厚度测量系统，主要包括柱塞泵、控制及数据采集系统和超声测量系统 3 部分。其中，柱塞泵通过花键与驱动电机连接带动柱塞泵运转，最大转速可达 4000r/min；为了提高进油压力，在柱塞泵的进油管路上安装了一个供油泵，压力由溢流阀调节可保持恒定 0.5MPa 的进油压力。相似地，在柱塞泵排油管路上安装一个溢流阀控制柱塞泵的排油压力。压力表安装在进油和出油管路上，以记录每条管路的压力。通过控制柱塞泵的排油压力和转速改变柱塞泵的试验工况，探索不同工况下滑靴副和配流副的油膜厚度分布及变化规律。超声膜厚测量系统与第 2 章介绍的超声波油膜厚度测量系统相同。

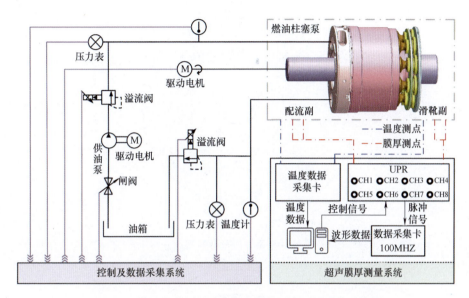

图 10-5　燃油柱塞泵试验台架及油膜厚度测量系统示意图

10.3.2　油膜厚度测点的分布

1. 滑靴副

由于柱塞泵的特殊工作结构，滑靴副主要是承载排油区柱塞腔高压油产生的负载，因此排油区的油膜厚度较小，因此重点对排油区的油膜厚度进行测量。在排油区上布置了 2 个 $\phi7mm\times0.2mm$ 的圆片状压电陶瓷超声传感器（分别标记为：测点 1 和 2），传感器安装在斜盘背面滑靴经过的轨迹中心上，如图 10-6 所示。此外，在两个超声传感器之间安装了热电阻温度传感器测量温度，并结合第 8 章方法进行温度补偿。需要注意的是，根据图 10-6 所示缸体的旋转方向可知，测点 2 位于测点 1 的上游。

2. 配流副

关于配流副的油膜厚度测量，考虑到传感器的安装和导线的排布空间，共在分油盘的背面安装了 2 个 $7mm\times1mm\times0.2mm$ 的长条状压电陶瓷超声传感器，如图 10-7 所示。传感器的具体分布如下：测点 1 位于排油区测量支撑带与分油盘之间的油膜厚度；测点 2 位于进油区测量支撑带与分油盘之间的油膜厚度。

另外，在测点 2 附近安装了热电阻温度传感器测量温度，并结合第 8 章的温度补偿方法对后续膜厚计算进行温度补偿。

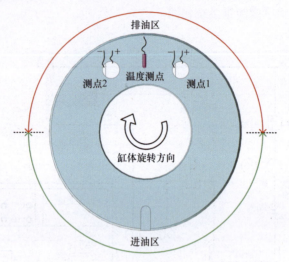

图 10-6　燃油柱塞泵中滑靴副的测点分布示意图

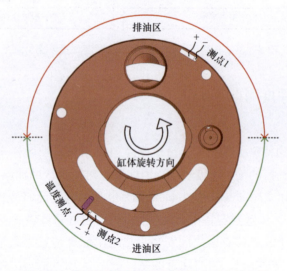

图 10-7　燃油柱塞泵中配流副的测点分布示意图

10.3.3　材料参数测量

1. 测量原理

（1）密度

密度测量方法与第 9 章相同，通过精密质量测量仪测量分油盘、滑靴、缸体、斜盘以及定量燃油的质量，根据三维软件设计模型可计算各个零件的体积，通过量筒测量定量燃油的体积。将获得的质量和体积带入密度公式求解相关材料的密度。

（2）固体声速

同样利用第 9 章中固体声速测量原理，对于分油盘、滑靴、缸体和斜盘材料的声速，制备各零件相同材料的样件。在样件表面垂直发射超声波，超声波在样件上下两表面间发生多次反射，采集反射回波，利用其中两次反射回波之间的时间间隔结合样件厚度求解超声波的传播声速。

（3）油液声速

基于第 9 章中的油液声速测量原理，结合第 2 章所述的油膜厚度标定实验台对燃油声速进行测量。通过将油膜厚度调整至共振法膜厚测量范围，即油膜反射信号幅值谱中出现极值点，记录此时一阶共振频率 f_1；调节千分尺，精确控制油膜厚度增量为 Δh_{oil}，并记录此时的一阶共振频率 f_2，利用膜厚差和共振频率计算油液声速。

2. 测量结果

基于上述的密度、声速测量方法，分别对分油盘、滑靴、缸体、斜盘以及燃油的声速和密度进行测量，取多次测量的平均值作为最终结果，见表 10-1。

表 10-1　滑靴副和配流副中各部分材料的声速和密度

部件	声速/(m/s)	密度/(kg/m³)
斜盘	6187	7644
滑靴	4634	8970
分油盘	6000	7684
缸体	4634	8970
燃油	1308	778

10.4　实验及结果分析

10.4.1　实验工况设置

围绕柱塞泵滑靴副和配流副的油膜厚度测量，分别进行了变转速和变排油压力实验，具体的实验工况设置见表 10-2。

表 10-2　滑靴副和配流副油膜厚度测量实验工况表

序号	转速/(r/min)	进油压力/MPa	排油压力/MPa
1 2 3 4	998	0.5	7 8.7 17.7 21.3
5 6 7 8 9	2497	0.5	7 8.7 12.7 17.7 21.3
10 11 12	3997	0.5	7 8.7 12.7

10.4.2　滑靴副的测量

10.4.2.1　实验结果

依据第 10.2 节的超声信号处理流程对采集的超声反射信号进行处理，计算油膜厚度。图 10-8 所示为恒定转速变排油压力工况下，柱塞泵稳定工作后，2个测点的油膜厚度测量结果。由图可知，随着排油压力的逐渐增加，两个测点的油膜厚度均逐渐减小，这是由于排油压力的增大加强了对滑靴的挤压力，推动滑靴向着斜盘方向靠近，油膜厚度减小。但是油膜厚度随排油压力的变化较小，变化量不足 0.5μm，这主要是因为油膜厚度较小，油膜刚度相对较大，具有更强的承载能力。

同理，对恒定排油压力变转速工况下采集的超声反射回波进行处理，计算柱塞泵稳定工作后 2 个测点的油膜厚度，结果图 10-9 所示。可以发现，随着转速的逐渐增加，两个测点的油膜厚度逐渐增大，这是由于动压效应随着转速的增加而加强，使得滑靴副的油膜厚度增大。另外，还可以观察到测点 2 处的油膜厚度总是大于测点 1 处的油膜厚度，这可能是由于测点 2 位于测量点 1 的上游。当滑靴分别通过测点 1 和测点 2 时，测点 2 处柱塞和柱塞腔之间形成的容积略大于测点 1 处的容积。这导致滑靴在测点 2 的挤压力低于测点 1 的挤压力。最终使得测点 2 处的油膜厚度略大于测点 1 处的油膜厚度。

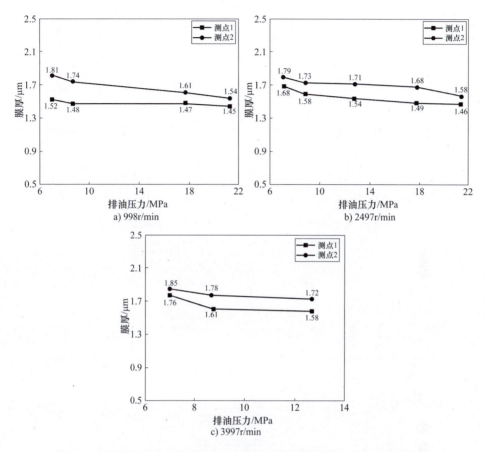

图 10-8　恒定转速时，滑靴副上 2 个测点油膜厚度随排油压力的变化情况

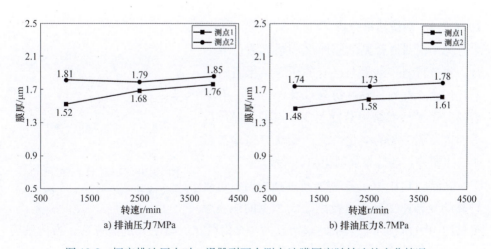

图 10-9　恒定排油压力时，滑靴副两个测点油膜厚度随转速的变化情况

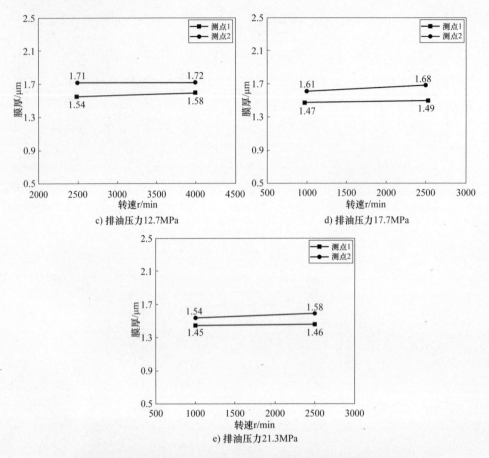

图 10-9 恒定排油压力时，滑靴副两个测点油膜厚度随转速的变化情况（续）

10.4.2.2 测量结果分析

为了说明滑靴副油膜厚度测量结果的有效性，本节将测量结果与已有的研究结果进行了对比讨论。首先，通过仿真计算的方法，有学者研究了某柱塞泵中滑靴上 3 个点的油膜厚度分布以及随工况的变化情况，文献[11]中滑靴上 3 个膜厚点的分布如图 10-10 所示。

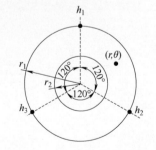

图 10-10 文献[11]中滑靴上 3 个膜厚点（h_1、h_2、h_3）的分布

文献[11]中恒定 20MPa 排油压力时，仿真计算的变转速工况下滑靴副上 3 个点的油膜厚度如图 10-11a 所示。图中的起始点为单个滑靴在斜盘上死点的位置，当滑靴旋

转 10°左右时，滑靴进入到排油区，柱塞腔压力增大为 20MPa，从而引起 3 个点油膜厚度急剧减小。当滑靴处于排油区时，油膜厚度基本稳定在 0~4μm 左右。当滑靴转到 190°左右时，滑靴逐渐从排油区向进油区过渡，此时 3 个点的油膜厚度急剧增加。从分析中可知柱塞泵的排油区约在 10°~190°之间。观察整个排油区的油膜厚度可以发现，滑靴副在排油区的油膜厚度随转速的增大而增加，这与本案例发现的规律相一致。此外，恒定 2000r/min 转速时，仿真计算的变排油压力下滑靴副上 3 个点的油膜厚度如图 10-11b 所示。可以观察到滑靴副在排油区的油膜厚度随排油压力的增大而减小，这同样与本案例发现的规律相同。另外，观察在排油区内滑靴副的油膜厚度分布可知，滑靴副在排油区的油膜厚度基本一致，偏差小于 0.5μm，这一现象也与本案例中测点 1 和测点 2 的膜厚偏差基本相同。这些现象在一定程度上表明了本案例中滑靴副测量结果的有效性。

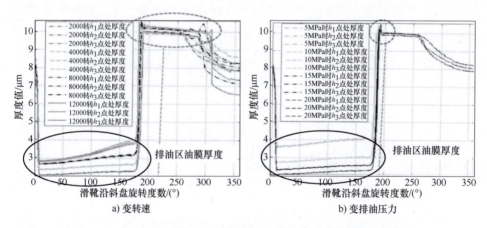

a) 变转速   b) 变排油压力

图 10-11   文献[11]中滑靴副变转速和变排油压力的油膜厚度仿真结果

其次，除了仿真计算的研究方法外，另有学者设计了滑靴副实验台，结合电涡流位移传感器研究了滑靴上 3 个点的油膜厚度分布及随工况的变化规律，文献[12]中滑靴上 3 个膜厚测点的分布如图 10-12 所示。

文献[12]中恒定 10MPa 排油压力时，变转速工况下滑靴上 3 个测点的油膜厚度如图 10-13a 所示。从图中可知，当滑靴处于 60°左右时，滑靴进入到排油区，3 个测点的油膜厚度急剧减小。当滑靴转到 240°左右时，滑靴逐渐从排油区向进油区过渡，此时 3 个测点的油膜厚度急剧增加。因此，柱塞泵的排油区约在 60°~240°之间。观察排油区的油膜厚度分布可以发现，滑靴副在排油区的油膜厚度随转速的增大而增加，这与本案例测量观察到的滑靴副油膜厚度随转速的变化规律相一致。此外，恒定 1000r/min 转速时，变排油压力工况下滑靴副上 3 个测点的油膜厚度如图 10-13b 所示。可以观察到滑靴副在排油区的油膜厚度随排油压力的增大而减小，这同样与本案例发现的规律相同。此外，文献［12］中油膜厚度的测量结果大于本案例中的测量结果，造成这种差异的原因可能是：①文献中使用的润滑油相比燃油的黏度更大，在相同的排油压力下油膜的承载能力更强，油膜厚度更厚；②滑靴结构的差异带来的油膜厚度偏差；③文献中采用的是单滑靴结构的实验台与真实的柱塞泵的结构差异导致的膜厚偏差。尽管油膜厚度值存在一定的偏差，但是油膜厚度随工况的变化规律相一致，这些现象也在一定程度上同样表明本案例测量结果的有效性。

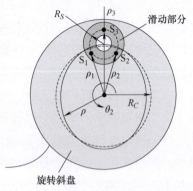

图 10-12 文献［12］所研究的滑靴上 3 个膜厚测点（S_1、S_2、S_3）的分布

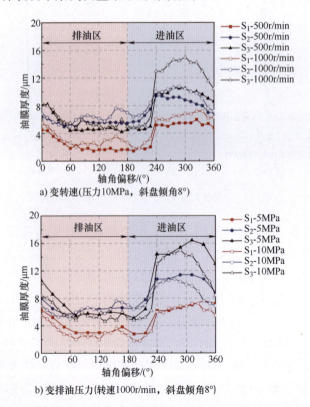

a) 变转速(压力10MPa，斜盘倾角8°)

b) 变排油压力(转速1000r/min，斜盘倾角8°)

图 10-13 文献［12］中滑靴副变转速和变排油压力的油膜厚度测量结果

10.4.3 配流副的测量

10.4.3.1 实验结果

　　根据第 10.2 节的超声信号处理方法对采集的超声反射信号进行处理，分别计算 2 个测点的油膜厚度。图 10-14 所示为恒定转速变排油压力工况下，柱塞泵稳定工作后，配流副上 2 个测点的油膜厚度测量结果。可以发现，随着排油压力的逐渐增加，排油区测点 1 的油膜厚度均逐渐增大，而进油区测点 2 的油膜厚度则逐渐减小。这可能是因为排油压力的增加为排油区的分油盘和缸体之间提供了更大的支撑力，使得缸体向着进油区方向倾斜，进而导致排油区的油膜厚度增大，进油区的油膜厚度减小。此外，可以观察到在排油压力较低时，进油

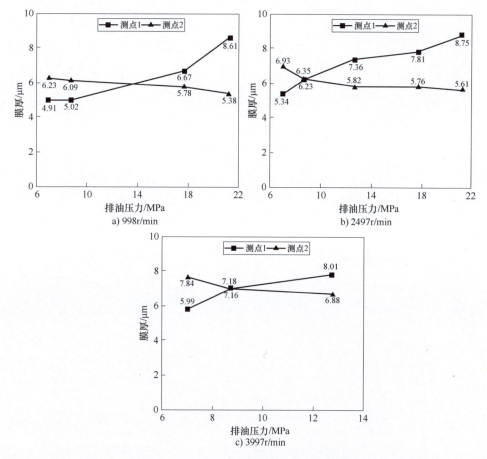

图 10-14　恒定转速时，配流副上 2 个测点油膜厚度随排油压力的变化情况

区的油膜厚度较大，排油区的油膜厚度较小，这可能是由于缸体的惯性力导致的缸体向排油区倾斜，使得进油区膜厚大、排油区膜厚小。但是随着排油压力的逐渐增大，排油压力对缸体的影响增强使得缸体逐渐向着进油区倾斜，导致高压时排油区的膜厚大，进油区的膜厚小。

　　同理，对恒定排油压力变转速工况下采集的超声反射信号进行处理，计算柱塞泵稳定工作后 2 个测点的油膜厚度，结果图 10-15 所示。可以发现，随着转速的逐渐增加，2 个测点的油膜厚度逐渐增大，这是由于动压效应随着转速的增加而加强，使得配流副的油膜厚度逐渐增大。此外，对比不同排油压力下，转速引起的膜厚变化可以发现，排油压力越大，转速引起的膜厚变化越小。这可能是排油压力的增大加强了对缸体的挤压力，弱化了转速引起的动压效应。

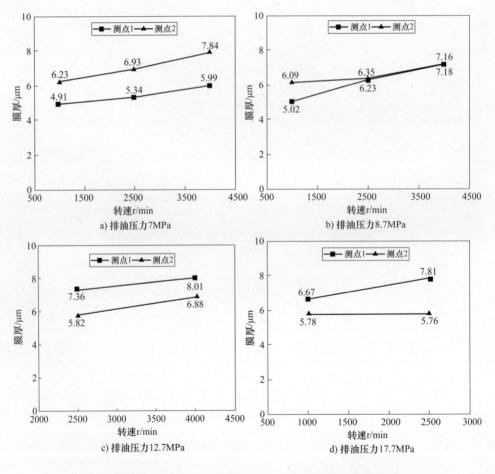

图 10-15　恒定排油压力时，配流副上 2 个测点油膜厚度随转速的变化情况

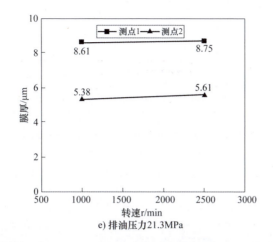

e) 排油压力21.3MPa

图 10-15　恒定排油压力时，配流副上 2 个测点油膜厚度随转速的变化情况（续）

10.4.3.2　测量结果的对比讨论

为了表明本案例中配流副测量结果的有效性，本节同样引述了关于配流副油膜厚度的研究结果进行对比讨论。首先，有学者通过仿真计算研究了某航空柱塞泵配流副在进油区和排油区的油膜厚度随转速和排油压力的变化情况，如图 10-16 所示[13]。图中的"1"和"2"分别表示进油区和排油区上某位置的油膜厚度。从图中可以发现配流副在排油区的油膜厚度随转速和排油压力的增大而增加，进油区的油膜厚度同样随转速的增加而增大，这些规律与本案例观察到的油膜厚度随工况的变化规律相一致。不同的是文献［13］中进油区的油膜厚度随排油压力变化未出现显著的变化规律，导致这种差异的原因可能是文献［13］中的排油压力更高，这种高压下进油区的油膜厚度约 $2\mu m$，分油盘和缸体之间在进油区发生接触，进而使得进油区油膜厚度随排油压力的变化不显著。

另外，文献［13］仿真的结果发现，在高排油压力时配流副的油膜厚度分布呈现进油区薄，排油区厚的楔形分布，如图 10-17 所示。这一现象与本案例中高排油压力下配流副的油膜厚度分布情况相同。这些现象在一定程度上证明了本案例中配流副油膜厚度测量结果的有效性。

此外，另有学者通过仿真计算研究了某航空柱塞泵配流副在 35MPa 高排油压力下的油膜厚度分布情况，如图 10-18 所示[14]。从图中可以发现最大油膜厚度出现在排油区，最小油膜厚度出现在进油区，形成排油区油膜厚度大，进油区油膜厚度小的膜厚分布。这一现象同样与本案例中高排油压力下配流副的油膜厚度分布情况相同，也在一定程度上表明了本案例中配流副膜厚测量结果的有效性。

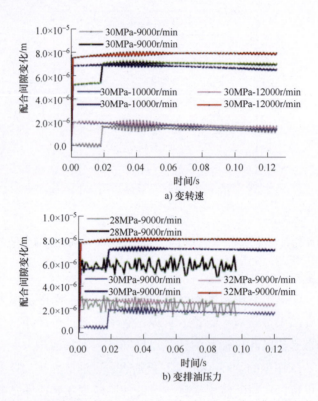

a) 变转速

b) 变排油压力

图 10-16 文献［13］中在变转速和变排油压力时，配流副油膜厚度的仿真计算结果

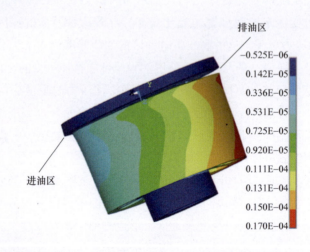

图 10-17 文献［13］中高排油压力时配流副的油膜厚度分布

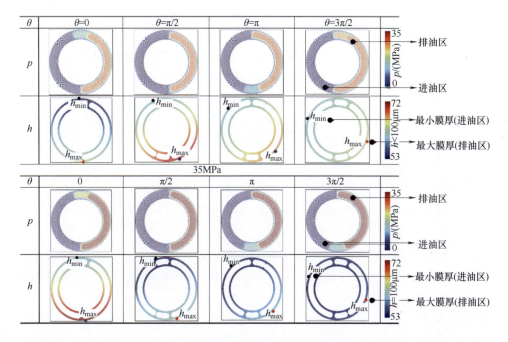

图 10-18　文献［14］中高排油压力下配流副的油膜厚度分布

10.5　本章小结

本章围绕燃油柱塞泵中滑靴副和配流副两类典型摩擦副的油膜厚度在线测量，系统地介绍了产品级台架测试中的测量方法、测量结果及对比分析。针对摩擦副表面存在台阶状结构带来的油膜厚度测量难题，介绍了一种融合双反射回波的超声反射系数提取方法，结合超声膜厚测量模型，实现了滑靴副和配流副的油膜厚度精确计算。

本章重点介绍了在某真实燃油柱塞泵产品台架上开展的油膜厚度动态测量实验，探究了两类摩擦副在变转速和变排油压力工况下的油膜厚度分布及随工况的变化规律，为两类摩擦副的结构优化设计提供了原位数据，并将测量结果与已有的研究结果进行对比讨论，佐证本案例中测量结果的有效性。

本章工作是国内首次将超声膜厚测量技术应用于真实燃油柱塞泵的测试，也为超声膜厚测量技术在更多复杂机械产品上的应用提供了宝贵的经验。

参 考 文 献

[1] GAO Q, XIANG J W, HOU S M, et al. Method using L-kurtosis and enhanced clustering-based segmentation to detect faults in axial piston pumps [J]. Mechanical Systems and Signal Processing, 2021, 147: 107130.

[2] KUMAR A, TANG H S, VASHISHTHA G, et al. Noise subtraction and marginal enhanced square envelope spectrum (MESES) for the identification of bearing defects in centrifugal and axial pump [J]. Mechanical Systems and Signal Processing, 2022, 165: 108366.

[3] GAO Q, TANG H S, XIANG J W, et al. A walsh transform-based teager energy operator demodulation method to detect faults in axial piston pumps [J]. Measurement, 2019, 134: 293-306.

[4] YU F L, ZHANG J H, ZHAO S J, et al. Coupled evolution of piston asperity and cylinder bore contour of piston/cylinder pair in axial piston pump [J]. Chinese Journal of Aeronautics, 2022, 36: 395-407.

[5] LATAS W, STOJEK J. Dynamic model of axial piston swashplate pump for diagnostics of wear in elements [J]. Archive of Mechanical Engineering, 2011, 58 (2): 135-155.

[6] LI M, JING M Q, CHEN Z F, et al. An improved ultrasonic method for lubricant-film thickness measurement in cylindrical roller bearings under light radial load [J]. Tribology International, 2014, 78: 35-40.

[7] MILLS R, VAIL J R, DWYER-JOYCE R. Ultrasound for the non-invasive measurement of internal combustion engine piston ring oil films [J]. SAGE Publications, 2015 (2): DOI: 10.1177.

[8] DOU P, WU T, LUO Z P, et al. The application of the principle of wave superposition in ultrasonic measurement of lubricant film thickness [J]. Measurement, 2019, DOI: 10.1016.

[9] HUNTER A, DWYER-JOYCE R S, HARPER P. Calibration and validation of ultrasonic reflection methods for thin-film measurement in tribology [J]. Measurement Science & Technology, 2012, 23 (10): 105605.

[10] YU M, SHEN L I, MUTASA T, et al. Exact analytical solution to ultrasonic interfacial reflection enabling optimal oil film thickness measurement [J]. Tribology International, 2020, 151: 106522.

[11] 张雪超. 航空柱塞泵滑靴副和柱塞副油膜特性研究 [D]. 杭州: 浙江大学, 2016.

[12] CHAO Q, ZHANG J, XU B, et al. Multi-position measurement of oil film thickness within the slipper bearing in axial piston pumps [J]. Measurement, 2018, 122: 66-72.

[13] JI. Z L Research on thermal-fluid-structure coupling of valve plate pair in an axial piston pump

with high pressure and high speed ［J］. Industrial Lubrication and Tribology，2018，70 （6）：
1137-1144.

［14］ WANG T，FANG J，LIU H，et al. Modeling and characteristic analysis of a cylinder block/
valve plate interface oil film model for 35MPa aviation piston pumps ［J］. Machines，2022，
10：1196.